基于先进代理模型的航空结构可靠性设计理论方法

费成巍 路 成 闫 成 李 坚 著

科学出版社

北京

内 容 简 介

本书顺应新工科的时代要求,围绕航空航天结构一体化概率分析及优化设计工程背景,结合智能设计、人工智能等新兴技术,着重介绍多学科多目标动态可靠性与灵敏度分析的先进代理模型理论与方法,以及基于不同目标的可靠性优化设计,主要内容包括航空航天复杂结构可靠性设计研究背景和研究现状、基于加权代理模型法的复杂结构动态概率分析方法、基于混合代理模型法的复杂结构动态概率分析方法、基于移动代理模型法的复杂结构动态概率分析方法、基于分解协调代理模型法的复杂结构动态协同概率分析方法、基于智能建模的复杂结构嵌套目标概率分析方法、基于多重代理模型法的复杂结构动态综合概率分析方法、基于先进代理模型法的复杂结构优化设计方法、基于矢量代理模型的多构件多失效协同概率分析方法以及总结与展望。

本书可作为从事航空航天结构和机械结构可靠性设计、健康管理与运行维护相关专业领域工作的科研人员与工程技术人员参考用书,也可作为高等院校的教师、硕士研究生及高年级本科生的教材,还可供新型交叉学科专业的复合型人才培养使用。

图书在版编目(CIP)数据

基于先进代理模型的航空结构可靠性设计理论方法/
费成巍等著.—北京:科学出版社,2023.10
ISBN 978-7-03-074454-8

Ⅰ.①基… Ⅱ.①费… Ⅲ.①航空器—结构可靠性—
结构设计 Ⅳ.①V214.1

中国版本图书馆 CIP 数据核字(2022)第 251358 号

责任编辑:胡文治 / 责任校对:谭宏宇
责任印制:黄晓鸣 / 封面设计:殷 靓

科 学 出 版 社 出版
北京东黄城根北街 16 号
邮政编码:100717
http://www.sciencep.com

南京展望文化发展有限公司排版
苏州市越洋印刷有限公司印刷
科学出版社发行 各地新华书店经销

*

2023 年 10 月第 一 版 开本:B5(720×1000)
2023 年 10 月第一次印刷 印张:16
字数:314 000

定价:130.00 元
(如有印装质量问题,我社负责调换)

前言

　　航空及机械的大型装备通常由多个复杂结构按照一定的规则装配而成,这些结构在工作中往往受到多物理场作用,所承受的载荷具有动态时变特性和不确定性,阐述这些具有动态时变特性和不确定性参数对输出响应的影响,以及探索有效的可靠性设计分析模型,对提升复杂结构的可靠性和保障大型装备的安全运行具有重要意义。然而,传统代理模型不能有效解决高度非线性问题,也不能有效处理具有动态时变特性和多学科多目标之间相关性的可靠性设计问题。新兴技术的发展,给复杂结构可靠性设计所面临的难题带来了机遇。因此,本书顺应新工科的发展,围绕航空航天结构一体化概率分析及优化设计工程背景,结合智能设计、人工智能等新兴技术,介绍多学科多目标动态可靠性与灵敏度分析的先进代理模型,阐述基于不同目标的可靠性优化设计。本书的主要内容如下。

　　(1)针对单目标的复杂结构动态概率分析问题,先基于极值响应面法(extremum response surface method, ERSM),结合加权最小二乘法、模糊熵原理、改进加权回归思想等,介绍加权极值响应面法(weighted regression-based ERSM, WR－ERSM)和改进加权极值响应面法(improved WR－ERSM, IWR－ERSM);再基于 Kriging 模型,与 ERSM 和遗传算法相融合,介绍改进 Kriging 极值响应面法(improved Kriging with ERSM, IK－ERSM),进而基于广义回归神经网络,结合极值思想,介绍增强网络学习方法(enhanced network learning method, ENLM);最后,引入移动最小二乘法,介绍移动极值代理模型策略(moving extremum surrogate modeling strategy, MESMS)和基于移动极值的改进 Kriging 方法(modified Kriging-based moving extremum framework, MKMEF)。此外,将航空发动机低压压气机和高压涡轮转子机构作为研究对象,对所提出的方法加以验证。

　　(2)针对具有装配关系的复杂结构动态概率分析,将分解协调策略引入 IK－ERSM 和改进极值 Kriging 代理模型,介绍基于分解协调的改进 Kriging 代理模型策略(improved decomposed-coordinated Kriging modeling strategy, IDCKMS)和基于分解协调的改进极值 Kriging 方法(decomposed-coordinated framework with enhanced extremum Kriging, E2K - DCF);针对多个嵌套目标的复杂结构动态概率分析,将海洋捕食者算法、改进粒子群优化算法、极值法、移动最小二乘法引入 Kriging 模型,介绍海洋捕食者 Kriging 方法(marine predators algorithm Kriging method, MPAKM)和双步迭代移动增强建模(bi-iteration moving enhanced modeling, BIMEM)方法;针对涉及多失效模式的复杂结构动态概率分析,分别介绍多重极值响应面法(multiple ERSM, MERSM)、基于分解协调策略的二次多项式代理模型法(decomposed-coordinated surrogate model method based on quadratic polynomial, QP - DCSMM)、基于分解协调策略的极值 Kriging 模型(decomposed-coordinated surrogate model method based on Kriging, K - DCSMM)和基于分解协调策略的混合代理模型法(decomposed-coordinated surrogate model method based on mixture strategy, M - DCSMM)。此外,还以航空发动机高压涡轮转子为例验证所研究方法的可行性。

(3) 针对基于可靠性的复杂结构优化设计,先将 IWR - ERSM 用于单目标优化设计,处理多学科参数及大量循环迭代问题,通过航空发动机低压压气机叶盘应力优化设计分析,验证该方法在优化设计方面的有效性;再分别将基于多模型的 IDCKMS 和 MERSM 用于多目标协同优化设计和综合优化设计,解决多学科参数和大量循环嵌套迭代问题,并结合航空发动机高压涡轮叶盘运行间隙协同优化设计和高压涡轮叶盘变形、应力和应变多失效模式综合优化设计,阐明所介绍的方法对于多目标优化设计的可行性。

(4) 针对传统代理模型难以实现复杂结构多目标协同可靠性分析以及难以说明设计变量之间的相关性,介绍一种同步建模的理念,即矢量代理模型(vectorial surrogate model, VSM)法,以协同实现具有多个目标复杂结构的可靠性设计。通过案例分析,对 VSM 方法在建模性能和仿真性能方面加以验证。

与国内外同类书籍相比,本书的特点包括以下几个方面:

(1) 在学术思想方面,将代理模型法与近年来蓬勃发展的新兴技术相融合,如人工智能、大数据、物联网等,介绍基于结构可靠性设计的先进代理模型新技术,对推动航空航天结构或其他复杂机械机构的可靠性智能设计,迎合国家"新工科"建设的国家布局,填补结构可靠性智能设计学科专业空白,实现新型交叉学科专业的复合型人才培养等方面具有重要的意义。

（2）本书主要针对航空航天领域,特别是航空发动机领域的复杂结构可靠性问题。对于已有的分析方法,本书仅进行了简单介绍,着重介绍了这些方法的适用范围和在结构可靠性中的实现过程。

（3）本书除了介绍已有的经典方法,针对高维问题、多源不确定问题、非线性超参数问题、多层次多目标可靠性分析与优化问题等,还介绍了多种先进代理模型方法,并介绍了一种同步建模的可靠性设计新理念。

（4）本书介绍了复杂结构可靠性和灵敏度分析方法的工程实现过程,给出了编程思路和典型的工程实例,对航空发动机典型部件和结构系统的可靠性分析进行了较为深入的探讨。

本书内容是按照理论方法与实例验证相结合的方法,遵循人们对新知识学习的内在规律,采用由易到难、循序渐进的方式进行编写的,以便教学和学习。

本书的完成首先要感谢国家自然科学基金(51975124、52005421)、上海"一带一路"国际合作项目(20110741700)、复旦大学人才引进项目(FUD38341)、中央高校基本科研业务费专项资金项目(20720210090)、福建省自然科学基金(2020J05020)、株洲市科技人才托举工程(2019‒TJ‒003)等项目的资助,使作者能顺利开展复杂结构可靠性分析的理论与应用实例研究工作。促成本书完成的一个最直接的原因是作者希望在工程中推广应用航空航天结构可靠性的分析与设计理论方法,工程技术人员需要一套完整而实用的可靠性分析与设计的理论体系和易操作的实现方法。在本书撰写过程中,将这些需求融入本书的理论体系中。感谢课题组所有的博士后和硕士研究生,本书的很多内容来源于他们具体而艰辛的工作。感谢相关工程技术人员,他们直接的支持和有益的建议使得本书在工程应用方面得到了进一步的完善。同时,还非常感谢持对立意见者,他们善意的批评和建设性的意见使得作者时时反省自己的工作。

本书的撰写工作由费成巍博士、路成博士、闫成博士和李坚博士共同完成。

最后,再次向为本书提供支持、帮助和指导的机构及个人表示崇高的敬意和真挚的感谢!

本书内容涉及跨学科研究,知识面较宽,且对数学功底要求高,由于时间仓促,作者水平有限,书中难免存在不足之处,敬请读者批评指正。

作　者

2022 年 10 月 1 日

目录

第5章　基于分解协调代理模型法的复杂结构动态协同概率分析方法　103

第8章　基于先进代理模型法的复杂结构优化设计方法　　178

第9章　基于矢量代理模型的多构件多失效协同概率分析方法　　199

第 1 章
绪　论

1.1　选题背景及意义

航空航天及机械等领域大型复杂装备(如飞机、航空发动机、动车等)的可靠性是保障其全寿命周期正常运行的基础,也是衡量其安全性能的必要指标之一。此外,装备的可靠性是制造商、运营商等利益攸关方首要关注的指标,制造商通过可靠性预判装备的质量,保障产品运行的安全性;运营商则通过可靠性评估装备的性能,确保产品使用的经济性。然而,大型装备通常由多个复杂结构按照一定的规则装配而成,其整体可靠性水平是由这些复杂结构的可靠性共同决定的。因此,为了保障大型装备安全经济运行,有必要开展复杂结构的可靠性设计。

自 1947 年 Freudenthal[1] 在国际上发表了 *The safety of structures* 一文以来,结构可靠性设计受到了人们的关注与重视,其关键问题是有效估计结构的可靠性概率或失效概率,进而实现结构优化设计,该领域中的大多数研究均围绕该问题而展开[2]。历经数十年的发展,出现了大量的结构可靠性设计分析方法,大体上可以分为直接方法和间接方法两大类。其中,直接方法主要包括数值模拟法和近似解析法,而间接方法以代理模型为主。对于大型装备,其运行环境相对复杂,相关组成结构在工作过程中往往涉及多个工程物理场载荷(如气动载荷、热载荷、结构载荷等)交互作用,并且这些载荷具有动态时变特性和不确定性;此外,复杂结构性能分析往往涉及多个目标(多个构件的同一失效模式或同一构件的多失效模式)。因此,复杂结构可靠性设计是一个涉及多个学科、多个目标的分析问题。对于涉及多个学科、多个目标的复杂结构可靠性设计,如果运用数值模拟法进行求解,由于分析问题涉及多个学科且相关载荷具有动态时变特性,一般平台无法负担如此大的计算量,甚至不能实现;加之复杂结构的功能函数往往是未知的,近似解析法并不适用于分析这类问题。为了提高计算效率,目前研究常用的方法是寻求代理模型替代真实结构模型进行分析设计。

复杂结构可靠性设计还涉及分析目标与输入参数之间的高度非线性等问题。

若针对真实复杂结构建立一个大的代理模型,尽管相对于有限元或真实结构模型计算效率有所提升,但模型很难合理地反映输出响应与输入参数之间的高度非线性关系,其分析精度得不到保证,导致满足不了工程需求。因此,有必要探寻具有更高分析精度和计算效率的代理模型法来实现复杂结构的可靠性设计。通过对结构可靠性设计的研究和对现有成果的追踪发现,当前的代理模型法对于涉及多个学科、多个目标的复杂结构可靠性分析,其计算精度和效率并不高,并且代理模型有效性直接决定结构优化设计的精度和效率。

对于涉及多个学科、多个目标的复杂结构,针对如何高效精确地实现具有动态特性的一体化可靠性设计问题,目前国内外依旧缺乏相关的理论和方法,迫切需要开展高精度、高效率的先进代理模型研究,为实现涉及多个学科、多个目标复杂结构动态智能可靠性设计提供方法和手段。先进代理模型就是基于现有的代理模型,结合先进的建模技术、智能算法、人工智能技术、大数据技术、分解协调策略、混联抽样技术等理论建立数学模型,实现结构的动态可靠性设计。其中,混联抽样技术是指针对每一组多维输入参量,同时获取多个目标输出响应,从而确定建立模型所需的样本。经过前期探索,本书围绕复杂结构一体化可靠性设计工程背景,形成基于先进代理模型的复杂结构智能可靠性设计的总体思路框架,开展涉及多个学科、多个目标的复杂结构动态概率分析(包括动态可靠性分析和灵敏度分析)的先进代理模型研究,并进一步开展复杂结构智能优化设计研究。

针对复杂结构动态概率分析及优化设计,本书先在现有代理模型法的基础上,结合先进的建模技术、智能算法、人工智能模型、混联抽样技术、分解协调策略等理论,介绍复杂结构概率分析的先进代理模型法;再基于介绍的先进代理模型法,开展复杂结构一体化可靠性优化设计。关于先进代理模型法的研究,主要包括单目标先进代理模型法和多目标先进代理模型法,采用由易到难的研究策略,即先基于现有代理模型法,结合先进的建模技术、智能算法等理论,研究单目标先进代理模型法,以解决复杂结构动态概率分析中的高度非线性等问题;再依据所研究的单目标先进代理模型法,融合混联抽样技术、分解协调策略等理论,探索多目标先进代理模型法,以解决复杂结构动态概率分析中的多目标之间的相关性问题。对于复杂结构优化设计的研究,先结合单目标先进代理模型法开展复杂结构优化设计研究,再结合多目标先进代理模型法开展复杂结构协同优化设计和综合优化设计,以处理多学科参数和大量循环迭代的问题。

先进代理模型不仅提高了复杂结构分析设计的精度和效率,而且为多学科多目标之间的相关性处理提供了可行的途径。基于先进代理模型法的复杂结构可靠性设计研究思路为:① 确定分析过程中涉及的输入参量和输出响应;② 运用抽样技术在样本空间获取设计样本;③ 依据复杂结构的特点,将传统代理模型法、智能算法、分解协调策略等理论有效结合,运用先进的建模技术建立目标代理模型;

④ 采用所建立的先进代理模型进行复杂结构动态概率分析和优化设计。研究过程中主要采用理论分析研究和实例仿真计算相结合的研究策略。理论分析研究主要包括复杂结构动态概率分析的单目标先进代理模型法、多目标先进代理模型法(包括多重先进代理模型法和分解协调先进代理模型法),在此基础上开展了基于先进代理模型法的优化设计。实例仿真计算则是分别将燃气涡轮发动机压气机叶盘、涡轮叶盘和涡轮叶片-轮盘作为研究对象,建立燃气涡轮发动机核心机典型转子结构的有限元模型,运用所介绍的方法实现动态概率分析和基于可靠性的优化设计。

本书顺应新工科的发展,围绕航空航天结构一体化概率分析及优化设计工程背景,结合智能设计、人工智能等新兴技术,将简单结构的可靠性设计拓展到复杂结构的一体化智能可靠性设计,为改善复杂结构多学科多目标一体化概率设计的合理性和解决多学科多目标动态概率分析等问题,提供有效的理论方法和技术手段。本书对于转子机械的动态概率分析和优化设计具有直接应用价值,对发展概率统计、模糊理论和机械结构可靠性设计理论具有重要的学术意义,对涉及多个学科、多个目标的复杂结构可靠性设计具有明确的工程意义。同时,本书还对推动航空航天结构或其他复杂机械机构的可靠性智能设计,迎合国家"新工科"建设的国家布局,填补结构可靠性智能设计学科专业空白,实现新型交叉学科专业的复合型人才培养等方面具有重要的意义。

1.2 国内外研究现状

本书主要对涉及多个学科、多个目标的复杂结构可靠性设计方法进行了研究,其内容涉及的科学领域为结构可靠性与灵敏度分析和优化设计。此外,结构可靠性设计理论包括概率分析和非概率分析两大类[3, 4],本书重点研究基于概率分析的复杂结构可靠性与灵敏度分析及优化设计。自 1947 年至今,可靠性相关理论发展了 70 余年,研究人员提出了许多行之有效的结构概率分析方法,大体可分为三类,即数值模拟法、近似解析法和代理模型法。下面以这三类方法为例,分别阐述关于结构概率分析的国内外研究现状。

1.2.1 基于数值模拟法的结构可靠性设计研究现状

基于数值模拟法的结构可靠性设计原理是通过真实仿真或试验获取大量的样本,运用大数定律来估计结构的可靠度或失效概率,进而结合分析结果实现结构相关参数的优化[5, 6],最具代表性的数值模拟法是蒙特卡罗(Monte Carlo,MC)法。结构概率分析及优化设计领域通常将 MC 法的求解结果作为检验其他分析方法的衡量标准[7],但该方法在进行结构可靠性设计时需要大规模的数值模拟,其计算负担相对较重,一般的计算平台无法承受。为了提高结构概率分析及优化设计的计算效率,基于 MC 法发展了各种高效的数值模拟法,如重要抽样法、子集模拟法、线抽样法、方向抽样法、分层抽样法、Sobol 序列抽样法等[8, 9]。

结构概率分析的 MC 法的基本思路是由输出响应样本均值估计数学期望,计算结构的可靠度或失效概率,其中输出响应样本均值一般结合真实仿真或试验模拟获取,在获取结构可靠性分析结果的基础上,介绍各参数影响并实现优化设计分析。针对 MC 法在结构可靠性设计方面的应用阐述,许多科研机构和学者开展了大量的研究,并取得了一定的进展。例如,Shinozuka 等[10]采用随机抽样和 MC 法对具有振动特性的结构可靠性进行了分析;Nakamura 等[11]探讨了考虑热载荷影响作用下基于 MC 法的飞行器结构概率分析问题;Yang 等[12]对抽油机梁式机构进行了有限元建模,并运用 MC 模拟对机构典型失效模式进行了可靠性研究;Naess 等[13]探讨了 MC 法在结构系统可靠性设计中的应用;Lu 等[14]和 Heydt 等[15]将 MC 模拟应用于电机控制系统和多构件分布系统结构的可靠性分析及基于可靠性的优化分配;Azizsoltani 等[16]利用 MC 模拟和高斯过程回归主动学习方法进行了工程系统结构可靠性评估;Melchers 等[17]运用 MC 法对结构进行了失效分析,进一步对影响结构失效概率的因素进行了灵敏度分析及优化研究;Wetzel 等[18]结合 MC 模拟实现了结构灵敏度的分析,用于识别相关因素对结构可靠度影响的程度,为结构优化设计提供有效输入参考;Leira 等[19]提出了适用于结构概率分析的增强 MC 法,并通过腐蚀管道的可靠性分析验证了所提方法的有效性;Martinez-Velasco 等[20]提出了并行 MC 法,并将其应用于分布式电源配电系统机构可靠性分析;Zhai 等[21]基于拉丁超立方抽样(Latin hypercube sampling, LHS)与传统的 MC 模拟提出了改进 MC 法,用于结构失效概率分析。上述工作针对结构概率分析(包括可靠性分析和灵敏度分析)和优化设计进行了研究,大多数采用基于随机抽样或拉丁超立方抽样的 MC 模拟实现了结构的可靠度或失效概率评估、影响因素重要性分析,以及优化设计分析。基于 MC 模拟的结构可靠性设计分析结果虽然可以满足工程需求,但是其计算负担相对较重,计算效率较低。

为了提高传统 MC 模拟的计算效率,改进 MC 法得以发展,用于处理结构可靠性设计问题,相关内容着重于抽样方法的研究,通过减少样本数量来提升分析效率。例如,袁修开[22]在 MC 模拟的基础上提出了计算结构可靠性与灵敏度的重要抽样方法,通过算例与传统 MC 法对比验证了所提方法在可靠性设计方面具有的优势(计算效率和分析精度较高);Jahani 等[23]将重要抽样替代传统 MC 模拟中的随机抽样,在保证结构可靠性设计精度的前提下提高了计算效率;张峰等[24]探究了基于自适应重要抽样技术的 MC 法,并将其应用于结构可靠性优化设计;Hua 等[25]通过子集模拟法实现了复合材料系统结构小概率事件的可靠性评估;Wang

等[26]运用子集模拟与马尔可夫 MC 法处理结构失效概率分析问题;Hsu 等[27]考虑多失效模式的影响,运用并行子集模拟评估结构的可靠度和失效概率;何红妮等[28]和吕召燕等[29]分别采用基于线抽样法和改进线抽样的 MC 模拟完成了结构可靠性和灵敏度分析,为进一步开展其优化设计奠定了基础;薛国锋[30]将子集模拟和线抽样法分别引入 MC 法,实现了结构可靠性和概率失效分析;李强等[31]提出了几种实用有效的分层抽样方法,并结合 MC 仿真策略探究了这些方法在结构可靠性设计方面的适用性;Alban 等[32]将分层抽样、拉丁超立方抽样与条件 MC 法相结合发展了一种高效 MC 法,用于处理系统结构失效概率分析。此外,基于 Sobol 序列抽样法的 MC 模拟也得以发展,并在结构可靠性设计中得以应用[33-35]。以上抽样方法可有效减少分析样本的规模需求,为提升传统 MC 法的效率提供了相关技术,并为结构可靠性设计提供了新的解决途径。

传统 MC 法在结构可靠性设计方面具有较高的精度,其通常作为评价其他分析方法的标准;然而,基于 MC 模拟往往需要获取大规模样本来评估结构的可靠度、失效概率以及优化设计,其计算消耗较大,计算效率较低。改进 MC 法虽然能够在满足分析精度要求的前提下有效提升结构可靠性设计的计算效率,但这些方法仍需执行大量模拟才能实现结构可靠性与灵敏度分析及优化设计。

1.2.2 基于近似解析法的结构可靠性设计研究现状

基于近似解析法的结构可靠性设计的主要思想是运用极限状态函数在输入变量的均值点或设计点进行不同阶次的泰勒展开,进而通过求导计算结构的可靠度和失效概率,其中设计点一般是指失效域内联合概率密度最大的点。在此基础上,结合结构的可靠度和失效概率对其进行优化设计分析。近年来,近似解析法在结构可靠性设计中得到广泛应用,其中较为典型的方法是矩方法,主要包括一次可靠度方法、二次可靠度方法、点估计方法等[36, 37]。

一次可靠度方法作为结构可靠性设计常见的近似解析法之一,其分析原理是对极限状态函数进行一阶泰勒展开,通过不同阶矩近似求解结构的可靠度和失效概率,进而指导优化设计工作。最为基本的一次可靠度方法为均值一次二阶矩法和改进一次二阶矩法,许多科研工作者对这类方法进行了研究,并取得了一定的成果。例如,An 等[38]将悬索作为研究对象,验证了一次可靠度方法在结构可靠性分析中的有效性;Sankararaman 等[39]探究了一次可靠度方法在结构剩余寿命可靠性评估中的应用;Du 等[40]在保证计算效率的前提下,探讨了基于鞍点逼近及一次可靠度方法的结构可靠性设计;Li 等[41]提出了一种基于性能测度的一阶可靠度方法,将其应用于具有高度非线性问题的结构可靠性与灵敏度分析及优化设计分析;Liu 等[42]采用均值一次二阶矩法对考虑颤振影响的铣削系统结构的可靠性进行了分析,并通过与 MC 法对比验证了该方法的有效性;陈志英等[43]结合均值一次二阶矩法对悬臂梁和航空发动机转子结构径向变形进行了失效概率分析；Engelstad 等[44]建立了复合材料壳体有限元模型,利用均值一次二阶矩法完成了结构可靠性设计；Keshtegar[45]运用混合共轭搜索提高了一次二阶矩法在结构可靠性分析中的有效性和鲁棒性；Adarsh 等[46]开展了基于改进一次二阶矩法和 MC 模拟的复合材料系统失效概率分析。一次可靠度方法可为结构可靠性设计提供一定的工程指导价值,仅需获取相关变量的一阶矩和二阶矩就可实现结构可靠性和失效概率分析、灵敏度分析及优化设计,但其仍然存在一些弱点。例如,均值一次二阶矩法对于物理意义相同而数学模型不同的问题,其可靠度和失效概率有可能存在较大差异；改进一次二阶矩法不能有效反映功能函数非线性对可靠度和失效概率的影响,并且对于高度非线性问题,其计算量较大甚至出现不收敛的现象,进而导致优化设计分析结果与工程实际需求不符。

为了克服一次可靠度方法存在的问题,科研工作者在一次可靠度方法的基础上进一步探究,提出了利用二次可靠度方法解决结构可靠性设计的问题,其基本思想与一次可靠度方法类似,即通过极限状态函数的二阶泰勒展开,结合不同阶矩来获取结构的可靠度和灵敏度,以及实现优化设计分析。例如,Hu 等[47]和 Huang 等[48]在考虑鞍点影响的作用下,研究了二次可靠度方法在结构可靠性评估中的应用；Lim 等[49]将二次可靠度方法与重要抽样技术进行联合实现了结构概率分析,并进一步开展了优化设计研究；Lee 等[50, 51]基于非中心或卡方分布提出了改进二次可靠度方法,并将其应用于结构可靠性评估、灵敏度分析及优化设计；Zhang 等[52]结合一次可靠度方法在计算效率方面的优势改进二次可靠度方法,提高了结构可靠性设计的精度和效率；Meng 等[53]将序贯近似方法与二次可靠度方法相结合进行了结构概率分析及优化设计研究；Lu 等[54]将二次四阶矩法用于解决结构可靠性设计问题,并通过数值案例和工程分析验证了该方法的可行性。关于二次可靠度方法的文献还有很多,这类方法在一定程度上可以弥补一次可靠度设计分析精度较低的不足,有效实现非线性程度相对较高的结构概率分析及优化设计。然而,当分析过程涉及高度非线性时,基于二次可靠度方法的结构可靠性设计存在计算流程烦琐、计算效率较低,甚至计算不收敛等问题。同时,点估计方法也是较为典型的结构可靠性设计的近似解析法中的一类,其研究途径是利用功能函数在一些特征点处的函数值近似计算功能函数的低阶矩,并结合功能函数各阶矩求解可靠度、失效概率和灵敏度,以进行优化设计。一些学者针对点估计方法开展了一定的研究,比较典型的有两点估计方法[55, 56]、三点估计方法[57]、Zhou 和 Nowak 点估计方法[58, 59]、Zhao 和 One 点估计方法[60],以及基于功能函数概率矩的失效概率逼近方法[61, 62]。点估计方法为结构可靠性设计提供了可行的途径,但是这类方法并不适用于高度非线性的极限状态函数的求解问题。

近似解析法为结构可靠性设计提供了可行的技术途径,但是这类方法对于涉及高度非线性的可靠性与灵敏度分析,以及涉及量循环迭代的优化设计,依旧存在适用范围受限的问题。此外,近似解析法是在功能函数已知的前提下通过多次多阶求导进行结构概率分析及优化设计,其计算流程相对比较烦琐,并且分析精度相对较低,不能应用于功能函数未知的情况。

1.2.3　基于代理模型法的结构可靠性设计研究现状

基于代理模型法的结构可靠性设计是通过回归或分类的思想构建结构目标数学函数替代真实模型,进而结合数值模拟法和近似解析法获取结构可靠度或失效概率,结合其分析结果开展结构优化设计分析。代理模型法是本书研究先进代理模型法的基础,而数值模拟法和近似解析法是实现结构可靠性设计的工具。代理模型法最早是在 1951 年由 Box[63] 提出的,当时是以二次多项式函数逼近并替代真实模型[称为响应面法(response surface method,RSM)]研究结构可靠性设计问题,并取得了良好的效果,开辟了基于代理模型法的结构可靠性设计这一新的研究方向。之后,涌现出了大量代理模型法,如 Kriging 模型、神经网络、支持向量机等。

近年来,在结构可靠性设计中取得了许多关于代理模型法的研究成果。其中,RSM 是代理模型法中出现较早、应用较为广泛的方法之一。例如,闫明等[64]研究了 RSM 在结构可靠性设计中的应用,验证了该方法的实用性;Allaix 等[65]将有限元法与 RSM 相结合开展了结构可靠性分析,说明了该方法在计算效率方面的优势;Cheng 等[66]在功能函数未知的情况下,运用 RSM 对结构逆概率问题进行了分析研究;Zhang 等[67]在考虑了多物理场载荷相互影响的前提下,探究了 RSM 在航空发动机叶盘结构多失效模式综合概率分析中的应用;Tandjiria 等[68]在考虑参数随机性影响的情况下,将 RSM 应用于水平载荷桩的可靠性分析;Momin 等[69]在建立的有限元模型的基础上,结合 RSM 实现了结构概率分析;Kaymaz 等[70]和 Bai 等[71]在传统 RSM 的基础上提出了自适应 RSM,并将其应用于结构可靠性与灵敏度分析及优化设计。同时,Kriging 模型法也是具有代表性的代理模型法之一,该方法于 1951 年被 Krige[72]提出,并应用于矿床储量预测,随后应用于结构概率分析和优化设计领域[73-75]。对于基于 Kriging 模型的结构可靠性设计,Dubourg 等[76]将 Kriging 模型与子集模拟相结合完成了结构概率分析及基于可靠性指标的优化分析;Gaspar 等[77]结合非线性有限元分析,讨论了基于 Kriging 模型的结构可靠性设计在计算效率方面的优势;Chen 等[78]在采用局部自适应抽样获取设计样本点的情况下,结合 Kriging 模型开展了结构可靠性与灵敏度分析和优化设计;Lu 等[79]和 Lei 等[80]分别将信息熵和简单变换与 Kriging 模型相结合发展出了改进 Kriging 模型,进而讨论了所研究方法在结构可靠性预测与灵敏度分析中的应用;Sun 等[81]和 Chai 等[82]基于学习函数提出了一种新的 Kriging 模型,并将其应用于结构可靠性分析和含有裂纹结构的疲劳可靠性分析。

　　此外,支持向量机和神经网络模型是当前各个行业领域比较受欢迎和关注的两类代理模型法,作为机器学习和深度学习理论研究的切入点,能够实现传统代理模型向高效精确代理模型的转变。关于支持向量机和神经网络模型在结构可靠性设计中的应用,行业领域内开展了大量的相关研究,并取得了一定的进展。例如,Rocco 等[83]通过支持向量机建立目标模型,进而结合 MC 法实现了结构可靠性分析;Guo 等[84]利用最小二乘支持向量机模型解决了结构可靠性评估问题;Richard 等[85]采用自适应抽样技术获取足够样本,通过支持向量机建立回归模型,并实现了结构可靠性分析;Alibrandi 等[86]提出了一种新的抽样策略,并与支持向量机模型相结合,为结构可靠性分析提供了新途径;Xi 等[87]结合最小二乘支持向量机模型解决了发动机结构故障监测及优化设计问题;Ren 等[88]在考虑变量随机性影响的前提下,开展了基于神经网络模型的结构可靠性评估研究;Ghorbani 等[89]运用径向基函数神经网络模型对框架结构的失效概率进行了研究;Lehky 等[90]基于人工神经网络(artificial neural network,ANN)模型和小样本仿真实现了结构可靠性逆概率问题的求解;Chang 等[91]在考虑环境温度影响的前提下,结合神经网络模型对起落架操纵机构可靠性进行了分析,并通过试验验证了该方法的有效性;Li 等[92]基于径向基神经网络探究了代理模型法在结构可靠性设计中的可行性。代理模型法虽然能够在满足分析精度的前提下有效提高结构可靠性设计的计算效率,但是对于涉及多学科、多目标的结构动态概率分析及优化设计问题,采用传统代理模型法需要建立大量的代理模型才能实现求解,其分析流程相对复杂,计算工作负担过重,甚至不能完成分析。

　　为了合理有效解决基于传统代理模型法的结构动态概率分析及优化设计存在的问题,当前常用的方法包括跨越率法、包络函数法和极值法[2]。其中,极值法是本书研究的关键,而代理模型法是本书研究的基础,二者的有效结合是本书研究的主要内容。关于基于极值思想的代理模型研究,许多科研院所和科研工作者已展开了一定的研究,提出了许多适用于结构动态概率分析及优化设计的方法。例如,Zhang 等[93]将极值选取策略和传统 RSM 有效融合,于 2012 年首次提出了极值响应面法(extremum RSM,ERSM),并将其应用于柔性机械臂机构的动态可靠性及灵敏度分析,随后(2013~2014 年)该方法应用于航空发动机转子结构动态概率分析及优化设计[94-96]。2015 年,Fei 等[97,98]将极值思想与支持向量机模型相结合,提出了极值支持向量机模型,通过航空发动机涡轮叶尖间隙概率分析和优化设计案例验证了该方法的有效性;Song 等[99,100]将极值思想引入神经网络模型,并提出了极值神经网络模型,并将其应用于结构的动态可靠性评估、灵敏度分析以及基于可靠性的优化设计。此外,Fei 等[101-104]在 2013~2016 年结合分解协调策略提出了基于分解协调策略的 ERSM,并将其所提出的方法应用于多构件结构概率分析与可靠性优化设计;2016 年,Zhang 等[105,106]结合联动抽样策略探究发展出了双重

ERSM 和多重极值神经网络模型,并将其应用于结构多失效模式动态综合可靠性分析和灵敏度分析。上述工作为结构动态概率设计提供了新的研究思路,能够有效提升计算效率,但是由于二次多项式的限制,对于高度非线性的复杂结构可靠性设计问题,其精度仍待商榷。

传统的代理模型法(RSM、Kriging、支持向量机和神经网络模型)虽然能够在满足分析精度的前提下有效提升结构可靠性设计的计算效率,且对于设计变量规模有限(20 个变量以内)的情况具有较高的精度,但是对于涉及动态时变特性、高度非线性和多分析目标的研究问题,仍需要建立大量逼近函数替代结构分析模型,以实现其可靠性与灵敏度分析,以及通过大量迭代实现其优化分析;基于极值思想的代理模型法(ERSM、双重 ERSM 和基于分解协调策略的 ERSM)虽然可以高效处理多学科、多目标动态概率分析及优化设计问题,但是由于模型本身的限制,其计算精度仍需要进一步提高。因此,本书在 ERSM 和 Kriging 模型的基础上,结合先进的建模技术、智能算法、机器学习、分解协调策略、混联抽样技术等理论阐述了先进代理模型法,以解决涉及高度非线性、动态时变特性和多分析目标的复杂结构可靠性与灵敏度分析和优化设计问题。

1.3　存在的问题

通过对结构可靠性设计的国内外现状研究可以发现,当前主要存在四个方面的问题: ① 如何高效处理高度非线性问题,实现复杂结构单目标动态概率分析; ② 如何合理协调多构件同一失效模式之间的关系,实现复杂结构动态协同概率分析;③ 如何有效解决同一构件多失效模式相关性的问题,实现复杂结构动态综合概率分析;④ 如何合理有效解决多学科参数和大量循环迭代的问题,实现复杂结构一体化优化设计。结构可靠性设计存在的问题具体如下。

(1)复杂结构单目标动态概率分析。

复杂结构单目标动态概率分析涉及高度非线性问题,若采用数值模拟法执行复杂结构动态概率分析,则其计算负担过重,一般平台难以支撑;复杂结构功能函数一般是未知的,近似解析法无法实现可靠性及灵敏度分析;若将传统代理模型法直接应用于复杂结构动态概率分析,则需要建立大量的代理模型,其分析流程相对烦琐。如何高效处理高度非线性问题以及如何探寻高效精确的先进代理模型法,是实现复杂结构单目标动态概率分析的关键问题。

(2)复杂结构动态协同概率分析。

复杂结构动态协同概率分析通常涉及多个构件同一失效模式的问题,若运用传统代理模型法进行分析,则相对于单目标动态概率分析,其模型数量会成倍激增,并且多个构件之间的关系得不到合理协调。如何合理协调多构件同一失效模式之间的关系以及如何有效协同多构件同一输出响应,是实现复杂结构动态协同概率分析的关键问题。

（3）复杂结构动态综合概率分析。

复杂结构动态概率分析涉及同一构件多失效模式相关性的问题,若将现有的代理模型法用于问题的求解,则依然面临需要建立成千上万模型的问题。此外,各失效模式之间的相关性也不能得到有效处理。如何有效解决同一构件多失效模式相关性的问题以及如何探究有效的方法策略,是实现复杂结构动态综合概率分析的科学问题。

（4）复杂结构一体化优化设计。

复杂结构一体化优化设计涉及大量循环迭代的问题,若运用现有的方法进行复杂结构优化设计分析,则会耗费大量的计算资源和时间,甚至会出现迭代不收敛的情况。此外,复杂结构一体化优化设计还涉及同一构件多失效模式或多个构件同一失效模式的多目标优化设计问题。如何结合有效的策略有效处理涉及大规模循环嵌套、多目标优化设计等问题,是实现复杂结构一体化优化设计的技术难点。

1.4　本书主要研究工作与创新点

1.4.1　本书主要研究工作

本书内容主要包括前言、目录、内容主体、参考文献等。其中,本书主体包括 10 章内容,主要围绕"基于先进代理模型的航空结构可靠性设计理论"这一主题进行撰写,以先进代理模型为中心,着眼于复杂结构单目标动态概率分析方法、复杂结构动态协同概率分析方法、复杂结构动态综合概率分析方法、复杂结构可靠性优化设计方法和多构件多失效协同概率分析方法等五方面的研究工作。

复杂结构单目标动态概率分析方法的研究目的是找出便于处理高度非线性问题,以及解决具有动态时变特性和多源不确定性问题的先进代理模型法,主要包括加权极值响应面法（weighted regression-based ERSM, WR－ERSM）、改进加权极值响应面法（improved WR－ERSM, IWR－ERSM）、改进 Kriging 极值响应面法（improved Kriging with ERSM, IK－ERSM）、增强网络学习方法（enhanced network learning method, ENLM）、移动极值代理模型策略（moving extremum surrogate modeling strategy, MESMS）和基于移动极值的改进 Kriging 方法（modified Kriging-based moving extremum framework, MKMEF）。首先,以传统的 ERSM 为基础,分别将其与加权最小二乘法与改进加权最小二乘法相结合,介绍 WR－ERSM 与 IWR－

ERSM;然后,将 ERSM 分别与 Kriging 模型、遗传算法(genetic algorithm, GA)以及广义回归神经网络模型相融合,发展出了 IK – ERSM 和 ENLM;最后,将移动最小二乘法分别引入传统的 ERSM 和 IK – ERSM,探寻出了 MESMS 和 MKMEF。此外,通过航空发动机核心机典型转子结构的概率分析,验证所研究方法的有效性。

复杂结构动态协同概率分析方法主要用于实现具有装配关系的多构件结构同一失效模式的动态可靠性及灵敏度分析,将分解协调策略分别与 IK – ERSM 和基于最小二乘的改进极值 Kriging 代理模型法相结合,介绍协同代理模型法,即基于分解协调的改进 Kriging 代理模型策略(improved decomposed-coordinated Kriging modeling strategy, IDCKMS)和基于分解协调的改进极值 Kriging 方法(decomposed-coordinated framework with enhanced extremum Kriging, E2K – DCF)。为了说明所提方法的可行性,将航空发动机高压涡轮叶盘(由叶片和轮盘装配而成)作为研究对象,以其径向变形可靠性分析加以验证。

复杂结构动态综合概率分析方法的研究目标是探究适用于同一构件多失效模式综合可靠性及灵敏度分析的多重代理模型法,主要包括多重极值响应面法(multiple ERSM, MERSM)、基于分解协调策略的二次多项式代理模型法(decomposed-coordinated surrogate model method based on quadratic polynomial, QP – DCSMM)、基于分解协调策略的极值 Kriging 模型法(decomposed-coordinated surrogate model method based on Kriging, K – DCSMM)、基于分解协调策略的混合代理模型法(decomposed-coordinated surrogate model method based on mixture strategy, M – DCSMM),其原理是将混联抽样技术、分解协调策略与 ERSM、Kriging 模型进行有效结合,进而通过航空发动机高压涡轮叶盘多失效模式的动态可靠性分析,说明所研究方法的适用性。

复杂结构可靠性优化设计方法主要是基于所研究的先进代理模型法开展复杂结构一体化优化设计,以解决多学科参数和大量循环嵌套迭代问题,研究内容包括基于 IWR – ERSM 的复杂结构优化设计、IDCKMS 的复杂结构协同优化设计和基于 MERSM 的复杂结构综合优化设计,通过航空发动机低压压气机叶盘应力优化设计、高压涡轮叶盘运行间隙协同优化设计和高压涡轮叶盘变形、应力和应变多失效模式综合优化设计,验证所研究的方法能够有效实现复杂结构的优化设计。

多构件多失效协同概率分析方法主要采用将矩阵思想引入代理模型的方法,进而提出了同步建模的理念,即矢量代理模型(vectorial surrogate model, VSM)法,用于完成复杂结构多构件多失效的多目标可靠性设计。另外还提出了基于矢量代理模型的复杂结构多构件多失效协同概率分析思想、矢量代理模型的数学建模方法、矢量代理模型可靠性设计原理等,并通过五个实例加以验证。

根据本书主要内容及其层次关系,主体部分的具体内容如下。

（1）第 1 章：绪论。阐明本书选题背景及意义；论述结构概率分析的国内外研究现状，包括结构概率分析的数值模拟法、近似解析法及代理模型法；总结目前复杂结构动态概率分析研究存在的问题；简要介绍本书的主要研究工作与创新点。

（2）第 2 章：基于加权代理模型法的复杂结构动态概率分析方法。首先，简要概述结构概率分析的 MC 法和 ERSM；然后，介绍适用于复杂结构动态可靠性分析的 WR – ERSM；最后，介绍 IWR – ERSM，并将其应用于复杂结构动态概率分析。此外，通过航空发动机高压涡轮叶盘应力可靠性分析和低压压气机叶盘应力概率分析，验证 WR – ERSM 和 IWR – ERSM 的有效性。

（3）第 3 章：基于混合代理模型法的复杂结构动态概率分析方法。首先，介绍传统 Kriging 模型和广义回归神经网络（generalized regression netural network, GRNN）模型结构概率分析的基本原理；然后，介绍复杂结构动态概率分析的 IK – ERSM 和 ENLM；最后，将研究介绍的方法应用于航空发动机低压压气机叶盘径向变形概率分析和高压涡轮叶盘低周疲劳寿命概率分析，并结合方法对比，对混合代理模型法的可行性进行论证。

（4）第 4 章：基于移动代理模型法的复杂结构动态概率分析方法。针对最小二乘法建模的局限性，将移动最小二乘法与传统 ERSM 有效结合，介绍 MESMS 的应用原理，并将其应用于复杂结构动态可靠性评估；基于 IK – ERSM 进一步介绍复杂结构动态可靠性分析的 MKMEF；将航空发动机高压涡轮叶盘和高压压气机叶盘作为研究对象，通过其径向变形动态可靠性和灵敏度分析，验证所介绍的两种移动代理模型法的适用性。

（5）第 5 章：基于分解协调代理模型法的复杂结构动态协同概率分析方法。为了合理协调多构件输出之间的关系，有效处理复杂结构动态协同概率分析问题，基于分解协调策略先后介绍 IDCKMS 和 E2K – DCF，并将其应用于航空发动机高压涡轮叶盘（由叶片和轮盘装配而成）径向变形动态可靠性及灵敏度分析，在拟合特性和仿真性能两方面验证分解协调代理模型法的有效性和可行性。

（6）第 6 章：基于智能建模的复杂结构嵌套目标概率分析方法。针对涉及多个嵌套目标的复杂结构概率分析问题，该章先基于 Kriging 模型引入海洋捕食者算法（marine predators algorithm, MPA），并提出海洋捕食者 Kriging 方法（marine predators algorithm Kriging method, MPAKM）；再将极值法、改进粒子群优化（modified particle swarm optimization, MPSO）算法、移动最小二乘法与 Kriging 模型相结合，提出双步迭代移动增强建模（bi-iteration moving enhanced modeling, BIMEM）方法。此外，通过航空发动机高压涡轮叶盘低周疲劳寿命可靠性与灵敏度分析，论证所研究方法的有效性。

（7）第 7 章：基于多重代理模型法的复杂结构动态综合概率分析方法。针对复杂结构多失效模式相关性处理问题，该章提出了基于混联抽样和多模型理论的多重代理模型法,包括 MERSM、QP - DCSMM、K - DCSMM 和 M - DCSMM,通过航空发动机高压涡轮叶盘应力、应变、变形的动态综合可靠性与灵敏度分析,说明所研究方法在复杂结构动态综合概率分析中的有效性和可行性。

(8) 第 8 章:基于先进代理模型法的复杂结构优化设计方法。为探究先进代理模型法在复杂结构优化设计中的应用,该章依次开展基于 IWR - ERSM 的复杂结构优化设计、基于 IDCKMS 的复杂结构协同优化设计和基于 MERSM 的复杂结构综合优化设计研究,通过航空发动机核心机转子机械一体化优化设计,验证所研究方法在复杂结构优化设计中的实用性。

(9) 第 9 章:基于矢量代理模型的多构件多失效协同概率分析方法。复杂结构多构件多失效协同概率分析方法的目的是研究复杂结构多层多目标的同步建模理念 VSM 法;在此基础上,进一步探究基于多种代理模型的混合矢量代理模型法原理。此外,通过案例论证所研究方法的适用性。

(10) 第 10 章:总结与展望。对本书的工作内容进行全方位的高度概括性总结,对后续研究进行预先性展望。

需要说明的是,本书以航空发动机的高压涡轮叶盘和高压/低压压气机叶盘作为案例分析对象,工况相对复杂(涉及多物理场载荷影响),以前人研究为基础确定参数,选取相关学科相对较为重要的因素作为输入变量(如流体载荷选取进口流速、进口/出口压力,热载荷选取温度,结构载荷选取温度,材料参数选取密度等),研究其与输出响应的关系,并开展可靠性设计分析。

1.4.2　本书创新点

本书的主要创新点如下:

(1) 利用单目标动态概率分析方法处理高度非线性问题,实现复杂结构动态可靠性及灵敏度分析。在现有代理模型法的基础上,结合加权最小二乘法、智能算法、移动最小二乘法等理论,介绍加权代理模型法(WR - ERSM 和 IWR - ERSM)、智能代理模型法、混合代理模型法(IK - ERSM 和 ENLM)、移动代理模型法(MESMS 和 MKMEF)和矢量代理模型法,解决高度非线性问题,处理具有动态时变特性和多源不确定性问题,实现复杂结构单目标概率分析,为多目标(多构件同一失效模式和单一构件多失效模式)动态概率分析奠定基础。

(2) 利用多构件同一失效模式动态协同概率分析方法协调多构件输出响应之间的关系,以实现具有装配关系的复杂结构动态协同概率分析。基于介绍的先进代理模型,将分解协调策略与其有效结合,阐述分解协调代理模型法(IDCKMS 和 E2K - DCF),用于协调具有装配关系的复杂结构多构件同一输出响应之间的关系,为实现多构件同一失效模式动态协同可靠性评估和灵敏度分析提供新的思路。

(3) 利用同一构件多失效模式动态综合概率方法解决多失效模式之间相关性

的问题,以实现复杂结构动态综合可靠性设计。将混联抽样和分解协调策略分别引入先进代理模型法,介绍多重代理模型法(MERSM、QP‑DCSMM、K‑DCSMM 和 M‑DCSMM),使得同一构件多失效模式之间的相关性问题得以合理解决,为合理实现复杂结构动态综合概率分析提供可行且有效的途径。

(4)利用基于先进代理模型法的优化策略处理多学科参数和大量循环迭代的问题,以实现复杂结构一体化优化设计。将先进代理模型法(包括 IWR‑ERSM、IDCKMS 和 MERSM)逐步应用于复杂结构优化设计、协同优化设计和综合优化设计,合理解决多学科参数和大量循环迭代问题,为复杂结构一体化优化设计提供可行的技术途径。

(5)提出嵌套目标概率分析的智能方法,实现涉及多个嵌套目标的复杂结构疲劳寿命概率分析。

(6)提出协同概率分析方法,拓展出多目标同步建模理念,实现多构件多失效复杂结构协同概率分析,合理处理随机变量之间的相关性、多目标分析的协同性和分析目标之间的耦合性,为复杂结构多构件多失效动态可靠性设计提供适用的理念和方法。

第 2 章
基于加权代理模型法的复杂结构动态概率分析方法

2.1 引言

　　航空发动机结构概率分析通常涉及多个学科载荷(如气动、热、结构等)影响,还涉及输出响应与输入参数之间高度非线性关系;此外,涉及的相关变量参数具有动态时变特性和不确定性。对于航空发动机结构动态可靠性及灵敏度分析,采用 MC 法求解该类问题,虽然具有较高的分析精度,但是需要花费大量的计算时间,甚至不能完成分析任务[2, 6, 107];采用传统 RSM 直接处理这类问题,虽然计算效率在一定程度上得以提升,但是仍需要建立大量的代理模型,且处理流程相对复杂[5, 108]。

　　ERSM 的出现为解决航空发动机结构动态概率分析问题提供了一种可行的思路,该方法基于传统 RSM 和极值思想发展而来,首次应用于机械柔性臂机构动态可靠性与灵敏度分析,随后广泛应用于具有动态时变特性的结构概率分析[93, 94, 109]。ERSM 能够大幅度提高复杂结构动态概率分析的计算效率,但是其数学模型具有局限性,导致其无法精确处理高度非线性问题。基于 ERSM 的复杂结构动态可靠性与灵敏度的分析精度不能满足需求的根本原因为二次多项式自身的限制,不能有效反映输出响应与输入变量之间的非线性关系;最小二乘法的原理是综合利用各个样本进行建模,忽略某些样本对整体模型预测精度的影响。此外,现有的代理模型法不能直接用于解决具有模糊和随机特性混合变量的复杂结构动态概率分析问题。

　　当前,考虑随机性影响的结构概率分析的理论方法已相对丰富。然而,对于结构模糊可靠性评估,通常有两种处理方式:① 利用模糊数学理论,如隶属函数、模糊集理论等[110-112],实现结构可靠性分析;② 结合变换方法将模糊变量转换成随机变量,进而运用统计分析理论实现可靠性分析[113, 114]。本章主要采用第二种处理方式,结合模糊能量转换方法[115, 116],将模糊安全准则变换为随机安全准则,实现复杂结构动态模糊可靠性分析。

　　本章首先简要介绍结构概率分析的 MC 法和 ERSM;然后,为了有效处理传统最小二乘建模精度的问题,将加权回归思想引入 ERSM,研究 WR‑ERSM,并结合模糊熵原理,实现复杂结构动态模糊可靠性分析;其次,在传统加权回归思想的基础上,介绍一种改进加权回归,并将其与 ERSM 有效结合,阐述一种 IWR‑ERSM,用于处理复杂结构动态概率分析问题;最后,通过航空发动机高压涡轮叶盘应力可靠性分析和低压压气机叶盘应力概率分析说明所介绍方法的可行性,并结合方法比较验证所研究方法的有效性。

2.2   结构概率分析的蒙特卡罗法和极值响应面法

本节分别介绍结构概率分析的 MC 法和 ERSM,为开展本章及后续章节研究内容提供支撑。

2.2.1   蒙特卡罗法

MC 法通常结合抽样技术来完成结构的概率分析,该方法不仅适用于功能函数已知的情况,而且适用于功能函数未知的情况。基于 MC 法的结构概率分析通常将问题转化为某一概率模型,并对该模型进行大量数值模拟,将事件的发生概率近似为结构的可靠度或失效概率,进而实现结构灵敏度分析。其理论依据为两条大数定律,即切比雪夫(Chebyshev)大数定律和伯努利(Bernoulli)大数定律[8, 36, 117]。

切比雪夫大数定律:设 x_1, x_2, $\cdots$, x_n 是互不相关的随机变量,n 为随机变量个数,其数学期望和方差分别为 μ 和 σ^2,则对于任意小的正数 ε 满足[118]:

$$\lim_{N \to \infty} P\left\{ \left| \frac{1}{N} \sum_{i=1}^{n} x_i - \mu \right| < \varepsilon \right\}_{i=1, 2, \cdots, n} = 1 \qquad (2-1)$$

随着样本容量 N 的增加,样本平均数将接近于总体平均数。

伯努利大数定律:N_A 为 N 次独立试验中事件 A 发生的次数,且事件 A 在每次试验中发生的概率为 $P(A)$,则对于任意正数 ε 存在[119]:

$$\lim_{N \to \infty} P\left\{ \left| \frac{N_A}{N} - P(A) \right| < \varepsilon \right\} = 1 \qquad (2-2)$$

当 N 足够大时,事件 A 出现的频率几乎接近于其发生的概率,即收敛于 $P(A)$。

MC 法主要依据上述两条大数定律进行大规模采样,进而实现结构可靠性评估与灵敏度分析。MC 法在进行结构概率分析过程中无须考虑随机变量的分布特征,且其收敛性取决于样本规模的大小[120]。此外,该方法通过执行多次真实模拟获取结构可靠性概率或失效概率,其结果具有较高的分析精度且通常作为评估其他方法优劣的标准。

对于基于 MC 法的结构单失效模式可靠性分析,设随机变量为 $\boldsymbol{x} = (x_1, x_2, \cdots, x_n)^{\mathrm{T}}$,其功能函数为

$$y(\boldsymbol{x}) = y(x_1, x_2, \cdots, x_n) \tag{2-3}$$

结合目标许用值 y_{allow} 和功能函数 $y(\boldsymbol{x})$,可确定结构的极限状态函数为

$$h(\boldsymbol{x}) = y_{\mathrm{allow}} - y(x_1, x_2, \cdots, x_n) \tag{2-4}$$

结构失效概率 P_{f} 和可靠性概率 P_{r} 为

$$\begin{aligned}
P_{\mathrm{f}} &= \int_F f(\boldsymbol{x}) \, \mathrm{d}\boldsymbol{x} = \int_{R^n} I_F(\boldsymbol{x}) f(\boldsymbol{x}) \, \mathrm{d}\boldsymbol{x} \\
&= E[I_F(\boldsymbol{x})] = \frac{1}{N} \sum I_F(\boldsymbol{x}) = \frac{N_{\mathrm{f}}}{N} \\
P_{\mathrm{r}} &= 1 - P_{\mathrm{f}} = \frac{N_{\mathrm{r}}}{N}
\end{aligned} \tag{2-5}$$

式中,$f(\boldsymbol{x})$ 为随机变量的联合概率密度函数;F 为失效域;$I_F(\boldsymbol{x})$ 为示性函数,若 $I_F(\boldsymbol{x}) = 1$,则为失效,若 $I_F(\boldsymbol{x}) = 0$,则为安全;$E[\cdot]$ 为数学期望;N_{f} 为失效样本数;N_{r} 为可靠样本数。

对于基于 MC 法的结构多失效模式可靠性计算,其原理为在单失效模式可靠性分析结果的基础上,依据多失效模式之间的串/并联关系,获取相应的可靠性或失效概率。

结构灵敏度定义为失效概率 P_{f} 对随机变量 x_i 分布参数 θ_{x_i} 的偏导数[2, 96],用于反映随机变量对失效概率或可靠度的影响,通常可用式(2-6)表示:

$$\frac{\partial P_{\mathrm{f}}}{\partial \theta_{x_i}} = \frac{\partial \int_F f(\boldsymbol{x}) \, \mathrm{d}\boldsymbol{x}}{\partial \theta_{x_i}} = \int_F \frac{\partial f(\boldsymbol{x})}{\partial \theta_{x_i}} \mathrm{d}\boldsymbol{x} \tag{2-6}$$

为了结合 MC 法实现结构灵敏度分析,需要将式(2-6)转换成如下形式:

$$\frac{\partial P_{\mathrm{f}}}{\partial \theta_{x_i}} = \int_F I_F(\boldsymbol{x}) \frac{\partial f(\boldsymbol{x})}{\partial \theta_{x_i}} \frac{1}{f(\boldsymbol{x})} f(\boldsymbol{x}) \, \mathrm{d}\boldsymbol{x} \tag{2-7}$$

进而可得基于均值和标准差的结构灵敏度,即

$$\begin{aligned}
\frac{\partial P_{\mathrm{f}}}{\partial \mu_{x_i}} &= \frac{1}{N} \sum \frac{\partial P_{\mathrm{f}_i}}{\partial \mu_{x_i}} \\
\frac{\partial P_{\mathrm{f}}}{\partial \sigma_{x_i}} &= \frac{1}{N} \sum \frac{\partial P_{\mathrm{f}_i}}{\partial \sigma_{x_i}}
\end{aligned} \tag{2-8}$$

式中，μ_{x_i} 和 σ_{x_i} 分别为第 i 个随机变量的均值和标准差。

基于 MC 法的结构概率分析具有直观、精确、通用性强等优点，但是对于具有动态时变特性的复杂结构，其计算工作量大大增加，计算效率相对较低，甚至不能完成分析任务。在满足分析精度要求的前提下，为了高效实现复杂结构动态可靠性及灵敏度分析，需要寻求能够合理有效替代真实模拟的代理模型法，即通过输入变量可以获取目标响应值，实质上就是 2.2.2 节将要论述的 ERSM。

2.2.2 极值响应面法

ERSM 是通过将极值思想引入传统 RSM 发展而来的，主要目的是克服传统 RSM 在处理具有动态时变特性的结构概率分析过程中需要建立大量目标函数的缺点，简化分析流程及提高计算效率，为结构动态可靠性评估和灵敏度分析提供新的途径。基于 ERSM 的结构动态概率分析的基本思路为[5, 93, 121] 运用极值思想确定结构动态输出响应的极值，获取变量参数的样本，建立目标输出功能函数，结合数值模拟法或近似解析法实现结构动态可靠性及灵敏度分析。其中，极值思想用于处理输出响应动态过程，将其简化成一个含有极值的瞬态分析；构建的目标输出功能函数数学模型替代真实模拟，有效提高动态概率分析的计算效率。

设结构在分析时域 $[0, T]$ 的随机变量为 $\boldsymbol{x}$，第 $j(j = 1, 2, \cdots, m$，其中 m 为样本数量) 个样本可表示为 $\boldsymbol{x}^j$，对应的输出响应值可表示为 $y^j(\boldsymbol{x}^j)$，其极值可表示为 $y^j_{\mathrm{exm}}(\boldsymbol{x}^j)$，则输出响应与随机变量功能函数关系式可表示为

$$y_{\mathrm{exm}}(\boldsymbol{x}) = g(\boldsymbol{x}) = \{ y^j_{\mathrm{exm}}(\boldsymbol{x}^j) \} \tag{2-9}$$

对于 ERSM，其功能函数通常运用二次多项式进行描述，因此式 $(2-9)$ 可写为

$$y_{\mathrm{ERSM}}(\boldsymbol{x}) = a + \boldsymbol{bx} + \boldsymbol{x}^{\mathrm{T}}\boldsymbol{cx} \tag{2-10}$$

式中，a 为常数项系数；$\boldsymbol{b}$ 为一次项系数向量；$\boldsymbol{c}$ 为二次项系数矩阵。其中，二次项系数以含有交叉项为例进行描述，$\boldsymbol{b}$ 和 $\boldsymbol{c}$ 可表示为

$$\boldsymbol{b} = \begin{pmatrix} b_1 & b_2 & \cdots & b_n \end{pmatrix}$$

$$\boldsymbol{c} = \begin{pmatrix} c_{11} & & & \\ c_{21} & c_{22} & & \\ \vdots & \vdots & \ddots & \\ c_{n1} & c_{n2} & \cdots & c_{nn} \end{pmatrix} \tag{2-11}$$

基于式 $(2-11)$，结构功能函数可以写成如下形式：

$$y_{\mathrm{ERSM}}(\boldsymbol{x}) = a + \sum_{i=1}^{n} b_i x_i + \sum_{i=1}^{n} \sum_{\bar{i}=1}^{n} c_{i\bar{i}} \, x_i x_{\bar{i}} \tag{2-12}$$

式中,$\bar{i}=1,2,\cdots,n$;n 为随机变量个数;b_i 为一次项系数;$c_{\bar{i}\bar{i}}$ 为二次项系数。

为了获取功能函数相关的系数,通常采用最小二乘法进行求解,即

$$\boldsymbol{d}=(\boldsymbol{X}^{\mathrm{T}}\boldsymbol{X})^{-1}\boldsymbol{X}^{\mathrm{T}}\boldsymbol{Y} \tag{2-13}$$

其中,

$$\boldsymbol{d}=(\begin{array}{ccccccccccc} a & b_1 & \cdots & b_n & c_{11} & \cdots & c_{1n} & c_{22} & \cdots & c_{2n} & \cdots & c_{nn}\end{array})^{\mathrm{T}}$$

$$\boldsymbol{X}=\begin{pmatrix} 1 & x_1^1 & \cdots & x_n^1 & x_1^1 x_1^1 & \cdots & x_1^1 x_n^1 & x_2^1 x_2^1 & \cdots & x_2^1 x_n^1 & \cdots & x_n^1 x_n^1 \\ \vdots & \vdots & & \vdots & \vdots & & \vdots & \vdots & & \vdots & & \vdots \\ 1 & x_1^m & \cdots & x_n^m & x_1^m x_1^m & \cdots & x_1^m x_n^m & x_2^m x_2^m & \cdots & x_2^m x_n^m & \cdots & x_n^m x_n^m \end{pmatrix}$$

$$\boldsymbol{Y}=\begin{bmatrix} y(\boldsymbol{x}^1) & y(\boldsymbol{x}^2) & \cdots & y(\boldsymbol{x}^m)\end{bmatrix}^{\mathrm{T}} \tag{2-14}$$

结合式(2-12)和目标许用值,可建立结构极限状态函数为

$$h_{\mathrm{ERSM}}(\boldsymbol{x})=y_{\mathrm{allow}}-y_{\mathrm{ERSM}}(\boldsymbol{x}) \tag{2-15}$$

在此基础上,运用数值模拟法或近似解析法,可实现结构动态可靠性评估和灵敏度分析。ERSM 虽然能够有效提升结构动态概率分析的计算效率,但是其分析精度往往不能满足工程要求,主要原因为 ERSM 建模精度受到二次多项式本身的限制,对于涉及的高度非线性问题,不能有效反映输入变量与输出响应之间的关系。此外,ERSM 不能合理确定并利用有效的样本数据进行建模,使得代理模型预测值与真实模型仿真结果存在较大的偏差。因此,为了合理选取有效样本,建立高效精确的代理模型,实现复杂结构动态概率分析,本章针对性地介绍了加权代理模型法,包括 WR-ERSM 和 IWR-ERSM,其中 WR-ERSM 用于处理考虑随机性和模糊性混合变量的复杂结构动态可靠性分析问题,IWR-ERSM 用于解决复杂结构动态概率分析问题。

2.3　复杂结构动态可靠性分析的加权极值响应面法

为了合理利用样本数据有效建立功能函数和极限状态函数,本节将加权回归思想与传统 ERSM 相结合扩展出了 WR-ERSM,并进一步将其应用于具有混合变量(随机变量和模糊安全准则)的复杂结构动态可靠性评估。此外,通过航空发动机高压涡轮叶盘应力动态模糊可靠性分析,验证所提方法的有效性。

2.3.1　加权极值响应面法基本思想

WR-ERSM 是基于传统 ERSM 结合加权回归思想发展而来的,并结合模糊熵

原理实现复杂结构动态模糊可靠性分析。其中,ERSM 主要用于将具有动态时变特性的历程数据转变为仅含极值的瞬态分析,加权思想主要用于获取有效的样本点,而模糊熵主要用于实现模糊安全准则向随机安全准则的转化。基于 WR‐ERSM 的复杂结构动态模糊可靠性分析流程如图 2‐1 所示。

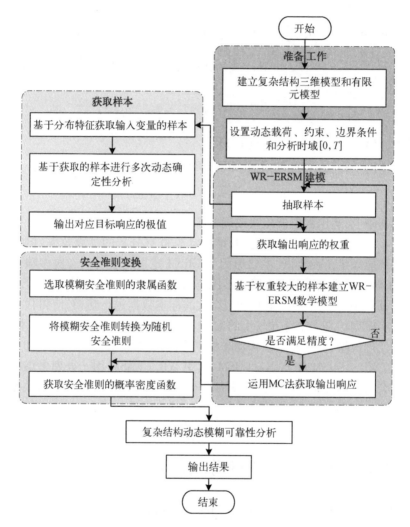

图 2‐1 基于 WR‐ERSM 的复杂结构动态模糊可靠性分析流程

由图 2‐1 可知,基于 WR‐ERSM 的复杂结构动态模糊可靠性分析主要包括准备工作、获取样本、WR‐ERSM 建模、安全准则变换和可靠性分析,具体流程如下:

(1)准备工作。建立复杂结构三维模型和有限元模型,并设置相关的动态载荷、约束、边界条件和分析时域$[0, T]$。

（2）获取样本。结合输入变量的分布类型和特征,抽取相关输入变量的样本数据,基于多次动态确定性分析计算出对应目标响应的极值,进而获取输入变量和目标响应的样本。

（3）WR－ERSM 建模。基于获取的样本数据,结合加权回归思想计算各样本对应的权重,在此基础上依据加权最小二乘法建立 WR－ERSM 数学模型;验证所建立的模型是否满足精度要求,若不满足,则需要重新抽取样本,直至满足要求。

（4）安全准则变换。运用模糊熵原理将模糊安全准则转换为随机安全准则,获取安全准则的概率密度函数。

（5）可靠性分析。采用 MC 法对 WR－ERSM 数学模型进行抽样,获取输出响应的概率密度函数,并与安全准则的概率密度函数相结合,计算复杂结构的可靠性概率。

2.3.2　加权极值响应面法数学模型

WR－ERSM 和传统 ERSM 的建模原理如图 2－2 所示。由图可知,ERSM 数学模型是结合所有样本数据利用最小二乘法拟合而成的;WR－ERSM 数学模型则是通过权重确定有效的样本点,进而结合加权最小二乘法拟合而成的。

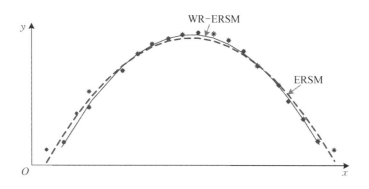

图 2－2　WR－ERSM 和 ERSM 建模原理

WR－ERSM 数学模型 $y_{\text{WR-ERSM}}(\boldsymbol{x})$ 可以表示为

$$y_{\text{WR-ERSM}}(\boldsymbol{x}) = a_{\text{WR}} + \boldsymbol{b}_{\text{WR}}\boldsymbol{x} + \boldsymbol{x}^{\text{T}}\boldsymbol{c}_{\text{WR}}\boldsymbol{x} \qquad (2-16)$$

式中,a_{WR}、$\boldsymbol{b}_{\text{WR}}$ 和 $\boldsymbol{c}_{\text{WR}}$ 分别为加权常数项系数、加权一次项系数向量和加权二次项系数矩阵。本节采用不含交叉项系数的二次多项式形式,因此 $\boldsymbol{b}_{\text{WR}}$ 和 $\boldsymbol{c}_{\text{WR}}$ 可表示为

$$\boldsymbol{b}_{\text{WR}} = (b_{\text{WR}, 1} \quad b_{\text{WR}, 2} \quad \cdots \quad b_{\text{WR}, n})$$

$$\boldsymbol{c}_{\mathrm{WR}} = \begin{pmatrix} c_{\mathrm{WR},\,11} & & & \\ & c_{\mathrm{WR},\,22} & & \\ & & \ddots & \\ & & & c_{\mathrm{WR},\,nn} \end{pmatrix} \qquad (2-17)$$

因此,WR - ERSM 数学模型可表示为二次多项式形式,即

$$y_{\mathrm{WR\text{-}ERSM}}(\boldsymbol{x}) = a_{\mathrm{WR}} + \sum_{i=1}^{n} b_{\mathrm{WR},\,i} x_i + \sum_{i=1}^{n} c_{\mathrm{WR},\,ii} x_i^2 \qquad (2-18)$$

式中,$b_{\mathrm{WR},\,i}$ 和 $c_{\mathrm{WR},\,ii}$ 分别为一次项系数和二次项系数。

为了确定式(2-18)中的加权待定系数,首先需要确定样本中输出响应的最小值 $y_{\mathrm{obj}}(\boldsymbol{x})$,其中样本通过随机抽样获得;然后确定各样本的权重,其权重通过输出响应最小值 $y_{\mathrm{obj}}(\boldsymbol{x})$ 除以各输出响应值 $y_{\mathrm{true},\,j}(\boldsymbol{x})$ 计算得到;最后依据权重大小选取 m 个有效样本,并确定样本对应的权重 W_j 及相应的权重矩阵 $\boldsymbol{W}$。 相关的计算公式如下:

$$y_{\mathrm{obj}}(\boldsymbol{x}) = \min \mid y_{\mathrm{true},\,j}(\boldsymbol{x}) \mid$$

$$W_j = \frac{y_{\mathrm{obj}}(\boldsymbol{x})}{y_{\mathrm{true},\,j}(\boldsymbol{x})} \qquad (2-19)$$

$$\boldsymbol{W} = \mathrm{diag}(W_1 \quad W_2 \quad \cdots \quad W_m)$$

进而通过加权最小二乘法确定相关待定系数,即

$$\boldsymbol{d}_{\mathrm{WR}} = (\boldsymbol{X}^{\mathrm{T}} \boldsymbol{W} \boldsymbol{X})^{-1} \boldsymbol{X}^{\mathrm{T}} \boldsymbol{W} \boldsymbol{Y} \qquad (2-20)$$

式中,$\boldsymbol{d}_{\mathrm{WR}}$ 为 WR - ERSM 数学模型待定系数向量,$\boldsymbol{d}_{\mathrm{WR}} = (a_{\mathrm{WR}}, b_{\mathrm{WR},\,1}, b_{\mathrm{WR},\,2}, \cdots, b_{\mathrm{WR},\,n}, c_{\mathrm{WR},\,11}, c_{\mathrm{WR},\,22}, \cdots, c_{\mathrm{WR},\,nn})^{\mathrm{T}}$。

基于上述分析,加权待定系数得以确定,并建立 WR - ERSM 数学模型。

2.3.3 模糊安全准则随机化

工程实际中参数具有不确定性(包括随机性和模糊性)。对于结构可靠性分析,当前许多方法已经能够有效处理随机性变量问题,但是对于具有模糊性变量的问题可用的方法有限。在复杂结构可靠性分析中,最具典型的模糊变量就是安全准则的模糊性,如变形、应力、应变等。为了合理解决考虑安全准则模糊性的复杂结构动态可靠性分析问题,本节采用模糊熵原理将模糊安全准则转化为随机安全准则,结合随机理论实现分析流程,该方法的适用性已在工程中得以验证[111, 116]。

为了实现模糊安全准则转化为随机安全准则,首先选取三角隶属函数作为模

糊安全准则的分布特性,原因是该隶属函数在工程实际中广泛存在[110, 114, 122],三角隶属函数表达式为

$$u_{\tilde{y}}(x) = \begin{cases} \dfrac{x - a_1}{a - a_1}, & a_1 < x \leqslant a \\ \dfrac{a_2 - x}{a_2 - a}, & a < x \leqslant a_2 \\ 0, & 其他 \end{cases} \tag{2-21}$$

依据模糊熵原理,计算服从正态分布的随机安全准则的均值 μ_{eq} 和标准差 σ_{eq},即

$$\mu_{eq} = \frac{1}{\displaystyle\int_{-\infty}^{+\infty} u_{\tilde{y}}(x)\, \mathrm{d}x} \int_{-\infty}^{+\infty} x u_{\tilde{y}}(x)\, \mathrm{d}x \tag{2-22}$$

$$\sigma_{eq} = \frac{1}{\sqrt{2\pi}} \exp(G_x - 0.5)$$

进而可得

$$\begin{aligned} G_x &= -\int_{-\infty}^{+\infty} u'_{\tilde{y}}(x) \ln u'_{\tilde{y}}(x)\, \mathrm{d}x \\ &= -\int_{u_l}^{u_u} \frac{u_{\tilde{y}}(x)}{\displaystyle\int_{u_l}^{u_u} u_{\tilde{y}}(x)\, \mathrm{d}x} \ln \frac{u_{\tilde{y}}(x)}{\displaystyle\int_{u_l}^{u_u} u_{\tilde{y}}(x)\, \mathrm{d}x} \mathrm{d}x \end{aligned} \tag{2-23}$$

式中,u_u 和 u_l 分别为模糊安全准则的上限和下限。

最后,可得安全准则的概率密度函数为

$$f_{eq}(y_{eq}) = \frac{1}{\sqrt{2\pi}\, \sigma_{eq}} \exp\left[-\frac{(y_{eq} - \mu_{eq})^2}{2\sigma_{eq}^2} \right] \tag{2-24}$$

2.3.4　加权极值响应面法动态模糊可靠性分析原理

为了实现复杂结构动态模糊可靠性分析,运用 MC 法对 WR - ERSM 数学模型进行大量抽样模拟,获取输出响应均值 μ_y 和标准差 σ_y,进而确定输出响应的概率密度函数,即

$$f(y) = \frac{1}{\sqrt{2\pi}\, \sigma_y} \exp\left[-\frac{(y - \mu_y)^2}{2\sigma_y^2} \right] \tag{2-25}$$

基于式(2-24)和式(2-25),可得复杂结构动态模糊可靠性指标和可靠性概率为

$$\beta = \frac{\mu_y - \mu_{eq}}{\sqrt{\sigma_y^2 + \sigma_{eq}^2}} \qquad (2-26)$$

$$P_r = \varPhi(\beta)$$

2.3.5 算例分析

本节以航空发动机高压涡轮叶盘作为研究对象,考虑流体载荷和结构载荷相互作用(流-固耦合作用)以及安全准则模糊性,采用 WR - ERSM 实现其应力动态模糊可靠性分析,用于说明 WR - ERSM 对于复杂结构动态模糊可靠性分析的适用性。

1. 高压涡轮叶盘应力动态确定性分析

航空发动机工作过程中往往会受到多物理场复杂载荷的作用,如高温、高压和高转速等。在考虑流-固耦合作用的情况下,对涡轮叶盘在时域[0 s, 215 s]的应力进行分析。其中,选取镍基合金作为涡轮叶盘材料(密度为 8 210 kg/m³,弹性模量为 1.99×10¹¹ Pa,泊松比为0.3),进口流速为 168 m/s,进口压力为 6×10⁵ Pa。此外,转速是在分析时域内随时间变化的参数,其变化曲线如图 2-3 所示,图中通过 12 个点描述飞机从启动至巡航的任务剖面[123, 124]。

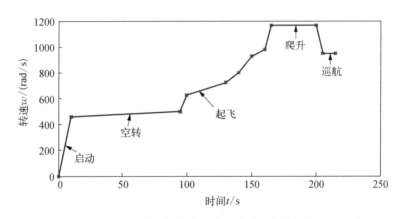

图 2-3 高压涡轮叶盘转速随时间变化曲线

选取某型航空发动机高压涡轮叶盘(包括 40 个叶片和 1 个轮盘)作为研究对象,其具有典型的循环对称结构,为了减轻计算负担,选取 1/40 涡轮叶盘模型作为研究目标,其三维模型和有限元模型如图 2-4 所示。此外,分析过程中考虑了流体载荷的作用,为了合理考虑叶片间流体的相互影响,建立包含三个叶片的流场有限元模型,如图 2-5 所示。

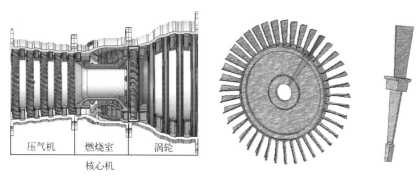

(a) 高压涡轮叶盘三维模型

(b) 高压涡轮叶盘有限元模型

图 2 - 4　航空发动机高压涡轮叶盘三维模型和有限元模型

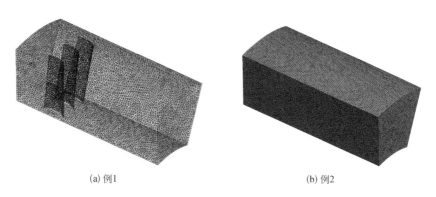

(a) 例1　　　　　　　　　　　　　(b) 例2

图 2 - 5　航空发动机高压涡轮叶盘流场有限元模型

由图 2 - 4 和图 2 - 5 可知,涡轮叶盘和流场的有限元模型是由四面体单元组成的。其中,涡轮叶盘有限元模型包含 29 332 个单元和 47 933 个节点,流场有限元模型包含 222 370 个单元和 321 632 个节点。

基于建立的有限元模型,采用耦合分析方法[125, 126]实现考虑流-固耦合作用的涡轮叶盘动态确定性分析。涡轮叶盘流-固耦合动态确定性分析主要考虑流体与结构载荷相互作用,流体分析和结构分析分开设置边界条件及载荷参数,流体分析与结构分析结果通过流-固耦合交界面进行数据交互传递,通过迭代求解实现计算(本书涉及的流-固耦合、热-结构耦合和流-热-固耦合分析均采用迭代求解的思路),在求解过程中,结构分析结果和流体分析结果差值符合设定值就可认为分析收敛。

流体设置选用 $k-\varepsilon$ 湍流模型,湍动能 k、耗散率 ε 和湍流黏性系数 μ_t 的方程为

$$\rho \frac{\mathrm{d}k}{\mathrm{d}t} = \frac{\partial}{\partial x_i}\left[\left(\mu + \frac{\mu_t}{\sigma_k}\right)\frac{\partial k}{\partial x_i}\right] + G_k + G_b - \rho\varepsilon - Y_M \qquad (2-27)$$

$$\rho \frac{\mathrm{d}\varepsilon}{\mathrm{d}t} = \frac{\partial}{\partial x_i}\left[\left(\mu + \frac{\mu_t}{\sigma_k}\right)\frac{\partial \varepsilon}{\partial x_i}\right] + 1.44\frac{\varepsilon}{k}G_k - 1.92\rho\frac{\varepsilon^2}{k} \qquad (2-28)$$

$$\mu_t = 0.09\rho\frac{k^2}{\varepsilon} \qquad (2-29)$$

式中,G_k 为平均速度梯度引起的湍动能;G_b 为浮力影响引起的湍动能;Y_M 为可压速湍流脉动膨胀对总耗散率的影响。

结构设置在相关载荷条件、材料参数的基础上,结合流体分析传递的数据,运用有限元基本方程(形函数、几何方程和本构方程)获取分析结果。

由于本节案例中采用四面体和六面体单元网格,其形函数可分别写为

$$N_i = \frac{1}{6V}(a_i + b_ix + c_iy + d_iz), \quad i = 1, 2, 3, 4$$
$$N_i = \frac{1}{8V}(a_i + b_ix + c_iy + d_iz), \quad i = 1, 2, \cdots, 8 \qquad (2-30)$$

式中,V 为单元体积;a_i、b_i、c_i 和 d_i 均为节点几何位置相关的系数。

四面体和六面体单元节点位移为

$$u(x, y, z) = a_1 + a_2x + a_3y + a_4z$$
$$v(x, y, z) = b_1 + b_2x + b_3y + b_4z \qquad (2-31)$$
$$w(x, y, z) = c_1 + c_2x + c_3y + c_4z$$

$$u(x, y, z) = a_1 + a_2x + a_3y + a_4z + a_5xy + a_6yz + a_7zx + a_8xyz$$
$$v(x, y, z) = b_1 + b_2x + b_3y + b_4z + b_5xy + b_6yz + b_7zx + b_8xyz \qquad (2-32)$$
$$w(x, y, z) = c_1 + c_2x + c_3y + c_4z + c_5xy + c_6yz + c_7zx + c_8xyz$$

相关几何方程可表示为

$$\varepsilon_x = \frac{\partial u}{\partial x}, \ \varepsilon_y = \frac{\partial u}{\partial y}, \ \varepsilon_z = \frac{\partial u}{\partial z}$$
$$\gamma_{xy} = \frac{\partial u}{\partial y} + \frac{\partial v}{\partial x}, \ \gamma_{yz} = \frac{\partial v}{\partial z} + \frac{\partial w}{\partial y}, \ \gamma_{zx} = \frac{\partial u}{\partial z} + \frac{\partial w}{\partial x} \qquad (2-33)$$

式中,ε_x、ε_y 和 ε_z 分别为 x 轴、y 轴和 z 轴的正应力;γ_{xy}、γ_{yz} 和 γ_{zx} 分别为 x 轴、y 轴和 z 轴的剪应力。

　　基于动态确定性分析得到的高压涡轮叶盘最大应力随时间的变化曲线如图 2-6 所示。

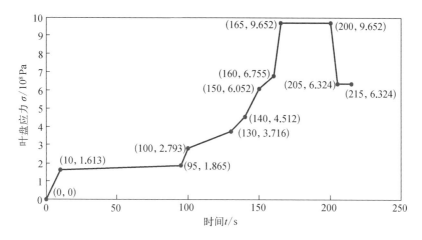

图 2-6　高压涡轮叶盘最大应力随时间变化曲线

　　由图 2-6 可知,高压涡轮叶盘应力随着转速的增大而增大,其最大值出现在巡航阶段。因此,选取 $t = 165$ s 作为研究时刻点,该时刻点的流-固耦合交界面压力分布云图和高压涡轮叶盘应力分布云图分别如图 2-7 和图 2-8 所示。

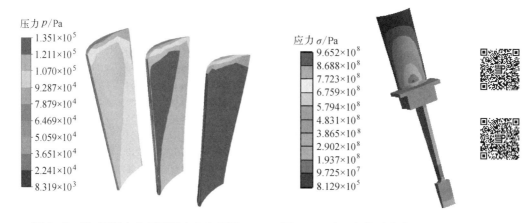

图 2-7　流-固耦合交界面压力分布云图　　　图 2-8　高压涡轮叶盘应力分布云图

2. 基于 WR-ERSM 高压涡轮叶盘应力建模

　　为了建立涡轮叶盘应力数学模型,选取进口流速 v、进口压力 p_{in}、密度 ρ 和转

速 w 作为随机输入变量,其分布数值特征如表 2 - 1 所示。

表 2 - 1　高压涡轮叶盘应力相关随机输入变量分布数值特征

输 入 变 量	分 布 类 型	均　值	标 准 差
$v/(\text{m/s})$	正态分布	168	5.04
p_{in}/Pa	正态分布	600 000	12 000
$\rho/(\text{kg/m}^3)$	正态分布	8 210	246
$w/(\text{rad/s})$	正态分布	1 168	35

基于表 2 - 1,随机输入变量的均值是通过极值选取方法确定的[127],运用随机抽样获取输入变量样本,结合多次动态确定性分析计算涡轮叶盘应力最大值,进而确定每个样本的权重,具体信息如表 2 - 2 所示。表中,带下划线的样本(20 个样本)将用于建立 WR - ERSM 数学模型,带下划线和加粗的样本(30 个样本)用于建立 ERSM 数学模型。

表 2 - 2　样本信息及权重

$v/$ (m/s)	$p_{\text{in}}/$ 10^5 Pa	$\rho/$ (kg/m^3)	$w/$ (rad/s)	$\sigma/$ 10^8 Pa	W	$v/$ (m/s)	$p_{\text{in}}/$ 10^5 Pa	$\rho/$ (kg/m^3)	$w/$ (rad/s)	$\sigma/$ (10^8 Pa)	W
168.00	6.00	8 210	1 168	9.687	0.910 5	173.04	6.00	8 210	1 133	9.098	0.969 4
162.96	6.00	8 210	1 168	9.693	0.909 9	168.00	6.12	8 210	1 133	9.105	0.968 7
168.00	5.88	8 210	1 168	9.686	0.910 6	168.00	6.00	7 964	1 133	8.827	0.999 2
168.00	6.00	7 964	1 168	9.392	0.939 1	173.04	5.88	7 964	1 168	9.385	0.939 8
168.00	6.00	8 210	1 133	9.105	0.968 7	173.04	5.88	8 210	1 133	9.098	0.969 4
173.04	**6.00**	**8 210**	**1 168**	**9.686**	0.939 1	162.96	6.12	7 964	1 168	9.398	0.938 5
168.00	6.12	8 210	1 168	9.687	0.910 5	162.96	6.12	8 210	1 133	9.111	0.968 1
168.00	**6.12**	**8 210**	**1 203**	**10.29**	0.857 6	**168.00**	**6.00**	**8 456**	**1 203**	**10.59**	0.857 5
162.96	5.88	8 210	1 168	9.687	0.910 5	168.00	6.12	7 964	1 133	8.829	0.998 9
162.96	**6.00**	**7 964**	**1 168**	**9.391**	0.939 2	**162.96**	**6.00**	**8 456**	**1 133**	**9.389**	0.939 4
162.96	6.00	8 210	1 133	9.105	0.968 7	168.00	5.88	8 456	1 133	9.383	0.940 0
168.00	**5.88**	**7 964**	**1 168**	**9.391**	0.939 2	173.04	6.12	7 964	1 168	9.385	0.939 8
168.00	5.88	8 210	1 133	9.105	0.968 7	173.04	6.12	8 210	1 133	9.098	0.969 4
168.00	6.00	7 964	1 133	8.827	0.999 2	173.04	6.00	8 456	1 133	9.376	0.940 7
173.04	6.12	8 210	1 168	9.687	0.910 5	168.00	6.12	8 456	1 133	9.383	0.940 0
162.96	6.12	8 210	1 168	9.693	0.909 9	**162.96**	**5.88**	**7 964**	**1 168**	**9.398**	0.938 5
168.00	**6.00**	**8 210**	**1 203**	**10.28**	0.857 6	173.04	6.00	8 210	1 203	10.28	0.857 6
173.04	5.88	8 210	1 168	9.681	0.911 1	162.96	5.88	8 210	1 133	9.111	0.968 1
173.04	6.00	7 964	1 168	9.385	0.939 8	162.96	6.00	7 964	1 133	8.827	0.999 2
168.00	**6.12**	**7 964**	**1 168**	**9.391**	0.939 2	168.00	5.88	7 964	1 133	8.826	0.999 3

基于表 2-2 中带下划线的 20 个样本和相应的权重建立涡轮叶盘应力的 WR-ERSM 数学模型,即

$$
\begin{aligned}
y(v, p_{in}, \rho, w) = &-2.746 \times 10^9 + 2.258 \times 10^6 v - 9.681 \times 10^2 p_{in} \\
&+ 1.063 \times 10^5 \rho + 3.053 \times 10^6 w - 7.036 \times 10^3 v^2 \\
&+ 8.078 \times 10^{-4} p_{in}^2 + 0.418 \rho^2 - 4.722 \times 10^2 w^2 \quad (2-34)
\end{aligned}
$$

在此基础上,运用 MC 法对式(2-27)进行 10 000 次仿真模拟,获取高压涡轮叶盘应力仿真历史和分布直方图,如图 2-9 所示。

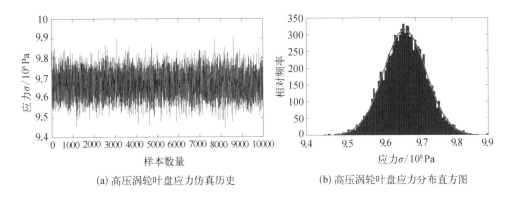

| (a) 高压涡轮叶盘应力仿真历史 | (b) 高压涡轮叶盘应力分布直方图 |

图 2-9　高压涡轮叶盘应力仿真历史和分布直方图

由图 2-9 可知,高压涡轮叶盘应力服从均值为 9.669×10^8 Pa、标准差为 5.743×10^6 Pa 的正态分布,结合式(2-25)确定高压涡轮叶盘应力概率密度函数为

$$
f(y) = \frac{1}{\sqrt{2\pi} \times (5.743 \times 10^6)} \exp\left[-\frac{(y - 9.669 \times 10^8)^2}{2 \times (5.743 \times 10^6)^2}\right] \quad (2-35)
$$

3. 高压涡轮叶盘应力动态模糊可靠性分析

安全准则具有模糊性,为了结合随机理论实现涡轮叶盘应力动态模糊可靠性分析,需要将模糊安全准则转化为随机安全准则。本节案例中的涡轮叶盘应力模糊安全准则为三角隶属函数,其示意图如图 2-10 所示,表达式如式(2-36)所示:

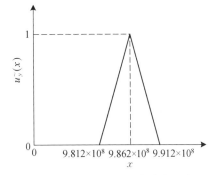

图 2-10　高压涡轮叶盘应力三角隶属函数示意图

$$u_{\tilde{y}}(x) = \begin{cases} \dfrac{x - 9.812 \times 10^8}{5 \times 10^6}, & 9.812 \times 10^8 < x \leqslant 9.862 \times 10^8 \\ \dfrac{9.912 \times 10^8 - x}{5 \times 10^6}, & 9.862 \times 10^8 < x \leqslant 9.912 \times 10^8 \end{cases} \quad (2-36)$$

基于模糊熵原理对式(2-36)进行求解,获取模糊安全准则的等效均值和方差,进而获取模糊安全准则随机化后的概率密度函数,即

$$f(y_{eq}) = \dfrac{1}{\sqrt{2\pi} \times (4.980 \times 10^6)} \exp\left[-\dfrac{(y_{eq} - 9.862 \times 10^8)^2}{2 \times (4.980 \times 10^6)^2} \right] \quad (2-37)$$

依据式(2-35)和式(2-37),高压涡轮叶盘应力和安全准则的概率密度曲线如图2-11所示,并依据式(2-26)计算求得涡轮叶盘应力动态模糊可靠性指标和可靠度分别为 $\gamma = 2.751$ 和 $P_r = 0.9970$。

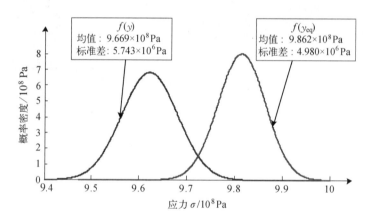

图2-11 高压涡轮叶盘应力和安全准则分布特征

2.4 复杂结构动态概率分析的改进加权极值响应面法

在保证计算效率的前提下,为了进一步提高复杂结构动态可靠性和灵敏度分析的精度,本节基于传统的加权思想提出改进加权思想,并介绍 IWR-ERSM 相关内容,进而以航空发动机低压压气机作为研究对象,通过其叶盘应力动态概率分析验证所研究方法的可行性。

2.4.1 改进加权极值响应面法基本思想

基于传统的加权思想在权重计算过程中,存在所依据的最小值参考并非全局

最优样本的问题,导致在建模过程中选取的有效样本并非最优样本。因此,在传统加权思想的基础上发展出了改进加权策略,用于确定建模所需的有效样本。其中,权重是通过最小误差与各样本误差的比值进行计算的。在获取有效样本的基础上,将改进加权思想与 ERSM 有效结合阐述 IWR - ERSM 相关内容,建立输出响应与输入变量之间的关系模型,进而实现复杂结构动态概率分析。基于 IWR - ERSM 的复杂结构动态概率分析流程如图 2 - 12 所示。

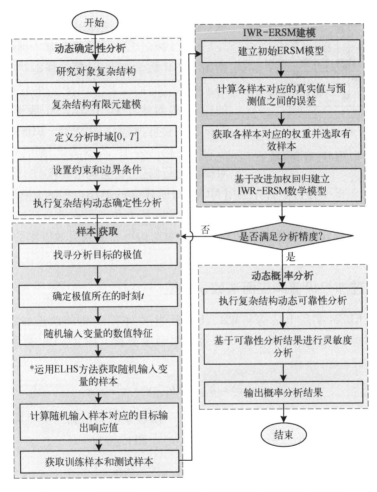

图 2 - 12　基于 IWR - ERSM 的复杂结构动态概率分析流程
ELHS 为极值拉丁超立方抽样

由图 2 - 12 可知,基于 IWR - ERSM 的复杂结构动态可靠性及灵敏度分析主要包括动态确定性分析、样本获取、IWR - ERSM 建模和动态概率分析,其具体流程如下:

（1）动态确定性分析。针对复杂结构研究对象建立有限元分析模型,实现其动态确定性分析。

（2）样本获取。结合复杂结构动态确定性分析结果,确定输出响应的极值以及出现极值的时刻,依据随机输入变量的数值特征运用 ELHS 方法[128, 129]获取其样本,进而计算输入样本对应的输出响应,形成训练样本和测试样本。其中,训练样本用于建立 IWR - ERSM 数学模型,测试样本用于验证所建立的 IWR - ERSM 数学模型。ELHS 方法原理如图 2 - 13 所示。

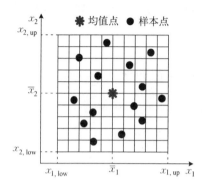

图 2 - 13　ELHS 方法原理

（3）IWR - ERSM 建模。基于训练样本建立初始 ERSM 数学模型,计算各样本对应的真实值与预测值之间的误差,依据相应的权重选取有效的样本,进而建立 IWR - ERSM 数学模型;结合测试样本验证所建立的 IWR - ERSM 数学模型是否满足精度要求,若不满足,则需要重新抽样对模型进行修正,直至满足要求。

（4）动态概率分析。首先运用 MC 法对所建立的 IWR - ERSM 模型进行大量仿真模拟,获取复杂结构动态可靠性概率;然后基于动态可靠性分析结果,对复杂结构灵敏度进行分析,获取各随机输入变量对结构可靠度或失效概率的影响程度;最后输出概率分析结果。

2.4.2　改进加权极值响应面法数学模型

IWR - ERSM 实质上是基于 WR - ERSM 发展而来的,即将改进加权思想引入传统 ERSM 来实现复杂结构动态可靠性及灵敏度分析。IWR - ERSM 数学模型可以表示为

$$y_{\text{IWR-ERSM}}(\boldsymbol{x}) = a_{\text{IWR}} + \boldsymbol{b}_{\text{IWR}}\boldsymbol{x} + \boldsymbol{x}^{\text{T}}\boldsymbol{c}_{\text{IWR}}\boldsymbol{x} \tag{2-38}$$

式中,a_{IWR}、$\boldsymbol{b}_{\text{IWR}}$ 和 $\boldsymbol{c}_{\text{IWR}}$ 分别为常数项系数、一次项系数向量和二次项系数矩阵,这些系数由改进加权最小二乘法确定。其中,$\boldsymbol{b}_{\text{IWR}}$ 和 $\boldsymbol{c}_{\text{IWR}}$ 为

$$\boldsymbol{b}_{\text{IWR}} = \begin{pmatrix} b_{\text{IWR}, 1} & b_{\text{IWR}, 2} & \cdots & b_{\text{IWR}, n} \end{pmatrix}$$

$$\boldsymbol{c}_{\text{IWR}} = \begin{pmatrix} c_{\text{IWR}, 11} & & & \\ & c_{\text{IWR}, 22} & & \\ & & \ddots & \\ & & & c_{\text{IWR}, nn} \end{pmatrix} \tag{2-39}$$

则 IWR - ERSM 数学模型可写为显式形式,即

$$y_{\text{IWR-ERSM}}(\boldsymbol{x}) = a_{\text{IWR}} + \sum_{i=1}^{n} b_{\text{IWR},i} x_i + \sum_{i=1}^{n} c_{\text{IWR},ii} x_i^2 \qquad (2-40)$$

式中, $b_{\text{IWR},i}$ 和 $c_{\text{IWR},ii}$ 分别为一次项系数和二次项系数,这些系数可由式(2-41)求得:

$$\boldsymbol{d}_{\text{IWR}} = \begin{pmatrix} a_{\text{IWR}} & b_{\text{IWR},1} & \cdots & b_{\text{IWR},n} & c_{\text{IWR},11} & \cdots & c_{\text{IWR},nn} \end{pmatrix}^{\text{T}} \qquad (2-41)$$
$$= (\boldsymbol{X}^{\text{T}} \boldsymbol{W} \boldsymbol{X})^{-1} \boldsymbol{X}^{\text{T}} \boldsymbol{W} \boldsymbol{Y}$$

其中,对应的权重矩阵 $\boldsymbol{W}$ 可通过式(2-42)进行计算:

$$e_{\min} = \min \mid y_{\text{true},j}(\boldsymbol{x}) - y_{\text{ERSM},j}(\boldsymbol{x}) \mid$$
$$W_j = \frac{e_{\min}}{\mid y_{\text{true},j}(\boldsymbol{x}) - y_{\text{ERSM},j}(\boldsymbol{x}) \mid} \qquad (2-42)$$
$$\boldsymbol{W} = \text{diag}(W_1, W_2, \cdots, W_m)$$

通过上述分析,结合有效的样本信息可求得所需的待定系数,进而建立目标响应的 IWR-ERSM 数学模型(功能函数),为复杂结构动态概率分析奠定基础。

2.4.3　改进加权极值响应面法动态概率分析原理

基于 IWR-ERSM 数学模型,复杂结构极限状态函数为

$$h_{\text{IWR-ERSM}}(\boldsymbol{x}) = y_{\text{allow}} - y_{\text{IWR-ERSM}}(\boldsymbol{x}) \qquad (2-43)$$

式中,当 $h_{\text{IWR-ERSM}}(\boldsymbol{x}) \geqslant 0$ 时,结构功能是可靠的;当 $h_{\text{IWR-ERSM}}(\boldsymbol{x}) < 0$ 时,结构功能是失效的。

进而,利用 MC 法对式(2-43)进行大量仿真抽样,结合大数定律式(2-5)获取复杂结构的可靠度或失效概率,实现复杂结构动态可靠性分析。

为了研究随机输入变量的变化对复杂结构可靠度或失效概率的影响,需要结合可靠性分析结果进一步开展灵敏度分析,而灵敏度分析结果可为后续优化设计或运行参数控制提供有效指导,通常灵敏度评价指标采用灵敏度和影响概率进行表述。

灵敏度用于反映随机输入变量对输出响应的影响水平,该值具有正负之分,若灵敏度为正值,则说明该随机输入变量与输出响应呈正相关;若灵敏度为负值,则说明该随机输入变量与输出响应呈负相关。灵敏度通常定义为结构可靠度或失效概率对于某一随机输入变量均值的偏导,即

$$S_{\text{d},i} = \frac{\partial P_{\text{f}}}{\partial \mu_{x_i}} = \frac{\partial P_{\text{f}}}{\partial \beta} \frac{\partial \gamma}{\partial \mu_{x_i}} \qquad (2-44)$$

式中,γ 为结构可靠性指标。此外,$\partial P_{\mathrm{f}}/\partial \gamma$ 可表示为

$$\frac{\partial P_{\mathrm{f}}}{\partial \gamma} = -\frac{1}{\sqrt{2\pi}}\exp\left(-\frac{1}{2}\gamma^2\right) = -\frac{1}{\sqrt{2\pi}}\exp\left[-\frac{1}{2}\left(\frac{\mu_{h_{\mathrm{IWR\text{-}ERSM}}(x)}}{\sigma_{h_{\mathrm{IWR\text{-}ERSM}}(x)}}\right)^2\right] \quad (2-45)$$

式中,$\mu_{h_{\mathrm{IWR\text{-}ERSM}}(x)}$ 和 $\sigma_{h_{\mathrm{IWR\text{-}ERSM}}(x)}$ 分别为基于 IWR-ERSM 的极限状态函数的均值和标准差。

进而,式(2-44)可写为

$$S_{\mathrm{d},i} = -\frac{1}{\sqrt{2\pi}\,\sigma_{h(x)}}\left[\frac{\partial h_{\mathrm{IWR\text{-}ERSM}}(\boldsymbol{x})}{\partial x_i}\right]_{\mu_x}\exp\left[-\frac{1}{2}\left(\frac{\mu_{h_{\mathrm{IWR\text{-}ERSM}}(x)}}{\sigma_{h_{\mathrm{IWR\text{-}ERSM}}(x)}}\right)^2\right] \quad (2-46)$$

影响概率用于描述随机输入变量对输出响应的影响程度,定义为某一随机输入变量的灵敏度绝对值与所有随机输入变量灵敏度绝对值之和的比值,即

$$I_{\mathrm{p},i} = \frac{|S_{\mathrm{d},i}|}{\sum\limits_{i=1}^{n}|S_{\mathrm{d},i}|} \quad (2-47)$$

式中,$I_{\mathrm{p},1} + I_{\mathrm{p},2} + \cdots + I_{\mathrm{p},n} = 1$。

通过上述分析,即可实现复杂结构灵敏度分析,并获取各随机输入变量对于输出响应的影响关系。

2.4.4 算例分析

本节将介绍的 IWR-ERSM 应用于航空发动机低压压气机叶盘应力动态可靠性分析与灵敏度分析,以验证该方法能够有效处理具有动态特性的复杂结构概率分析问题。

1. 低压压气机叶盘应力动态确定性分析

压气机作为航空发动机重要组成之一,其作用是在工作过程中实现气体压缩,同时为飞机运行提供充足稳定的动力源泉的基础。叶盘作为压气机重要的部件之一,其可靠性直接关乎航空发动机整个系统的安全性,因此本节将低压压气机叶盘作为研究对象,考虑流体载荷和结构载荷的作用,对其应力可靠性及灵敏度进行分析。为了实现低压压气机叶盘应力动态概率分析,首要工作是建立该研究对象及流场的三维模型和有限元模型,如图 2-14 和图 2-15 所示。由图 2-14 和图 2-15 可知,低压压气机叶盘及流场有限元模型是由四面体单元组成的,分别包含 156 844 个节点和 8 602 772 个单元,以及 89 992 个节点和 6 175 205 个单元。

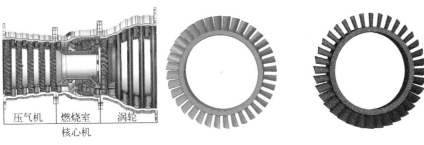

（a）低压压气机叶盘三维模型　　　　　（b）低压压气机叶盘有限元模型

图 2-14　低压压气机叶盘三维模型和有限元模型

（a）低压压气机叶盘流场三维模型　　　　　（b）低压压气机叶盘流场有限元模型

图 2-15　低压压气机叶盘流场三维模型和有限元模型

低压压气机叶盘材料为 1Cr11Ni2W2MoV，其密度为 7.8×10^3 kg/m³、泊松比为 0.3、弹性模量为 2.06×10^{11} Pa。此外，考虑流体载荷（包括进口流速、进口压力和出口压力）和结构载荷（转速）的作用，其中进口压力为 3.04×10^5 Pa，出口压力为 5.07×10^5 Pa。此外，图 2-16 给出了进口流速和转速在分析时域 [0 s, 215 s] 的变化曲线。

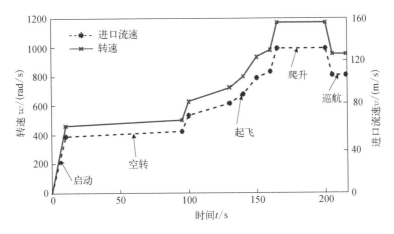

图 2-16　低压压气机叶盘进口流速和转速随时间变化曲线

　　基于建立的低压压气机叶盘及流场有限元模型,结合有限元法和有限元体积法对其应力进行动态确定性分析,得到应力在分析时域内的变化曲线如图 2-17 所示。由图可知,低压压气机叶盘应力的最大值出现在分析时域 [165 s, 200 s],任意选取其中某一时刻作为研究时刻点,本案例选取 $t = 170$ s,则低压压气机叶盘流-固耦合交界面压力分布及其应力在该时刻点分布如图 2-18 和图 2-19 所示。

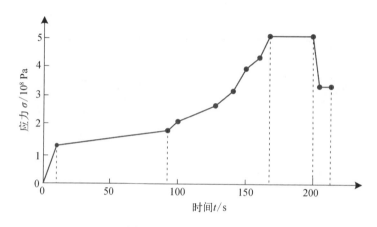

图 2-17　低压压气机叶盘应力随时间变化曲线

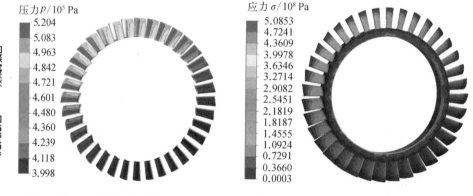

图 2-18　低压压气机叶盘流-固耦
合交界面压力分布

图 2-19　低压压气机叶盘应力分布

　　2. 基于 IWR-ERSM 的低压压气机叶盘应力建模

　　在低压压气机叶盘应力动态确定性分析的基础上,结合其分析结果确定研究时刻点和最大应力出现的位置,将进口流速 v、进口压力 p_{in}、出口压力 p_{out}、密度 ρ 和转速 w 作为随机输入变量,其数值分布特征如表 2-3 所示。

表 2 - 3　低压压气机叶盘应力相关随机输入变量数值分布特征

输入变量	分布类型	均　　值	标 准 差
$v/(\mathrm{m/s})$	正态分布	124	2.48
$p_{\mathrm{in}}/\mathrm{Pa}$	正态分布	304 000	6 080
$p_{\mathrm{out}}/\mathrm{Pa}$	正态分布	507 000	10 140
$\rho/(\mathrm{kg/m^3})$	正态分布	7 800	156
$w/(\mathrm{rad/s})$	正态分布	1 168	23.36

依据表 2 - 3 中随机输入变量数值分布特征,采用 ELHS 方法对其进行抽样,生成 50 个输入样本,进而执行 50 次动态确定性分析,获取输入样本对应的叶盘应力最大值,构成 50 个样本。其中,30 个样本作为训练样本,用于 IWR - ERSM 建模,20 个样本作为测试样本,用于 IWR - ERSM 数学模型验证。在进行低压压气机叶盘应力建模之前,需要结合训练样本进行初始 ERSM 建模,并依据式(2 - 42)计算各样本权重,训练样本具体信息如表 2 - 4 所示。表中,σ_{true} 为低压压气机叶盘应力真实值,σ_{ERSM} 为通过 ERSM 数学模型计算的低压压气机叶盘应力预测值,σ_{Err} 为预测值与真实值之间的误差绝对值。

表 2 - 4　训练样本具体信息

输 入 变 量					$\sigma_{\mathrm{true}}/$ $10^8\,\mathrm{Pa}$	$\sigma_{\mathrm{ERSM}}/$ $10^8\,\mathrm{Pa}$	$\sigma_{\mathrm{Err}}/$ $10^5\,\mathrm{Pa}$	W
$v/(\mathrm{m/s})$	$p_{\mathrm{in}}/\mathrm{Pa}$	$p_{\mathrm{out}}/\mathrm{Pa}$	$\rho/(\mathrm{kg/m^3})$	$w/(\mathrm{rad/s})$				
122.98	299 541	520 832	7 882.68	1 166.36	5.126 7	5.127 6	0.903 8	0.109 8
124.17	295 719	498 032	7 736.04	1 150.94	4.902 1	4.899 6	2.413 9	0.041 1
121.59	**302 635**	**511 408**	**7 692.36**	**1 183.65**	**5.152 5**	**5.152 1**	**0.304 5**	**0.325 8**
123.52	298 631	517 488	7 926.36	1 164.49	5.138 1	5.139 2	1.187 1	0.083 6
121.74	**307 549**	**504 720**	**7 948.2**	**1 148.14**	**5.011 5**	**5.011 2**	**0.247 3**	**0.401 2**
126.15	**311 007**	**506 848**	**7 720.44**	**1 184.58**	**5.176 8**	**5.177 6**	**0.881 6**	**0.112 5**
123.33	308 641	512 016	7 920.12	1 187.85	5.338 6	5.336 6	1.936 5	0.051 2
126.10	**298 449**	**515 056**	**7 910.76**	**1 161.22**	**5.098 7**	**5.099 0**	**0.322 3**	**0.307 9**
122.18	302 271	512 624	7 689.24	1 185.98	5.170 1	5.171 1	1.012 3	0.098 1
121.94	309 005	522 048	7 804.68	1 156.55	4.993 7	4.992 5	1.149 8	0.086 3
122.63	**300 269**	**514 752**	**7 739.16**	**1 172.91**	**5.090 7**	**5.090 4**	**0.243 5**	**0.407 5**
121.89	310 097	501 984	7 945.08	1 175.24	5.244 5	5.242 7	1.797 0	0.055 2
122.83	309 369	500 160	7 782.84	1 163.09	5.034 9	5.033 9	0.938 9	0.105 7
124.47	**305 365**	**514 144**	**7 860.84**	**1 171.03**	**5.152 4**	**5.152 7**	**0.365 2**	**0.271 7**

续　表

输 入 变 量					$\sigma_{true}/$ 10^8 Pa	$\sigma_{ERSM}/$ 10^8 Pa	$\sigma_{Err}/$ 10^5 Pa	W
$v/(m/s)$	p_{in}/Pa	p_{out}/Pa	$\rho/(kg/m^3)$	$w/(rad/s)$				
122.43	296 265	493 472	7 938.84	1 160.75	5.114 0	5.115 1	1.079 2	0.091 9
125.26	**299 177**	**516 576**	**7 845.24**	**1 176.17**	**5.186 4**	**5.186 7**	**0.386 0**	**0.257 1**
125.11	**305 911**	**498 640**	**7 767.24**	**1 165.43**	**5.043 8**	**5.043 6**	**0.115 1**	**0.862 4**
123.97	312 281	505 632	7 683	1 181.31	5.125 2	5.127 1	1.893 4	0.052 4
121.79	297 357	516 272	7 870.2	1 168.70	5.139 4	5.138 1	1.296 4	0.076 5
121.69	298 267	505 936	7 863.96	1 153.75	5.000 7	5.004 6	3.990 3	0.024 8
122.78	**301 361**	**509 584**	**7 907.64**	**1 162.16**	**5.106 3**	**5.106 1**	**0.184 2**	**0.538 7**
125.36	304 273	511 712	7 654.92	1 162.62	4.948 5	4.946 9	1.509 3	0.065 7
126.31	**295 173**	**514 448**	**7 854.60**	**1 167.29**	**5.115 2**	**5.114 6**	**0.505 1**	**0.196 5**
122.04	296 629	510 496	7 814.04	1 187.38	5.264 9	5.263 2	1.680 5	0.059 1
124.62	**305 547**	**495 600**	**7 801.56**	**1 151.88**	**4.950 7**	**4.950 0**	**0.674 3**	**0.147 1**
123.92	**308 823**	**508 368**	**7 723.56**	**1 177.57**	**5.119 9**	**5.120 7**	**0.828 1**	**0.119 8**
125.01	**308 095**	**493 776**	**7 826.52**	**1 149.54**	**4.946 3**	**4.946 1**	**0.149 1**	**0.665 7**
124.42	**312 827**	**515 968**	**7 892.04**	**1 145.34**	**4.951 6**	**4.952 4**	**0.869 9**	**0.114 1**
126.40	**304 091**	**521 744**	**7 876.44**	**1 178.97**	**5.230 6**	**5.230 6**	**0.099 2**	**1**
122.68	303 727	494 080	7 751.64	1 186.454	5.215 0	5.216 3	1.327 5	0.074 7

　　基于表 2-4 中 15 个有效样本(粗体),结合式(2-38)建立低压压气机叶盘应
力的 IWR-ERSM 数学模型(功能函数)为

$$
\begin{aligned}
y_{IWR\text{-}ERSM}(v, p_{in}, p_{out}, \rho, w) = & -1.406\,7 \times 10^9 + 6.551\,7 \times 10^5 v + 2.356\,1 \times 10^2 p_{in} \\
& - 5.422\,5 \times 10^2 p_{out} + 2.056\,9 \times 10^5 \rho + 7.244\,6 \times 10^5 w \\
& - 2.827\,6 \times 10^3 v - 3.875\,0 \times 10^{-4} p_{in}^2 \\
& + 5.348\,9 \times 10^{-4} p_{out}^2 - 9.043\,5 \rho^2 + 57.841\,4 w^2
\end{aligned}
$$

$$(2-48)$$

3. 低压压气机叶盘应力动态概率分析

　　考虑低压压气机叶盘应力的许用值,结合式(2-48)建立其极限状态函数,即

$$
h_{IWR\text{-}ERSM}(v, p_{in}, p_{out}, \rho, w) = y_{allow} - y_{IWR\text{-}ERSM}(v_{in}, p_{in}, p_{out}, \rho, w)
$$

$$(2-49)$$

　　运用 MC 法对式(2-49)进行 10 000 次抽样仿真,低压压气机叶盘应力仿真历
史和分布直方图如图 2-20 所示。

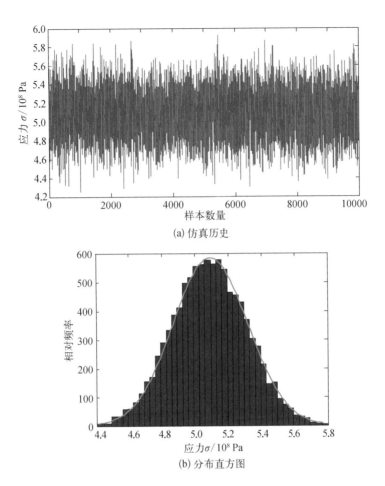

(a) 仿真历史

(b) 分布直方图

图 2 - 20　低压压气机叶盘应力仿真历史和分布直方图

由图 2 - 20 可知,低压压气机叶盘应力服从均值为 $5.083\ 7×10^8$ Pa、标准差为 $2.273\ 2×10^7$ Pa 的正态分布,当其许用值为 $5.765\ 7×10^8$ Pa 时,其可靠度为 0.998 5。

在此基础上,结合灵敏度分析原理,进一步开展低压压气机叶盘应力灵敏度分析,其分析结果如表 2 - 5 和图 2 - 21 所示。

表 2 - 5　随机输入变量对低压压气机叶盘应力的灵敏度和影响概率

输入变量	v	p_{in}	p_{out}	ρ	w
S_d	$5.272\ 5×10^{-5}$	$1.136\ 1×10^{-7}$	$-2.674\ 5×10^{-8}$	$5.485\ 3×10^{-6}$	$1.224\ 9×10^{-4}$
$I_p/\%$	29.16	0.06	0.02	3.03	67.73

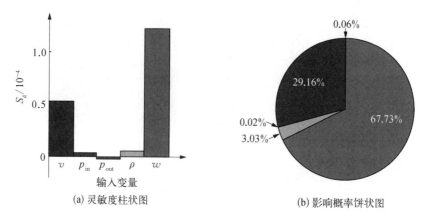

(a) 灵敏度柱状图　　　　　(b) 影响概率饼状图

图 2 – 21　低压压气机叶盘应力灵敏度分析结果

由表 2 – 5 和图 2 – 21 可知,低压压气机叶盘应力与进口流速、进口压力、密度和转速呈正相关,而与出口压力呈负相关。此外,这些随机输入变量影响低压压气机叶盘应力的主次程度依次为转速、进口流速、密度、进口压力和出口压力。

2.5　加权代理模型法有效性验证

本节主要从建模特性和仿真性能两个方面分别验证本章所介绍的 WR – ERSM 和 IWR – ERSM,以说明加权代理模型法的有效性。

2.5.1　加权极值响应面法有效性验证

1. 加权极值响应面法建模特性

基于表 2 – 2 中的带下划线和加粗的 30 个样本,采用 ERSM 建立高压涡轮叶盘应力的功能函数,即

$$
\begin{aligned}
y_{\text{ERSM}}(v,\ p_{\text{in}},\ \rho,\ w) = & -2.015 \times 10^{8} + 3.734 \times 10^{6}v + 1.998 \times 10^{3}p_{\text{in}} \\
& + 9.989 \times 10^{4}\rho - 2.756 \times 10^{6}w - 1.137 \times 10^{4}v^{2} \\
& - 1.669 \times 10^{-3}p_{\text{in}}^{2} + 9.166 \times 10^{-1}\rho^{2} + 1.907 \times 10^{3}w^{2}
\end{aligned}
$$

$$(2 - 50)$$

为了验证 WR – ERSM 建模精度,此处运用方差 r^2 和最大绝对误差 r_{max} 进行评估,其计算公式如下:

$$r^2 = 1 - \frac{\sum\limits_{j=1}^{m} (y_{\text{true},j} - y_{*,j})^2}{\sum\limits_{j=1}^{m} (y_j - \bar{y}_*)^2} \tag{2-51}$$

$$r_{\max} = \max\limits_{j=1}^{m} \left(\frac{|y_{\text{true},j} - y_{*,j}|}{S} \right)$$

式中, $y_{\text{true},j}$ 和 $y_{*,j}$ 分别为第 j 个测试样本的输出响应真实值和预测值; $\bar{y}_*$ 和 S 分别为所有测试样本输出响应预测值的平均值和标准差。此外, r^2 越接近于 1、 $r_{\max}$ 越接近于 0,说明模型的精度越好。

基于式(2-34)和式(2-51),结合表 2-2 中剩余的 10 个测试样本计算 ERSM 和 WR-ERSM 数学模型的 r^2 和 $r_{\max}$,其分析结果如表 2-6 所示。此外,表 2-6 中还列出了基于训练样本的建模效率。

表 2-6　ERSM 和 WR-ERSM 的建模精度和效率分析结果

方　法	建模效率		建模精度	
	样本数量	时间/h	r^2	$r_{\max}$
WR-ERSM	9	7.05	0.998 4	0.053 5
ERSM	29	22.39	0.974 2	0.083 4

由表 2-6 可知,WR-ERSM 建模所需的样本数量为 9 个,而 ERSM 建模所需的样本数量为 29 个;WR-ERSM 建模所需的时间为 7.05 h,远小于 ERSM 建模所需的时间(22.39 h),此处的建模时间包括获取样本的时间。对于建模精度,WR-ERSM 和 ERSM 数学模型的 r^2 和 $r_{\max}$ 分别为 0.998 4、0.974 2 和 0.053 5 和 0.083 4,由此可以看出 WR-ERSM 数学模型的精度优于 ERSM 数学模型。其原因为 WR-ERSM 数学模型的 r^2 大于 ERSM 数学模型的 r^2(0.974 2<0.998 4→1),以及 WR-ERSM 数学模型的 $r_{\max}$ 小于 ERSM 数学模型的 $r_{\max}$(0.083 4>0.053 5→0)。综上所述,WR-ERSM 在建模特性方面优于 ERSM。

2. 加权极值响应面法仿真性能

为了验证 WR-ERSM 在仿真性能方面的优势,将直接模拟、等效随机转换方法(equivalent stochastic transformation method, ESTM)和 ERSM 用于实现航空发动机涡轮叶盘应力动态模糊可靠性分析。其中,以直接模拟结果作为参考,评估可靠性分析精度,ESTM 则考虑整个分析时域内的输出响应变化历程。此外,所有的仿真计算都是基于表 2－1 中随机输入变量的分布特征和相同的计算环境进行的。仿真性能分析结果如表 2－7 所示。

表 2－7 基于直接模拟、ESTM、ERSM 和 WR－ERSM 仿真性能分析结果

方　法	P_r	误差	分析精度/%
直接模拟	0.998 1	—	—
ESTM	0.996 2	0.001 9	99.81
ERSM	0.993 7	0.004 4	99.56
WR－ERSM	0.997 0	0.001 1	99.89

由表 2－7 可知,相对于 ERSM 和 ESTM,WR－ERSM 仿真分析结果最接近直接模拟仿真分析结果;WR－ERSM 的分析精度(99.89%)高于 ERSM 和 ESTM 的分析精度(99.56%和 99.81%)。此外,在考虑安全准则模糊性的前提下,WR－ERSM 分析精度优于 ERSM,原因为加权思想能够合理获取有效样本进行建模;WR－ERSM 分析精度优于 ESTM,可以有效替代 ESTM 处理复杂结构动态模糊可靠性分析问题。因此,WR－ERSM 在仿真性能方面具有一定的优势。

基于上述结果,充分验证了所介绍的 WR－ERSM 通过引入加权思想获取有效的样本进行建模,在满足分析精度的前提下,可以有效提高复杂结构动态模糊可靠性分析的计算效率。因此,WR－ERSM 对于复杂结构动态模糊可靠性分析是有效的。

2.5.2　改进加权极值响应面法有效性验证

1. 改进加权极值响应面法建模特性

为了说明 IWR－ERSM 在建模特性方面的优势,运用 ERSM 和 WR－ERSM 并结合 20 个测试样本通过绝对误差 E_{ab} 和平均绝对误差 E_{av} 进行建模精度分析,其中绝对误差 E_{ab} 和平均绝对误差 E_{av} 计算公式如式(2－52)所示。此外,以低压压气机叶盘应力动态确定性分析的结果作为参考进行建模精度评估。基于 ERSM、WR－ERSM 和 IWR－ERSM 建模特性分析结果如表 2－8 和图 2－22 所示。

$$E_{ab,j} = | y_{*,j} - y_{true,j} |$$
$$E_{av} = \frac{1}{m} \sum_{j=1}^{m} E_{ab,j}$$

$$(2-52)$$

表 2 - 8　基于 ERSM、WR - ERSM 和 IWR - ERSM 建模特性分析结果

输入变量					$y_{true}/$ 10^8 Pa	$y_{ERSM}/$ 10^8 Pa	$E_{ab}/$ 10^5 Pa	$y_{WR-ERSM}/$ 10^8 Pa	$E_{ab}/$ 10^5 Pa	$y_{IWR-ERSM}/$ 10^8 Pa	$E_{ab}/$ 10^5 Pa
$v/$ (m/s)	p_{in}/Pa	p_{out}/Pa	$\rho/$ (kg/m³)	$w/$ (rad/s)							
124.81	312 645	509 280	7 701.72	1 169.63	5.037 7	5.036 4	1.298 9	5.038 4	0.784 1	5.037 9	0.161 5
125.16	302 089	496 208	7 792.2	1 177.11	5.159 9	5.160 9	1.016 3	5.160 8	0.866 3	5.160 4	0.405 1
123.13	306 639	503 200	7 770.36	1 180.38	5.174 8	5.175 0	0.218 4	5.175 1	0.276 8	5.174 7	0.052 6
122.23	307 367	498 336	7 851.48	1 166.83	5.111 0	5.109 5	1.493 5	5.110 2	0.836 1	5.111 4	0.425 3
125.81	310 279	508 064	7 798.44	1 150.48	4.936 4	4.934 2	2.173 1	4.934 3	2.112 4	4.934 8	1.528 6
123.77	297 721	518 400	7 810.92	1 157.95	5.008 7	5.009 4	0.747 4	5.008 6	0.090 7	5.008 8	0.089 43
123.18	309 733	504 416	7 820.28	1 189.25	5.284 7	5.283 9	0.754 6	5.284 1	0.546 5	5.284 6	0.101 2
124.52	297 175	509 888	7 779.72	1 175.70	5.140 1	5.140 4	0.326 8	5.140 3	0.288 4	5.140 1	0.048 2
122.09	305 001	515 664	7 857.72	1 178.51	5.216 3	5.215 0	1.357 8	5.215 3	1.024 3	5.215 9	0.328 4
124.57	311 189	501 680	7 898.28	1 158.89	5.071 3	5.072 2	0.990 1	5.071 9	0.627 3	5.071 4	0.108 0
125.61	298 813	507 456	7 776.6	1 171.97	5.105 5	5.105 1	0.412 6	5.105 1	0.323 9	5.105 4	0.071 4
122.33	304 819	492 864	7 673.64	1 181.78	5.123 7	5.125 8	2.063 2	5.124 8	1.156 4	5.124 6	0.901 4
125.66	299 905	498 944	7 754.76	1 155.61	4.952 4	4.950 6	1.749 8	4.951 1	1.297 1	4.951 7	0.749 0
122.93	301 543	507 760	7 764.12	1 173.84	5.113 5	5.114 3	0.762 5	5.114 1	0.696 0	5.113 7	0.231 3
123.42	301 179	501 072	7 698.6	1 164.96	4.996 8	4.995 2	1.568 9	4.995 8	0.906 5	4.997 1	0.363 3
125.21	306 093	506 544	7 901.4	1 159.35	5.077 0	5.077 5	0.458 9	5.077 2	0.295 9	5.077 1	0.087 7
124.02	300 451	517 184	7 785.96	1 178.04	5.164 6	5.166 0	1.460 9	5.165 5	0.928 2	5.165 2	0.590 2
123.87	302 817	497 120	7 667.40	1 171.50	5.031 7	5.032 7	0.976 6	5.032 5	0.893 9	5.031 1	0.605 0
126.00	303 909	519 008	7 823.40	1 188.32	5.277 4	5.278 3	0.958 4	5.276 8	0.530 3	5.277 1	0.280 2
122.88	309 187	499 552	7 745.40	1 186.92	5.214 9	5.215 9	0.953 0	5.215 4	0.570 3	5.215 3	0.439 5
$E_{av}/10^5$ Pa							1.087 1		0.752 6		0.378 4

由表 2 - 8 可知,从平均绝对误差的角度来看,IWR - ERSM 的平均绝对误差(0.378 4×10^5 Pa)小于 ERSM 和 WR - ERSM 的平均绝对误差(1.087 1×10^5 Pa 和 0.752 6×10^5 Pa),因此 IWR - ERSM 优于 ERSM 和 WR - ERSM;此外,基于 IWR - ERSM 数学模型的低压压气机叶盘应力预测值与直接模拟获取的真实值较为接近。

由图 2 - 22 可知,与 ERSM 和 WR - ERSM 相比,IWR - ERSM 具有较好的鲁棒性。其原因为,在三种方法中,IWR - ERSM 的平均绝对误差具有较小的波动范围。因此,相较于 ERSM 和 WR - ERSM,IWR - ERSM 在建模特性方面更具有优势。

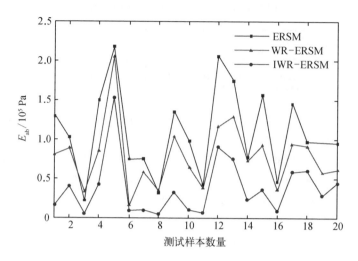

图 2-22 考虑测试样本的 ERSM、WR-ERSM
和 IWR-ERSM 平均绝对误差

2. 改进加权极值响应面法仿真性能

为了进一步论证 IWR-ERSM 的适用性,通过直接模拟、ERSM 和 WR-ERSM 对低压压气机叶盘应力动态可靠性进行分析,从仿真性能(仿真效率和分析精度)的角度对其加以研究。依据表 2-3 中的变量数值分布特征,基于相同的计算环境执行不同 MC 样本(10^2、10^3 和 10^4),实现低压压气机叶盘应力动态可靠性分析,其中直接模拟的分析结果作为评价标准。此外,由于 10^4 次直接模拟计算负担过重,在此没有进行相应的分析。基于直接模拟、ERSM、WR-ERSM 和 IWR-ERSM 的仿真性能分析结果如表 2-9、图 2-23 和表 2-10 所示。

表 2-9 基于直接模拟、ERSM、WR-ERSM 和 IWR-ERSM 仿真效率分析结果

方　　法	不同频次下的仿真时间/s		
	10^2	10^3	10^4
直接模拟	452 300	4 957 000	—
ERSM	0.436 9	2.175 6	4.758 7
WR-ERSM	0.228 9	0.984 3	2.263 9
IWR-ERSM	0.228 9	0.984 3	2.263 9

由表 2-9 可知,基于代理模型(ERSM、WR-ERSM 和 IWR-ERSM)的低压压气机叶盘应力动态可靠性分析的仿真时间远小于直接模拟,并且 IWR-ERSM 的

仿真效率高于 ERSM 的仿真效率。此外,WR－ERSM 和 IWR－ERSM 仿真时间相同,其原因是二者在整个分析过程中相关的参数相吻合。

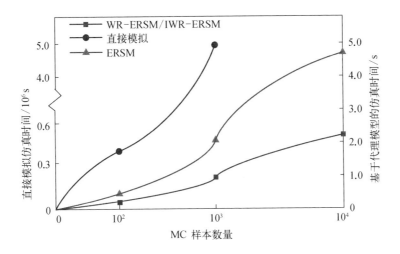

图 2－23　基于直接模拟、ERSM、WR－ERSM
和 IWR－ERSM 仿真效率曲线

由图 2－23 可知,随着仿真次数的增加,基于代理模型的动态可靠性计算效率得到大幅提升;而直接模拟的计算效率随着仿真次数的增加而降低,在样本达到某一个数量级后,甚至不能完成分析任务。

表 2－10　基于直接模拟、ERSM、WR－ERSM 和 IWR－ERSM 分析精度结果

样本数量	可　靠　度				分析精度/%		
	直接模拟	ERSM	WR－ERSM	IWR－ERSM	ERSM	WR－ERSM	IWR－ERSM
10^2	0.99	0.96	0.98	0.99	96.97	98.99	100
10^3	0.999	0.987	0.991	0.998	98.80	99.20	99.90
10^4	—	0.996 4	0.997 9	0.998 5	—	—	—

由表 2－10 可知,基于 IWR－ERSM 的低压压气机叶盘动态概率分析结果与直接模拟分析结果基本一致;IWR－ERSM 的分析精度(99.95%)高于 ERSM 和 WR－ERSM 的分析精度(97.89% 和 99.10%)。

上述分析结果足以说明 IWR－ERSM 具有较好的建模特性和仿真性能,为复杂结构动态概率分析提供了理论支持。

2.6　本章小结

　　针对传统 RSM 不能有效处理高度非线性问题,以及不能合理解决具有动态时变特性和多源不确定性的可靠性分析问题,本章首先将加权思想引入 ERSM 介绍了 WR－ERSM,结合模糊熵原理实现复杂结构动态模糊可靠性分析,并通过航空发动机高压涡轮叶盘动态模糊可靠性分析验证了 WR－ERSM 的可行性;然后,基于传统的加权思想发展了基于误差的改进加权思想,使其与 ERSM 有效融合介绍了 IWR－ERSM,并以航空发动机低压压气机叶盘应力动态概率分析结果论证了该方法对于复杂结构动态可靠性及灵敏度分析的适用性;最后,结合多种方法比较验证了 WR－ERSM 和 IWR－ERSM 在建模特性和仿真性能方面的有效性。

　　通过方法对比结果显示,在建模特性方面,WR－ERSM 建模效率(7.05 h)高于 ERSM 建模效率(22.39 h),WR－ERSM 建模精度优于 ERSM 建模精度,原因为 WR－ERSM 数学模型的 r^2 大于 ERSM 数学模型的 r^2(0.974 2<0.998 4→1),WR－ERSM 数学模型的 r_{max} 小于 ERSM 数学模型的 r_{max}(0.083 4>0.053 5→0);IWR－ERSM 的平均绝对误差(0.378 4×10^5 Pa)小于 ERSM 和 WR－ERSM 的平均绝对误差(1.087 1×10^5 Pa 和 0.752 6×10^5 Pa),且 IWR－ERSM 具有较好的鲁棒性。在仿真性能方面,WR－ERSM 的分析精度(99.89%)高于 ERSM 和 ESTM 的分析精度(99.56% 和 99.81%);IWR－ERSM 的仿真时间远小于直接模拟的仿真时间,且 IWR－ERSM 的仿真效率高于 ERSM 的仿真效率,IWR－ERSM 的分析精度(99.95%)高于 ERSM 和 WR－ERSM 的分析精度(97.89% 和 99.10%)。

第3章
基于混合代理模型法的复杂结构动态概率分析方法

3.1 引言

近年来,代理模型法在结构可靠性及灵敏度分析中得到广泛应用,其中包括Kriging 模型和人工神经网络模型[5, 130]。但是,对于涉及具有动态时变特性的复杂结构概率分析问题,这两类方法均面临着基于传统 RSM 的动态概率分析的难题,即需要建立多个输出响应与输入变量的非线性关系方程,大大增加了计算任务量,处理流程过于复杂。

Kriging 模型通过输出响应与输入变量之间的关系能够实现局部估计,当变量之间的关系非线性程度较高时,容易获取理想的预测结果。然而,在建模过程中,往往通过梯度下降实现超参数寻优[77, 131]。对于复杂结构动态概率分析,若变量之间的非线性程度较高,则会面临循环迭代次数激增以及寻优结果可能并非全局最优解的问题,进而导致计算效率和分析精度不能满足要求。人工神经网络模型具有较好的自学习和自适应能力,以及较强的鲁棒性和容错性,能够有效反映输出响应与输入变量之间的复杂关系,该方法也受到了许多学者的关注[88, 90]。神经网络模型目前已发展出了几十种,其中包括广义回归神经网络(GRNN)模型,该模型在结构性能分析、控制决策、信号过程等工程领域得以广泛应用[132, 133]。然而,对于复杂结构动态可靠性分析与灵敏度分析,GRNN 模型与传统神经网络模型所面临的问题基本一致,即无法进行高效建模以及计算复杂程度较高。因此,在现有Kriging 模型和 GRNN 模型的基础上,结合有效的处理方式探寻有效的技术方法,为高效精确实现复杂结构动态概率分析提供支持。

本章先介绍基于 Kriging 和 GRNN 模型的结构概率分析基本原理;其次,在传统 Kriging 模型和遗传算法的基础上提出改进 Kriging 模型,并将其与 ERSM 有效融合介绍改进 Kriging 极值响应面法(IK-ERSM),通过航空发动机低压压气机叶盘径向变形概率分析加以验证;然后,探讨极值思想在 GRNN 中的应用,介绍增强网络学习方法(ENLM),并结合航空发动机高压涡轮叶盘低周疲劳寿命动态可靠性分析案例,论证该方法的有效性;最后,通过方法对比进一步验证所介绍方法对于复杂结构动态可靠性及灵敏度分析的可行性。

3.2　结构概率分析的 Kriging 和广义回归神经网络模型

本节针对基于 Kriging 模型和 GRNN 模型的结构概率分析基本原理进行简要介绍,主要包括结构概率分析的 Kriging 模型和 GRNN 模型两部分内容,为开展本章及后续章节内容的研究提供理论基础。

3.2.1　Kriging 模型

Kriging 模型首次被南非工程师 Krige 用于地质学领域,其数学理论模型由 Matheron 建立并将其应用于矿床储量预测及误差分析,而 Sacks 等首次将该方法应用于试验设计分析[72, 134, 135]。近年来,Kriging 模型已广泛应用于工程领域,如结构可靠性分析、灵敏度分析、优化设计等[74, 75, 136]。基于 Kriging 模型的结构概率分析理论具体如下。

Kriging 模型的隐式函数关系可表示为

$$y_{\mathrm{K}}(\boldsymbol{x}) = \bar{\boldsymbol{g}}^{\mathrm{T}}(\boldsymbol{x})\boldsymbol{\beta} + z(\boldsymbol{x}) \tag{3-1}$$

式中,$\boldsymbol{g}(\boldsymbol{x})$ 和 $\boldsymbol{\beta}$ 分别为基函数和待定系数向量;$z(\boldsymbol{x})$ 为高斯随机过程。此外,$z(\boldsymbol{x})$ 具有如下统计特性:

$$
\begin{aligned}
&E[z(\boldsymbol{x})] = 0 \\
&\mathrm{var}[z(\boldsymbol{x})] = \sigma^2 \\
&\mathrm{cov}[z(\boldsymbol{x}_p), z(\boldsymbol{x}_q)] = \sigma^2 R(\boldsymbol{\theta}, \boldsymbol{x}_p, \boldsymbol{x}_q)
\end{aligned}
\tag{3-2}
$$

式中,$R(\cdot)$ 为相关函数;σ^2 为方差;$\boldsymbol{x}_p$ 和 $\boldsymbol{x}_q(p, q = 1, 2, \cdots, m)$ 分别为第 p 个和第 q 个输入变量样本;$\boldsymbol{\theta}$ 为 Kriging 模型超参数向量。其中,相关函数 $R(\cdot)$ 为

$$R(\boldsymbol{\theta}, \boldsymbol{x}_p, \boldsymbol{x}_q) = \prod_{i=1}^{n} R(\theta^i, x_p^i - x_q^i) \tag{3-3}$$

式中,x_p^i 和 x_q^i 分别为第 p 个和第 q 个输入变量样本的第 i 个分量;$R(\theta^i, x_p^i - x_q^i)$ 为第 p 个和第 q 个输入变量样本的第 i 个分量对应的核函数。

核函数对 Kriging 模型的精度影响显著,其形式通常有线性函数、指数函数、三次样条函数、高斯函数等[137]。高斯函数具有较好的计算性能,因此工程中将其作为核函数[81, 138],进而式(3-3)可写为

$$R(\boldsymbol{\theta}, \boldsymbol{x}_p, \boldsymbol{x}_q) = \exp\left[-\sum_{i=1}^{n} \theta^i (x_p^i - x_q^i)^2\right] \qquad (3-4)$$

式中，θ^i 为超参数向量的第 i 个分量。

为了获取 $\boldsymbol{\theta}$、$\boldsymbol{\beta}$ 和 σ^2 的值，通常采用梯度下降法对极大似然函数进行求解，即

$$\max L(\boldsymbol{\theta}) = -\left[m\ln(\hat{\sigma}^2) + \ln|\boldsymbol{R}|\right] \qquad (3-5)$$

其中，相关函数矩阵 $\boldsymbol{R}$ 和预测方差 $\hat{\sigma}^2$ 如式（3-6）和式（3-7）所示：

$$\boldsymbol{R} = \begin{pmatrix} R(\boldsymbol{\theta}, \boldsymbol{x}_1, \boldsymbol{x}_1) & R(\boldsymbol{\theta}, \boldsymbol{x}_1, \boldsymbol{x}_2) & \cdots & R(\boldsymbol{\theta}, \boldsymbol{x}_1, \boldsymbol{x}_m) \\ R(\boldsymbol{\theta}, \boldsymbol{x}_2, \boldsymbol{x}_1) & R(\boldsymbol{\theta}, \boldsymbol{x}_2, \boldsymbol{x}_2) & \cdots & R(\boldsymbol{\theta}, \boldsymbol{x}_2, \boldsymbol{x}_m) \\ \vdots & \vdots & & \vdots \\ R(\boldsymbol{\theta}, \boldsymbol{x}_m, \boldsymbol{x}_1) & R(\boldsymbol{\theta}, \boldsymbol{x}_m, \boldsymbol{x}_2) & \cdots & R(\boldsymbol{\theta}, \boldsymbol{x}_m, \boldsymbol{x}_m) \end{pmatrix} \qquad (3-6)$$

$$\hat{\sigma}^2 = \frac{1}{m}(\boldsymbol{Y} - \boldsymbol{F}\boldsymbol{\beta})^{\mathrm{T}} \boldsymbol{R}^{-1} (\boldsymbol{Y} - \boldsymbol{F}\boldsymbol{\beta}) \qquad (3-7)$$

$\boldsymbol{\beta}$ 可通过式（3-8）进行计算：

$$\boldsymbol{\beta} = (\boldsymbol{F}^{\mathrm{T}} \boldsymbol{R}^{-1} \boldsymbol{F})^{-1} \boldsymbol{F}^{\mathrm{T}} \boldsymbol{R}^{-1} \boldsymbol{Y} \qquad (3-8)$$

高斯随机过程在 $\boldsymbol{x}_*$ 的值为

$$z(\boldsymbol{x}_*) = \boldsymbol{r}^{\mathrm{T}}(\boldsymbol{x}_*) \boldsymbol{R}^{-1} (\boldsymbol{Y} - \boldsymbol{F}\boldsymbol{\beta}) \qquad (3-9)$$

式中，$\boldsymbol{r}(\boldsymbol{x}_*)$ 为未知样本 $\boldsymbol{x}_*$ 与已知样本 $\boldsymbol{x}$ 的相关向量，即

$$\boldsymbol{r}(\boldsymbol{x}_*) = \left[R(\boldsymbol{\theta}, \boldsymbol{x}_*, \boldsymbol{x}_1) \quad R(\boldsymbol{\theta}, \boldsymbol{x}_*, \boldsymbol{x}_2) \quad \cdots \quad R(\boldsymbol{\theta}, \boldsymbol{x}_*, \boldsymbol{x}_m) \right] \qquad (3-10)$$

基于上述理论，可以建立结构目标输出响应的功能函数，进而确定其极限状态方程，即

$$\boldsymbol{h}_{\mathrm{K}}(\boldsymbol{x}) = y_{\mathrm{allow}} - y_{\mathrm{K}}(\boldsymbol{x}) \qquad (3-11)$$

基于式（3-11），采用数值模拟法或近似解析法实现结构可靠性及灵敏度分析。

3.2.2　广义回归神经网络模型

GRNN 模型是于 1991 年由 The Lockheed Palo Alto 研究实验室的 Specht 提出的一种基于非线性回归理论的神经网络模型，其基于数理统计理论结合样本数据以逼近输出响应与输入样本之间的隐式关系。GRNN 模型实质是径向基神经网络模型的变种，该模型由输入层、模式层、加和层和输出层四层组成，其结构如图 3-1 所示[133, 139, 140]。

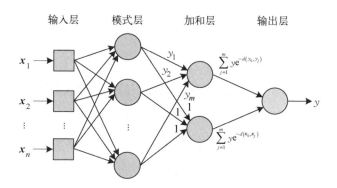

图 3 - 1 GRNN 模型结构

由图 3 - 1 可知,GRNN 模型输入层接收输入样本,其神经元个数与输入变量维数相等,所用的传输函数为简单线性函数;模式层又称隐含层,其神经元个数等于训练样本数量,且基函数一般采用高斯函数;加和层的神经元一般有两种,即分母单元和分子单元,分母单元用于计算隐含层各神经元的代数和,分子单元用于计算隐含层各神经元的加权和,权值为各训练样本的期望输出值;输出层将加和层的分子单元输出与分母单元输出相除,获取输出响应值。GRNN 的建模理论具体如下。

设输入变量 x 和输出响应 y 的联合概率密度函数为 $f(x, y)$,当 x 观测值取为 x_0 时,y 对 x 的回归可写为

$$E(y \mid x_0) = \frac{\int_{-\infty}^{0} y f(x_0, y) \, \mathrm{d}y}{\int_{-\infty}^{0} f(x_0, y) \, \mathrm{d}y} \tag{3 - 12}$$

结合样本数据集 $\{x_j, y_j\}$,运用 Parzen 非参数估计估算密度函数 $f(x_0, y)$,即

$$f(x_0, y) = \frac{1}{m(2\pi)^{\frac{n+1}{2}} \sigma^{n+1}} \sum_{j=1}^{m} \left[\mathrm{e}^{-d(x_0, x_j)} \mathrm{e}^{-d(y_0, y_j)} \right] \tag{3 - 13}$$

其中,

$$d(x_0, x_j) = \sum_{i=1}^{n} \left(\frac{x_{0i} - x_{ij}}{\sigma} \right)^2 \tag{3 - 14}$$

$$d(y, y_j) = (y - y_j)^2$$

将式(3 - 14)代入式(3 - 12)可得

$$y(x_0) = \frac{\sum_{j=1}^{m} \left[\mathrm{e}^{-d(x_0, x_j)} \int_{-\infty}^{+\infty} y \mathrm{e}^{-d(y_0, y_j)} \, \mathrm{d}y \right]}{\sum_{j=1}^{m} \left[\mathrm{e}^{-d(x_0, x_j)} \int_{-\infty}^{+\infty} \mathrm{e}^{-d(y_0, y_j)} \, \mathrm{d}y \right]} \tag{3 - 15}$$

此外,有

$$\int_{-\infty}^{+\infty} x\mathrm{e}^{-x^2} = 0 \tag{3-16}$$

因此,由式(3-15)可得

$$y(\boldsymbol{x}_0) = \frac{\sum_{j=1}^{m} y\mathrm{e}^{-d(y_0, y_j)}}{\sum_{j=1}^{m} \mathrm{e}^{-d(y_0, y_j)}} \tag{3-17}$$

依据上述分析过程,通过 GRNN 可建立结构输出响应与输入变量之间的关系方程,进而结合数值模拟法或近似解析法实现结构可靠性评估与灵敏度分析。

3.3　复杂结构动态可靠性分析的改进 Kriging 极值响应面法

对于涉及高度非线性的复杂结构动态概率分析,基于梯度下降法不能有效实现 Kriging 模型相关超参数寻优,因此本节介绍 IK-ERSM。在此基础上,以航空发动机低压压气机叶盘径向变形动态可靠性及灵敏度分析为例,对所提方法加以验证。

3.3.1　改进 Kriging 极值响应面法基本原理

IK-ERSM 是融合遗传算法、传统 Kriging 模型和 ERSM 发展而来的,用于建立输出响应与输入变量之间的函数关系,实现复杂结构动态概率分析。其中,遗传算法用于替代梯度下降实现 Kriging 模型超参数寻优,ERSM 用于处理具有动态时变特性历程变量,进而结合 Kriging 模型中的高斯随机过程修正输出响应真实值与预测值之间的误差。基于 IK-ERSM 的复杂结构动态概率分析流程如图 3-2 所示。

由图 3-2 可知,基于 IK-ERSM 的复杂结构动态概率分析主要包括动态确定性分析、训练及测试样本获取、IK-ERSM 建模与验证和动态概率分析。其中,动态确定性分析、训练及测试样本获取和动态概率分析的具体流程与加权代理模型法相似,本节不再详细叙述。本节主要针对 IK-ERSM 建模与验证流程进行简要介绍。

对于 IK-ERSM 建模与验证,首先归一化训练样本数据,运用遗传算法实现 Kriging 模型超参数寻优;其次计算 IK-ERSM 模型相关待定系数,建立输出响应

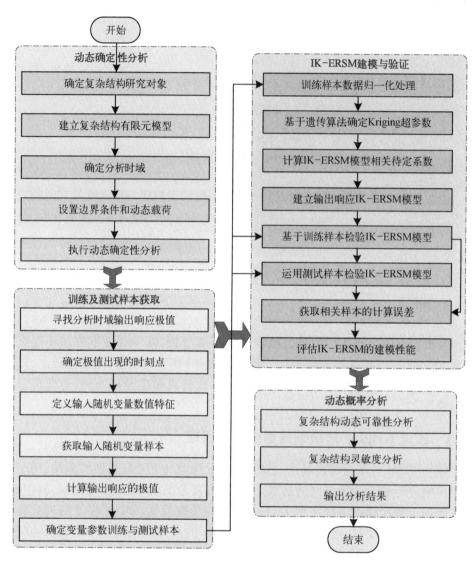

图 3 - 2　基于 IK - ERSM 的复杂结构动态概率分析流程

IK - ERSM 模型;最后分别通过训练样本和测试样本对所建立的模型进行验证。其中,基于遗传算法的 Kriging 模型超参数寻优的具体流程[141, 142]为: ① 定义输入变量和目标函数,并生成初始种群;② 结合适应度选取优秀个体,其中适应度由目标函数确定,而目标函数此处为最小化极大似然函数;③ 基于选取的优秀个体,通过交叉和变异操作产生新的种群,执行多次交叉和变异操作,直至满足收敛条件,即可实现 Kriging 模型超参数的求解。

3.3.2　改进 Kriging 极值响应面法数学模型

基于传统 ERSM 数学模型 [式(2-10)] 和 Kriging 数学模型 [式(3-1)]，IK-ERSM 数学模型可表示为

$$y_{\text{IK-ERSM}}(\boldsymbol{x}) = y_{\text{ERSM}}(\boldsymbol{x}) + z(\boldsymbol{x}) \tag{3-18}$$

式中，$y_{\text{ERSM}}(\boldsymbol{x})$ 为 ERSM 数学模型，用于处理具有动态时变特性的历程数据；$z(\boldsymbol{x})$ 为 Kriging 模型的高斯随机过程，用于修正真实值与 $y_{\text{ERSM}}(\boldsymbol{x})$ 预测值之间的误差。

为了求解式(3-18)中 $z(\boldsymbol{x})$ 涉及的超参数 $\boldsymbol{\theta}$，结合获取的训练样本数据，采用遗传算法代替梯度下降来处理式(3-5)的优化问题，即由原来的最大化极大似然函数转化为最小化极大似然函数，即

$$\min_{\theta} \phi(\boldsymbol{\theta}) = | \boldsymbol{R} |^{\frac{1}{m}} \hat{\sigma}^2 \tag{3-19}$$
$$\text{s.t. } \theta^i > 0, \quad i = 1, 2, \cdots, n$$

在求得的 Kriging 模型超参数 $\boldsymbol{\theta}$ 的基础上，可确定 IK-ERSM 模型 [式(3-18)] 中的相关待定系数，具体分析原理可参考 3.2.1 节，最后可建立复杂结构功能函数。

3.3.3　改进 Kriging 极值响应面法动态概率分析原理

基于所建立的 IK-ERSM 模型，结合复杂结构输出响应许用值，其极限状态函数可表示为

$$h_{\text{IK-ERSM}}(\boldsymbol{x}) = y_{\text{allow}} - y_{\text{IK-ERSM}}(\boldsymbol{x}) \tag{3-20}$$

式中，当 $h_{\text{IK-ERSM}}(\boldsymbol{x}) \geq 0$ 时，结构是安全的；当 $h_{\text{IK-ERSM}}(\boldsymbol{x}) < 0$ 时，结构失效。

为了实现复杂结构动态可靠性及灵敏度分析，本节基于一次二阶矩法开展相关研究，则极限状态函数一阶泰勒展开式[143, 144]为

$$\begin{aligned}
h_{\text{IK-ERSM}}(\boldsymbol{x}) &= h_{\text{IK-ERSM}}(x_1, x_2, \cdots, x_n) \\
&= h_{\text{IK-ERSM}}(\mu_{x_1}, \mu_{x_2}, \cdots, \mu_{x_n}) + \sum_{i=1}^{n} \left(\frac{\partial h_{\text{IK-ERSM}}}{\partial x_i} \right)_{\boldsymbol{\mu}_x} (x_i - \mu_{x_i})
\end{aligned} \tag{3-21}$$

式中，$\boldsymbol{\mu}_x$ 为随机输入变量的均值向量，即

$$\boldsymbol{\mu}_x = \begin{pmatrix} \mu_{x_1} & \mu_{x_2} & \cdots & \mu_{x_n} \end{pmatrix} \tag{3-22}$$

假设随机输入变量服从正态分布且相互独立，则极限状态函数的均值和方差

可由式(3-23)进行评估：

$$\mu_{h_{\text{IK-ERSM}}} = h_{\text{IK-ERSM}}(\mu_{x_1}, \mu_{x_2}, \cdots, \mu_{x_n})$$

$$\sigma^2_{h_{\text{IK-ERSM}}} = \left[\sum_{i=1}^{n} \left(\frac{\partial h_{\text{IK-ERSM}}}{\partial x_i} \right)_{\mu_x} (x_i - \mu_{x_i}) \right]^2 \qquad (3-23)$$

$$= \sum_{i=1}^{n} \left(\frac{\partial h_{\text{IK-ERSM}}}{\partial x_i} \right)_{\mu_x}^2 (x_i - \mu_{x_i})^2 = \sum_{i=1}^{n} \left(\frac{\partial h_{\text{IK-ERSM}}}{\partial x_i} \right)_{\mu_x}^2 \sigma^2_{x_i}$$

因此，复杂结构可靠性指标 λ、失效概率 P_f 和可靠性概率 P_r 分别为

$$\lambda = \frac{\mu_{h_{\text{IK-ERSM}}}}{\sigma_{h_{\text{IK-ERSM}}}} = \frac{h_{\text{IK-ERSM}}(\mu_{x_1}, \mu_{x_2}, \cdots, \mu_{x_n})}{\sum_{i=1}^{n} \left(\frac{\partial h_{\text{IK-ERSM}}}{\partial x_i} \right)_{\mu_x}^2 \sigma^2_{x_i}}$$

$$P_f = \Phi(-\lambda) \qquad (3-24)$$

$$P_r = 1 - P_f$$

式中，$\Phi(\cdot)$ 为标准正态分布的累积密度函数，可表达为

$$\Phi(\lambda) = \frac{1}{\sqrt{2\pi}} \int_{-\infty}^{\lambda} \exp\left(-\frac{1}{2}s^2 \right) \mathrm{d}s \qquad (3-25)$$

式中，$s = (x - \mu)/\sigma$，用于将正态分布转换为标准正态分布。此外，为了获取分布特征值，可通过 MC 法进行多次模拟来求解。

在获取复杂结构可靠性指标的基础上，结合灵敏度分析研究随机输入变量对输出响应可靠度或失效概率的影响。灵敏度分析指标一般包括灵敏度和影响概率，而其中又分别包括基于均值和基于方差的灵敏度分析。对于基于均值的灵敏度分析，其原理可参考式(2-37)~式(2-40)，本节仅介绍基于方差的灵敏度分析原理。

与基于均值的灵敏度分析原理类似，基于方差的灵敏度通常定义为结构可靠度或失效概率对于某一随机输入变量方差的偏导，即

$$S_{d,i}^{\sigma} = \frac{\partial P_f}{\partial \sigma_{x_i}} = \frac{\partial P_f}{\partial \gamma} \frac{\partial \gamma}{\partial \sigma_{x_i}} \qquad (3-26)$$

结合式(2-38)和式(3-24)，式(3-26)可表示为

$$S_{d,i}^{\sigma} = -\frac{1}{\sqrt{2\pi}\,\sigma^2_{h_{\text{IK-ERSM}}}} \left(\frac{\partial h_{\text{IK-ERSM}}}{\partial x_i} \right)_{\mu_x}^2 \sigma_{x_i} \mu_{h_{\text{IK-ERSM}}} \exp\left[-\frac{1}{2}\left(\frac{\mu_{h_{\text{IK-ERSM}}}}{\sigma_{h_{\text{IK-ERSM}}}} \right) \right]$$

$$(3-27)$$

基于方差的影响概率计算公式为

$$I_{\mathrm{d},i}^{\sigma} = \frac{\mid S_{\mathrm{d},i}^{\sigma}\mid}{\displaystyle\sum_{i=1}^{n}\mid S_{\mathrm{d},i}^{\sigma}\mid} \tag{3-28}$$

其中,各随机输入变量的影响概率满足:

$$I_{\mathrm{p},1}^{\sigma} + I_{\mathrm{p},2}^{\sigma} + \cdots + I_{\mathrm{p},n}^{\sigma} = \sum_{i=1}^{n} I_{\mathrm{p},i}^{\sigma} = 1 \tag{3-29}$$

在进行复杂结构灵敏度分析时,依然采用基于均值的灵敏度和影响概率作为灵敏度评价指标。研究随机输入变量对输出响应的影响程度,进而为复杂结构优化设计和运行控制提供参考。

3.3.4　算例分析

本节将航空发动机低压压气机叶盘作为研究对象,在考虑流体载荷和结构载荷(流-固耦合)影响的条件下,对其径向变形动态可靠性和灵敏度进行分析,以说明 IK-ERSM 的有效性。

1. 低压压气机叶盘径向变形动态确定性分析

航空发动机工作过程中会受到多个工况的影响,而低压压气机主要承受流体载荷和结构载荷交互作用,因此在对其叶盘径向变形历程进行分析的过程中需要考虑流-固耦合作用。低压压气机叶盘三维模型和流场三维模型可参考图 2-14(a)和图 2-15(a),相应的有限元模型如图 3-3 和图 3-4 所示。由图 3-3 可知,低压压气机叶盘有限元模型由 118 074 个节点和 65 530 个四面体单元组成;由图 3-4 可知,低压压气机叶盘流场有限元模型由 446 482 个节点和 2 471 712 个四面体单元组成。

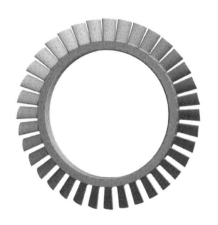

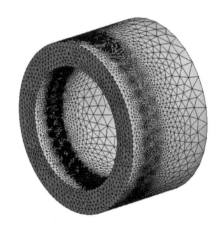

图 3-3　低压压气机叶盘有限元模型　　　　图 3-4　低压压气机叶盘流场有限元模型

在建立的低压压气机叶盘及流场有限元模型的基础上,设置相关的材料参数、流体及结构边界条件,其相关参数可参考 2.4.4 节内容;进而结合有限元和有限元体积理论,运用耦合原理实现低压压气机叶盘径向变形动态确定性分析,其变化曲线如图 3-5 所示。由图 3-5 可知,低压压气机叶盘径向变形的最大值出现在 [165 s, 200 s],任意选取其中某一时刻作为研究时刻点,本案例选取 $t = 175$ s,则低压压气机叶盘流-固耦合交界面压力分布云图如图 2-18 所示,其径向变形分布云图如图 3-6 所示。由图 3-6 可知,低压压气机叶盘径向变形最大位置出现在叶尖。

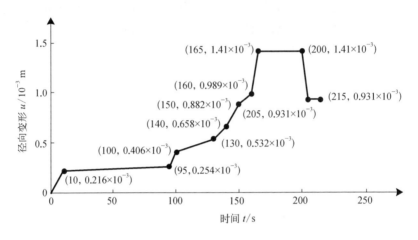

图 3-5 低压压气机叶盘径向变形随时间变化曲线

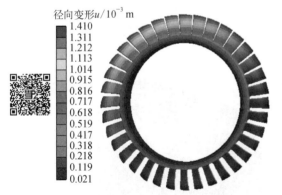

图 3-6 低压压气机叶盘径向变形分布云图

2. 基于 IK-ERSM 的低压压气机叶盘径向变形建模

基于低压压气机叶盘径向变形动态确定性分析,将其最大值出现时刻和位置作为研究目标,选取进口流速 v、进口压力 p_{in}、出口压力 p_{out}、密度 ρ 和转速 w 作为随机输入变量,其数值分布特征如表 3-1 所示。

依据表 3-1 中随机输入变量的数值分布特征,获取 51 组输入变量样本,结合动态确定性分析计算对应输入变量样本的输出响应(低压压气机叶盘径向变形最大值),进而确定 51 组样本数据。其中,21 组样本数据作为训练样本,用于建立低压压气机叶盘径向变形的 IK-ERSM 模型,并验证 IK-ERSM 模型对于熟悉样本的拟合特性;30 组样本数据作为测试样本,用于测试所建立的 IK-ERSM 模型对于陌生样本的拟合特性。此外,关于测试分析结果具体参见 3.5.1 节。

表 3-1 低压压气机叶盘径向变形相关随机输入变量数值分布特征

输入变量	分布类型	均 值	标 准 差
$v/(\text{m/s})$	正态分布	124	2.48
p_{in}/Pa	正态分布	304 000	9 100
p_{out}/Pa	正态分布	507 000	15 200
$\rho/(\text{kg/m}^3)$	正态分布	7 800	156
$w/(\text{rad/s})$	正态分布	1 168	23.36

基于 3.3.2 节建模理论,结合 21 组训练样本,运用遗传算法对目标函数进行求解,实现 IK-ERSM 模型的超参数寻优,其进化曲线如图 3-7 所示。由图 3-7 可知,随着迭代次数的增加,目标函数值减小,当迭代次数为 72 时,目标函数值达到最小($6.359\,2 \times 10^{-5}$),确定目标函数最小值对应的超参数值,进而确定 IK-ERSM 模型涉及的待定系数[式(3-30)],并建立低压压气机叶盘径向变形的功能函数。

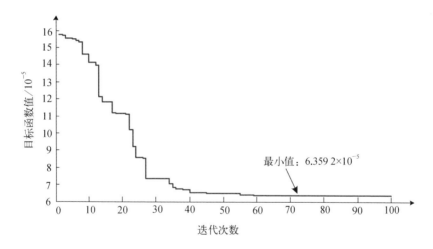

图 3-7 基于遗传算法的 IK-ERSM 模型超参数寻优进化曲线

$A = (-0.007\,8)$

$B = (0.297\,5 \quad 0.950\,6 \quad -0.001\,2 \quad -0.001\,0 \quad -0.001\,4)$

$$C = \begin{pmatrix} -0.001\,7 & 0.004\,6 & -3.352\,9 \times 10^{-4} & 9.24 \times 10^{-5} & 1.212\,4 \times 10^{-4} \\ 0.004\,6 & 0.008\,8 & -0.000\,7 & -4.026\,6 \times 10^{-4} & 1.213\,7 \times 10^{-4} \\ -3.352\,9 \times 10^{-4} & -0.000\,7 & 1.514\,4 \times 10^{-4} & 0.000\,6 & -1.634\,5 \times 10^{-4} \\ 9.24 \times 10^{-5} & -4.026\,6 \times 10^{-4} & 0.000\,6 & 7.305\,8 \times 10^{-4} & 7.205 \times 10^{-5} \\ 1.212\,4 \times 10^{-4} & 1.213\,7 \times 10^{-4} & -1.634\,5 \times 10^{-4} & 7.20\,5 \times 10^{-4} & 6.518\,1 \times 10^{-4} \end{pmatrix}$$

$$\boldsymbol{\theta} = (0.379\,66 \quad 0.656\,06 \quad 0.100\,09 \quad 0.102\,288 \quad 0.100\,61) \tag{3-30}$$

$$\boldsymbol{\beta} = (0.293\,3 \quad 0.949\,4 \quad -0.001\,8 \quad -0.001\,1 \quad -0.004\,4)^{\mathrm{T}}$$

$$\boldsymbol{R} = \begin{pmatrix} 1 & 0.118\,5 & \cdots & 0.095\,5 \\ 0.118\,5 & 1 & \cdots & 0.010\,3 \\ \vdots & \vdots & & \vdots \\ 0.095\,5 & 0.010\,6 & \cdots & 1 \end{pmatrix}$$

$$\boldsymbol{r} = (-0.005\,9 \quad 4.954\,8 \times 10^{-4} \quad \cdots \quad 5.144\,4 \times 10^{-4})$$

3. 低压压气机叶盘径向变形动态概率分析

依据式(3-30),考虑低压压气机叶盘径向变形许用值,可得其极限状态函数。运用 MC 法对低压压气机叶盘径向变形的功能函数或极限状态函数进行 10 000 次模拟,仿真历史和分布直方图如图 3-8 所示。

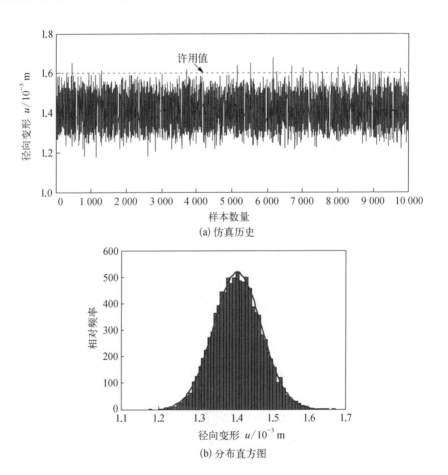

(a) 仿真历史

(b) 分布直方图

图 3-8　低压压气机叶盘径向变形仿真历史和分布直方图

由图 3-8 可知,低压压气机叶盘径向变形服从均值为 $1.41×10^{-3}$ m、标准差为 $6.31×10^{-3}$ m 的正态分布。当低压压气机叶盘径向变形许用值为 $1.60×10^{-3}$ m 时,结合式(3-24)可得其可靠性指标为 2.94 和可靠度为 0.998 4。

进而,根据 2.4.3 节一次二阶矩法[式(2-37)~式(2-40)],进一步开展低压压气机叶盘变形灵敏度分析,研究各随机输入变量对低压压气机叶盘径向变形可靠度或失效概率的影响。灵敏度分析结果如表 3-2 和图 3-9 所示。

表 3-2　随机输入变量对低压压气机叶盘径向变形的灵敏度和影响概率

输入变量	v	p_{in}	p_{out}	ρ	w
$S_d/10^{-4}$	1.103 7	−0.010 2	−0.025 3	0.208 2	2.895 4
$I_p/\%$	26.01	0.24	0.59	4.92	68.24

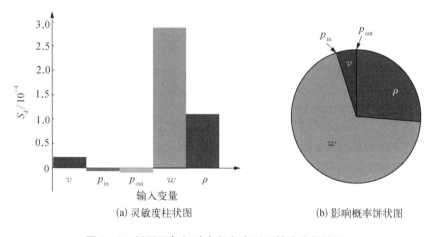

(a) 灵敏度柱状图　　　　(b) 影响概率饼状图

图 3-9　低压压气机叶盘径向变形灵敏度分析结果

由灵敏度分析结果可以看出,低压压气机叶盘径向变形与进口流速、密度和转速呈正相关,而与出口压力和进口压力呈负相关。另外,影响低压压气机叶盘径向变形的主要因素为转速,其他依次为密度、进口流速、出口压力和进口压力。

3.4　复杂结构动态概率分析的增强网络学习方法

本节在 GRNN 模型的基础上,将极值思想与其融合介绍 ENLM,初步研究神经网络模型在复杂结构动态概率分析中的应用。此外,通过航空发动机高压涡轮低周疲劳寿命动态可靠性及灵敏度分析,验证所研究方法的有效性。

3.4.1 增强网络学习方法基本思想

ENLM 是融合 GRNN 和极值思想的复杂结构动态概率分析方法,其中极值思想用于处理具有动态历程的变量,并确定建模样本点,GRNN 用于基于获取的样本点建立输入参数与输出响应的关系模型。基于 GRNN 结构,ENLM 结构由输入层、隐含层和输出层组成,如图 3 - 10 所示。图中,r 为输出响应的维度,$\mathbf{LW}_{1,1}$ 为隐含层的权重矩阵,$\|\text{dist}\|$ 为隐含层权重函数,$\boldsymbol{n}_1$ 为隐含层网络向量,$\triangle$ 为隐含层传递函数,$\boldsymbol{a}^1$ 为隐含层神经元,$\mathbf{LW}_{2,1}$ 为隐含层与输出层之间的连接阈值,nprod 为输出层的权重函数,$\bigstar$ 为输出层线性传递函数,$\boldsymbol{a}^2$ 为输出层神经元响应。

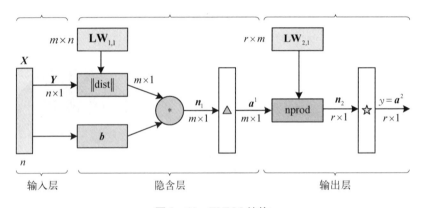

图 3 - 10 ENLM 结构

基于 ENLM 的复杂结构动态概率分析流程如图 3 - 11 所示。由图 3 - 11 可知,其分析流程主要包括动态确定性分析、样本获取、ENLM 建模和动态概率分析。关于动态确定性分析、样本获取和动态概率分析的流程与前面章节的研究流程基本一致。因此,本节仅介绍 ENLM 建模相关步骤,不再重复介绍上述相关内容的流程。

为了实现基于 ENLM 的复杂结构功能函数的构建,首先将获取的训练样本数据进行归一化处理,用于计算高斯函数的平滑系数 λ;然后确定隐含层的权重矩阵 $\mathbf{LW}_{1,1}$ 和隐含层与输出层之间的连接阈值 $\mathbf{LW}_{2,1}$,进而判断是否满足精度要求,若不满足要求,则需要重新获取输入变量样本,重新执行前述操作,直至满足要求;其次结合满足要求的参数建立输出响应与输入变量的关系模型(功能函数);最后运用测试样本数据对所建立的 ENLM 模型进行校验。

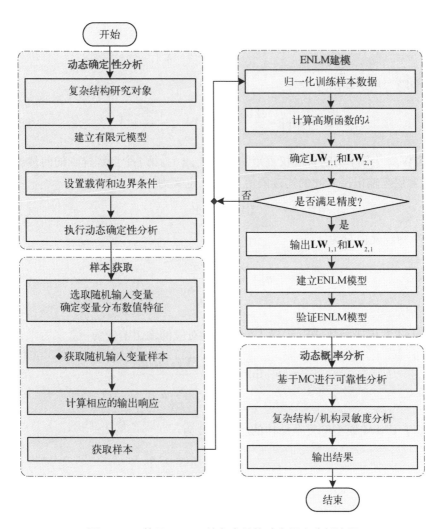

图 3-11　基于 ENLM 的复杂结构动态概率分析流程

3.4.2　增强网络学习方法数学模型

ENLM 模型是基于 GRNN 和极值思想发展而来的,因此该模型是一种前馈神经网络模型。隐含层神经元的数量与训练样本的数量相同,其权重函数为欧氏距离函数,则隐含层的权重矩阵可表示为

$$\mathbf{LW}_{1,1} = \boldsymbol{X}^{\mathrm{T}} \tag{3-31}$$

隐含层神经元的阈值为

$$s = (s_1 \quad s_2 \quad \cdots \quad s_m)^{\mathrm{T}}$$
$$s_1 = s_2 = \cdots = s_m = \frac{0.832\,6}{\lambda} \tag{3-32}$$

则第 j 个隐含层的输出为

$$a_i^j = \exp\left(-\frac{0.832\,6}{\lambda} \| \mathbf{LW}_{1,j} - \boldsymbol{x}^j \|^2\right) \tag{3-33}$$

式中, $\mathbf{LW}_{1,j}$ 为第 j 个隐含层权重矩阵的向量; $\boldsymbol{x}^j$ 为第 j 个训练样本的向量。

隐含层与输出层之间的连接阈值 $\mathbf{LW}_{2,1}$ 定义为

$$\mathbf{LW}_{2,1} = \boldsymbol{Y} \tag{3-34}$$

则第 i 个神经元向量为

$$\boldsymbol{n}_i = \frac{\mathbf{LW}_{2,1}(\boldsymbol{a}_i)^{\mathrm{T}}}{\sum_{j=1}^{m} a_i^j} \tag{3-35}$$

基于线性传递函数,第 j 组输入样本变量对应的输出响应为

$$y^j = \mathrm{purelin}(\boldsymbol{n}_i) = \frac{\mathbf{LW}_{2,1}(\boldsymbol{a}_i)^{\mathrm{T}}}{\sum_{j=1}^{m} a_i^j} \tag{3-36}$$

因此,基于 ENLM 模型的复杂结构的功能函数为

$$y_{\mathrm{ENLM}} = \min\left\{ \frac{\mathbf{LW}_{2,1}(\boldsymbol{a}_i)^{\mathrm{T}}}{\sum_{j=1}^{m} a_i^j} \right\} \tag{3-37}$$

3.4.3　增强网络学习方法动态概率分析原理

基于 ENLM 模型的复杂结构的极限状态函数为

$$h_{\mathrm{ENLM}} = y_{\mathrm{allow}} - y_{\mathrm{ENLM}} \tag{3-38}$$

式中,当 $h_{\mathrm{ENLM}} \geq 0$ 时,结构是可靠的;当 $h_{\mathrm{ENLM}} < 0$ 时,结构会出现故障。

为了完成复杂结构动态可靠性分析,结合 MC 法对式(3-37)和式(3-38)进行大量模拟,获取其均值和标准差为 $\mu_{h_{\mathrm{ENLM}}}$ 和 $\sigma_{h_{\mathrm{ENLM}}}$,则其可靠度为

$$P_{\mathrm{r}} = \varPhi\left(\frac{\mu_{h_{\mathrm{ENLM}}}}{\sigma_{h_{\mathrm{ENLM}}}}\right) \tag{3-39}$$

基于均值和标准差的灵敏度可通过式(3-40)进行计算:

$$\frac{\partial P_{\mathrm{r}}}{\partial \boldsymbol{\mu}^{\mathrm{T}}} = \frac{\partial P_{\mathrm{r}}}{\partial \lambda} \left(\frac{\partial \lambda}{\partial \mu_{h_{\mathrm{ENLM}}}} \frac{\partial \mu_{h_{\mathrm{ENLM}}}}{\partial \boldsymbol{\mu}^{\mathrm{T}}} + \frac{\partial \lambda}{\partial \sigma_{h_{\mathrm{ENLM}}}} \frac{\partial \sigma_{h_{\mathrm{ENLM}}}}{\partial \boldsymbol{\mu}^{\mathrm{T}}} \right) \tag{3-40}$$

$$\frac{\partial P_{\mathrm{r}}}{\partial \boldsymbol{\sigma}^{\mathrm{T}}} = \frac{\partial P_{\mathrm{r}}}{\partial \lambda} \left(\frac{\partial \lambda}{\partial \mu_{h_{\mathrm{ENLM}}}} \frac{\partial \mu_{h_{\mathrm{ENLM}}}}{\partial \boldsymbol{\sigma}^{\mathrm{T}}} + \frac{\partial \lambda}{\partial \sigma_{h_{\mathrm{ENLM}}}} \frac{\partial \sigma_{h_{\mathrm{ENLM}}}}{\partial \boldsymbol{\sigma}^{\mathrm{T}}} \right)$$

其中,

$$\lambda = \frac{\mu_{h_{\mathrm{ENLM}}}}{\sigma_{h_{\mathrm{ENLM}}}}, \quad \frac{\partial P_{\mathrm{r}}}{\partial \lambda} = P_{\mathrm{r}}, \quad \frac{\partial \lambda}{\partial \mu_{h_{\mathrm{ENLM}}}} = \frac{1}{\sigma_{h_{\mathrm{ENLM}}}}, \quad \frac{\partial \lambda}{\partial \sigma_{h_{\mathrm{ENLM}}}} = -\frac{\mu_{h_{\mathrm{ENLM}}}}{2\sigma_{h_{\mathrm{ENLM}}}^{-3}}$$

$$\frac{\partial \mu_{h_{\mathrm{ENLM}}}}{\partial \boldsymbol{\mu}^{\mathrm{T}}} = \left(\frac{\partial \mu_{h_{\mathrm{ENLM}}}}{\partial \mu_1} \quad \frac{\partial \mu_{h_{\mathrm{ENLM}}}}{\partial \mu_2} \quad \cdots \quad \frac{\partial \mu_{h_{\mathrm{ENLM}}}}{\partial \mu_n} \right)^{\mathrm{T}}$$

$$\frac{\partial \mu_{h_{\mathrm{ENLM}}}}{\partial \boldsymbol{\sigma}^{\mathrm{T}}} = \left(\frac{\partial \mu_{h_{\mathrm{ENLM}}}}{\partial \sigma_1} \quad \frac{\partial \mu_{h_{\mathrm{ENLM}}}}{\partial \sigma_2} \quad \cdots \quad \frac{\partial \mu_{h_{\mathrm{ENLM}}}}{\partial \sigma_n} \right)^{\mathrm{T}} \tag{3-41}$$

$$\frac{\partial \sigma_{h_{\mathrm{ENLM}}}}{\partial \boldsymbol{\mu}^{\mathrm{T}}} = \left(\frac{\partial \sigma_{h_{\mathrm{ENLM}}}}{\partial \mu_1} \quad \frac{\partial \sigma_{h_{\mathrm{ENLM}}}}{\partial \mu_2} \quad \cdots \quad \frac{\partial \sigma_{h_{\mathrm{ENLM}}}}{\partial \mu_n} \right)^{\mathrm{T}}$$

$$\frac{\partial \sigma_{h_{\mathrm{ENLM}}}}{\partial \boldsymbol{\sigma}^{\mathrm{T}}} = \left(\frac{\partial \sigma_{h_{\mathrm{ENLM}}}}{\partial \sigma_1} \quad \frac{\partial \sigma_{h_{\mathrm{ENLM}}}}{\partial \sigma_2} \quad \cdots \quad \frac{\partial \sigma_{h_{\mathrm{ENLM}}}}{\partial \sigma_n} \right)^{\mathrm{T}}$$

基于上述理论,可结合 ENLM 建立的输出响应与输入变量之间的关系模型,实现复杂结构动态可靠性与灵敏度分析。

3.4.4 算例分析

本节以航空发动机高压涡轮叶盘为例,对其低周疲劳寿命进行动态概率分析,以说明 IK - ERSM 的有效性。

1. 高压涡轮叶盘低周疲劳寿命动态确定性分析

作为航空发动机的热端核心部件,高压涡轮叶盘在工作过程中承受复杂载荷作用,极易发生大的应变,进而造成低周疲劳损伤,因此有必要对其低周疲劳寿命进行概率分析,以保障整个航空发动机安全运行[95, 145]。

本案例考虑热-结构耦合作用,对高压涡轮叶盘低周疲劳寿命进行确定性分析。热-结构耦合分析思路与前述流-固耦合分析思路类似。其中,热分析设置主要结合能量守恒定律、对流牛顿冷却方程等理论实现。

热传导定律为

$$\frac{\partial \rho C_p T_0}{\partial t} + \frac{\partial \rho v_x C_p T_0}{\partial x} + \frac{\partial \rho v_y C_p T_0}{\partial y} + \frac{\partial \rho v_z C_p T_0}{\partial z}$$

$$= \frac{\partial}{\partial x}\left(K\frac{\partial T_0}{\partial x}\right) + \frac{\partial}{\partial y}\left(K\frac{\partial T_0}{\partial y}\right) + \frac{\partial}{\partial z}\left(K\frac{\partial T_0}{\partial z}\right) + W^v + E^k + Q_v + \Phi + \frac{\partial P}{\partial t} \tag{3-42}$$

式中,T_0 为总温;C_p 为比热容;K 为导热系数;W^v 为黏性耗散;Q_v 为体积热源;E^k 为动能;Φ 为黏滞热项。

对流牛顿冷却方程为

$$q^* = h(T_1 - T_2) \tag{3-43}$$

式中,h 为对流换热系数;T_1 为结构表面温度;T_2 为环境温度。

单位体积产热率为

$$\bar{q} = \rho c\left(\frac{\partial T}{\partial t} + \{v\}^{\mathrm{T}}\{L\}^{\mathrm{T}}T\right) = \{L\}^{\mathrm{T}}\{q\} \tag{3-44}$$

式中,c 为热导率;$\{v\}$ 为传热质量的速度矢量;$\{L\}$ 为矢量运算符号;$\{q\}$ 为热流矢量;$\bar{q}$ 为单位体积产热率。

高压涡轮叶盘热载荷分布主要依据式(3-45)确定;高压涡轮叶盘材料为GH4133,其材料密度为 8 560 kg/m³、泊松比为 0.322 4、弹性模量为 1.61×10^{11} Pa;转速随时间变化曲线如图 2-3 所示;同 2.3.5 节,选取 1/40 叶盘作为分析对象,其三维模型和有限元模型如图 2-4 所示。

$$T = T_a + (T_a - T_b)\left(\frac{R_c^2 - R_a^2}{R_b^2 - R_a^2}\right) \tag{3-45}$$

式中,T_a 为轮盘根部温度;T_b 为叶片尖部温度;R_a 为轮盘根部半径;R_b 为叶片尖部半径;R_c 为叶盘各点的半径,$R_c \in [R_a, R_b]$。

对于低周疲劳寿命分析,采用 Manson-Coffin 理论可得应变与疲劳寿命之间的关系[146, 147]为

$$\frac{\Delta\varepsilon}{2} = \frac{\sigma_f'}{E}(2N_f)^{\hat{b}} + \varepsilon_f'(2N_f)^{\hat{c}} \tag{3-46}$$

式中,$\Delta\varepsilon$ 为总应变;E 为弹性模量;σ_f' 为疲劳强度系数;$\hat{b}$ 为疲劳强度指数;N_f 为低周疲劳寿命;ε_f' 为疲劳塑性系数;$\hat{c}$ 为疲劳塑性指数。

考虑平均应力的影响,结合 Morrow 修正方程,式(3-46)可写为

$$\frac{\Delta\varepsilon}{2} = \frac{\sigma_f' - \sigma_m}{E}(2N_f)^{\hat{b}} + \varepsilon_f'(2N_f)^{\hat{c}} \tag{3-47}$$

通过线性累积损伤定律,可获取低周疲劳寿命。

　　基于上述理论,实现高压涡轮叶盘低周疲劳寿命确定性分析,其分析结果如图 3 - 12 所示。由图可知,高压涡轮叶盘最大应力和最大应变均发生在叶片根部,其值分别为 $1.057\ 7\times10^{9}$ Pa 和 $8.142\ 7\times10^{-3}$,最小低周疲劳寿命为 4 450 循环。

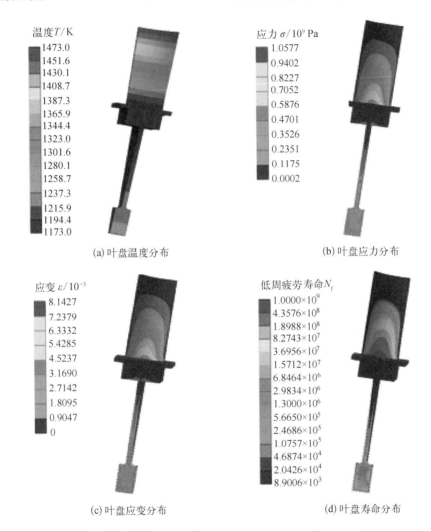

(a) 叶盘温度分布　　　　　　　　　　(b) 叶盘应力分布

(c) 叶盘应变分布　　　　　　　　　　(d) 叶盘寿命分布

图 3 - 12　高压涡轮叶盘低周疲劳寿命确定性分析结果

　　2. 基于 ENLM 的高压涡轮叶盘低周疲劳寿命建模

　　为了实现高压涡轮叶盘低周疲劳寿命动态可靠性及灵敏度分析,结合工程经验选取随机输入变量为密度 ρ、转速 w、热导率 τ、弹性模量 E、叶根温度 T_{a}、叶尖温度 T_{b}、疲劳强度系数 σ_{f}'、疲劳塑性系数 ε_{f}'、疲劳强度指数 $\hat{b}$ 和疲劳塑性指数 $\hat{c}^{[148]}$,

其数值分布特征如表 3-3 所示。

表 3-3 高压涡轮叶盘低周疲劳寿命相关随机输入变量数值分布特征

输入变量	均 值	标 准 差	分 布
$\rho/(kg/m^3)$	8 210	328.4	正态
$w/(rad/s)$	1 168	35	正态
$\tau/[W/(m \cdot ℃)]$	23	0.005	正态
E/Pa	$1.63×10^{11}$	$4.89×10^9$	正态
T_a/K	1 173.15	35.2	正态
T_b/K	1 473.15	47	正态
σ_f'	1 419	42.5	正态
ε_f'	50.5	1.53	正态
$\hat{b}$	-0.1	0.005	正态
$\hat{c}$	-0.84	0.042	正态

基于表 3-3 中随机输入变量的均值和标准差,获取其 150 组样本,进而通过确定性分析结果计算高压涡轮叶盘相应的低周疲劳寿命,最终确定 150 个样本数据。其中,120 组样本作为训练样本,用于建立 ENLM 模型;剩余的 30 组样本作为测试样本,用于实现 ENLM 模型验证,详细内容参见 3.5.2 节。ENLM 模型相关参数如式(3-48)所示:

$$
\mathbf{LW}_{1,1} = \begin{pmatrix} -0.418\ 9 & 0.094\ 6 & \cdots & 0.797\ 3 \\ -0.891\ 2 & -0.564\ 6 & \cdots & -0.102\ 0 \\ \vdots & \vdots & & \vdots \\ -0.175\ 7 & -0.810\ 8 & \cdots & -0.391\ 9 \end{pmatrix}^{\mathrm{T}}_{10×120}
$$

$$
\mathbf{LW}_{2,1} = (-0.906\ 1 \quad -0.870\ 1 \quad \cdots \quad -0.940\ 0)_{1×120}
$$

$$
s = (2.871\ 0 \quad 2.871\ 0 \quad \cdots \quad 2.871\ 0)^{\mathrm{T}}_{1×120}
$$

(3-48)

结合式(3-45)中相关系数取值,进而建立高压涡轮叶盘低周疲劳寿命功能函数。

3. 高压涡轮叶盘低周疲劳寿命动态概率分析

依据式(3-38),构建高压涡轮叶盘低周疲劳寿命极限状态函数;运用 MC 法进行 10 000 次模拟,其仿真历史和分布直方图如图 3-13 所示。由图可以看出,高压涡轮叶盘低周疲劳寿命服从均值为 9 419、标准差为 967 的正态分布。当高压涡轮叶盘低周疲劳寿命门槛值为 6 000 时,其可靠性概率为 99.85%。

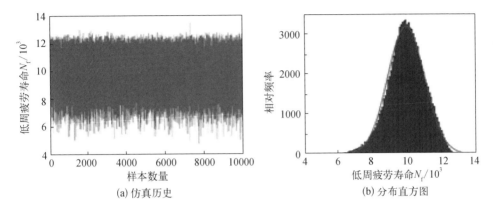

(a) 仿真历史　　　　　　　　(b) 分布直方图

图 3-13　高压涡轮叶盘低周疲劳寿命仿真历史和分布直方图

结合式(3-40)和式(3-41)开展高压涡轮叶盘低周疲劳寿命的灵敏度分析,其分析结果如表 3-4 和图 3-14 所示。

表 3-4　随机输入变量对高压涡轮叶盘低周疲劳寿命的灵敏度和影响概率

输入变量	$S_{\mathrm{d}}/10^{-3}$	$I_{\mathrm{p}}/\%$
ρ	−0.415 86	6.18
w	−0.525 65	7.81
τ	0.013 2	0.20
E	0.169 48	2.52
T	−1.760 22	26.16
σ_{f}'	0.416 15	6.18
$\varepsilon_{\mathrm{f}}'$	0.213 11	3.17
$\hat{b}$	0.435 85	6.48
$\hat{c}$	2.792 9	41.30

由表 3-4 和图 3-14 中的灵敏度可以看出,热导率、弹性模量、疲劳强度系数、疲劳塑性系数、疲劳强度指数和疲劳塑性指数与高压涡轮叶盘低周疲劳寿命呈正相关,密度、转速和温度与高压涡轮叶盘低周疲劳寿命呈负相关。由表 3-4 和图 3-14 中的影响概率可以看出,影响高压涡轮叶盘低周疲劳寿命的因素重要性排序依次为疲劳塑性指数、温度、转速、疲劳强度指数、密度、疲劳强度系数、疲劳塑性系数、弹性模量和热导率。

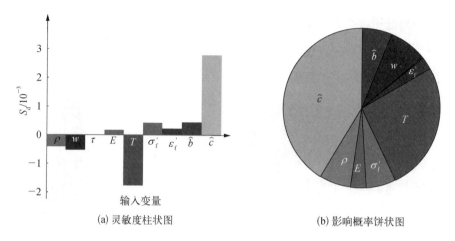

(a) 灵敏度柱状图   (b) 影响概率饼状图

图 3-14 高压涡轮叶盘低周疲劳寿命灵敏度分析结果

3.5 混合代理模型法可行性分析

本节分别从建模特性和仿真性能两个角度对 IK-ERSM 和 ENLM 进行研究，进而阐明所介绍的混合代理模型法对于复杂结构动态概率分析的可行性。

3.5.1 改进 Kriging 极值响应面法可行性分析

1. 改进 Kriging 极值响应面法建模特性

为了说明 IK-ERSM 在建模特性方面的优势，本节首先基于 21 个训练样本和 30 个测试样本，通过绝对误差 E_{ab}、相对误差 E_{re} 和平均相对误差 E_{ar} 对 IK-ERSM 建模精度进行研究，其中绝对误差 E_{ab} 计算原理如式(2-52)所示，相对误差 E_{re} 和平均相对误差 E_{ar} 可通过式(3-49)计算。其中，以低压压气机叶盘径向变形动态确定性分析结果作为参考，基于训练样本和测试样本的 IK-ERSM 建模特性分析结果如表3-5 和表3-6 所示。此外，结合 21 个训练样本分别建立 ERSM 模型和 Kriging 极值响应面法(Kriging-based ERSM, K-ERSM)模型，并依据 30 个测试样本和平均相对误差 E_{ar} 进一步说明 IK-ERSM 在建模精度方面的优势(以 ERSM 分析结果作为参考)，同时通过建模时间对比阐明其在效率方面的优点，分析结果如表3-7 所示。

$$E_{re,j} = \frac{E_{ab,j}}{y_{true,j}} = \frac{|y_{*,j} - y_{true,j}|}{y_{true,j}}$$

$$E_{ar} = \frac{1}{m}\sum_{j=1}^{m} E_{re,j} = \frac{1}{m}\sum_{j=1}^{m}\left(\frac{|y_{*,j} - y_{true,j}|}{y_{true,j}}\right)$$

(3-49)

表 3 - 5　基于训练样本的 IK - ERSM 建模特性分析结果

输入变量					输出响应（低压压气机叶盘径向变形）				
ρ / (kg/m³)	w/ (rad/s)	v/ (m/s)	p_{in}/ Pa	p_{out}/ Pa	y_{true}/ 10^{-3} m	$y_{IK-ERSM}$/ 10^{-3} m	E_{ab}/ m	E_{re}/ %	E_{ar}/ %
7 788.4	1 168	121.8	311 110	478 130	1.408 1	1.408 1	0	0	0
7 707.6	1 191.3	127.58	293 330	517 980	1.449 7	1.449 7	0	0	0
7 753.8	1 193.9	122.07	320 000	492 620	1.465	1.465	0	0	0
7 696	1 152.4	126.2	282 220	525 220	1.354	1.354	0	0	0
7 776.9	1 199.1	124.83	288 890	463 640	1.482 4	1.482 4	0	0	0
7 857.8	1 162.8	126.48	291 110	510 730	1.407 8	1.407 8	0	0	0
7 742.2	1 149.9	123.45	308 890	536 090	1.356 3	1.356 3	0	0	0
7 904	1 170.6	127.03	286 670	449 160	1.435 3	1.435 3	0	0	0
7 892.4	1 144.7	124.28	300 000	452 780	1.370 4	1.370 4	0	0	0
7 834.7	1 186.1	120.97	306 670	499 870	1.461	1.461	0	0	0
7 684.4	1 165.4	127.31	302 220	514 360	1.382 8	1.382 8	0	0	0
7 846.2	1 201.7	122.35	297 780	441 910	1.502 2	1.502 2	0	0	0
7 661.3	1 181	121.24	315 560	470 890	1.416 1	1.416 1	0	0	0
7 765.3	1 160.2	124.55	295 560	445 530	1.385 3	1.385 3	0	0	0
7 915.6	1 147.3	123.17	280 000	507 110	1.380 6	1.380 6	0	0	0
7 950.2	1 142.1	121.52	326 670	496 240	1.374	1.374	0	0	0
7 719.1	1 134.3	120.69	273 330	467 270	1.315 8	1.315 8	0	0	0
7 869.3	1 183.6	122.62	304 440	503 490	1.461 1	1.461 1	0	0	0
7 823.1	1 196.5	125.65	328 890	521 600	1.484 4	1.484 4	0	0	0
7 880.9	1 178.4	125.93	277 780	489 000	1.450 3	1.450 3	0	0	0
7 649.8	1 139.5	125.38	313 330	456 400	1.315 8	1.315 8	0	0	0

表 3 - 6　基于测试样本的 IK - ERSM 建模特性分析结果

输入变量					输出响应（低压压气机叶盘径向变形）				
ρ / (kg/m³)	w/ (rad/s)	v/ (m/s)	p_{in}/ Pa	p_{out}/ Pa	y_{true}/ 10^{-3} m	$y_{IK-ERSM}$/ 10^{-3} m	E_{ab}/ m	E_{re}/ %	E_{ar}/ %
7 811.6	1 175.8	125.1	322 220	481 760	1.431 3	1.442 5	1.118 7	0.781 6	0.593 9
7 672.9	1 173.2	122.9	271 110	460 020	1.399 6	1.411 5	1.194 3	0.853 3	0.593 9
7 938.7	1 157.6	126.76	317 780	474 510	1.409 6	1.420 9	1.132 2	0.803 2	0.593 9
7 800	1 188.7	120.42	284 440	532 470	1.460 8	1.472 1	1.132 8	0.775 5	0.593 9
7 927.1	1 155	123.72	275 560	528 840	1.401 4	1.412 7	1.128 6	0.805 3	0.593 9
7 730.7	1 136.9	124	324 440	485 380	1.323 8	1.335 4	1.163 1	0.878 6	0.593 9

输入变量					输出响应(低压压气机叶盘径向变形)				
$\rho/$ (kg/m^3)	$w/$ (rad/s)	$v/$ (m/s)	$p_{\text{in}}/$ Pa	$p_{\text{out}}/$ Pa	$y_{\text{true}}/$ 10^{-3} m	$y_{\text{IK-ERSM}}/$ 10^{-3} m	$E_{\text{ab}}/$ m	$E_{\text{re}}/$ %	$E_{\text{ar}}/$ %
7 759.44	1 158.188 8	121.867 2	312 572.8	493 928	1.379 1	1.379 2	0.006 6	0.004 8	0.593 9
7 815.6	1 146.976	122.363 2	302 358.4	511 560	1.362 2	1.362 3	0.010 8	0.007 9	0.593 9
7 653.36	1 162.860 8	124.148 8	296 521.6	517 640	1.371 1	1.371 1	0.001 7	0.001 2	0.593 9
7 784.4	1 155.385 6	126.132 8	312 208	509 736	1.376 8	1.376 9	0.013 0	0.009 4	0.593 9
7 665.84	1 179.68	125.041 6	297 980.8	498 792	1.413 6	1.413 7	0.012 1	0.008 6	0.593 9
7 934.16	1 185.286 4	121.768	306 006.4	501 224	1.477 4	1.477 2	0.015 9	0.010 8	0.593 9
7 778.16	1 175.942 4	123.454 4	311 478.4	513 992	1.425 3	1.425 5	0.015 7	0.011 0	0.593 9
7 927.92	1 152.582 4	123.851 2	295 062.4	510 344	1.395 4	1.395 4	0.003 1	0.002 2	0.593 9
7 703.28	1 163.795 2	124.843 2	300 534.4	503 048	1.382 4	1.382 4	0.003 3	0.002 4	0.593 9
7 684.56	1 180.614 4	124.347 2	296 886.4	521 896	1.419 3	1.419 5	0.018 0	0.012 7	0.593 9
7 728.24	1 160.992	123.057 6	297 616	492 104	1.380 1	1.380 3	0.020 7	0.015 0	0.593 9
7 678.32	1 184.352	122.065 6	303 088	506 696	1.427 2	1.427 4	0.023 5	0.016 5	0.593 9
7 753.2	1 182.483 2	122.958 4	299 804.8	505 480	1.436 6	1.436 9	0.028 8	0.020 0	0.593 9
7 834.32	1 168.467 2	124.644 8	301 628.8	520 072	1.417 4	1.417 4	0.004 1	0.002 9	0.593 9
7 722	1 147.910 4	125.736	312 937.6	497 576	1.348 0	1.348 1	0.010 2	0.007 6	0.593 9
7 890.48	1 153.516 8	122.859 2	310 019.2	515 816	1.391 1	1.391 2	0.007 4	0.005 3	0.593 9
7 878	1 171.270 4	121.966 4	298 345.6	507 304	1.432 2	1.432 3	0.013 1	0.009 1	0.593 9
7 809.36	1 188.089 6	125.140 8	309 289.6	520 680	1.460 9	1.461 0	0.006 6	0.004 5	0.593 9
7 672.08	1 151.648	122.561 6	305 276.8	504 264	1.348 0	1.347 9	0.011 3	0.008 4	0.593 9
7 659.6	1 150.713 6	125.24	306 736	521 288	1.343 6	1.343 5	0.012 3	0.009 2	0.593 9
7 746.96	1 160.057 6	125.636 8	303 817.6	510 952	1.225 3	1.381 4	15.607 7	12.737 9	0.593 9
7 896.72	1 167.532 8	126.232	309 654.4	496 968	1.426 4	1.426 3	0.007 1	0.005 0	0.593 9
7 940.4	1 146.041 6	124.744	307 830.4	518 248	1.381 8	1.381 7	0.006 7	0.004 8	0.593 9
7 690.8	1 148.844 8	122.76	301 993.6	495 752	1.344 7	1.344 7	0.004 0	0.003 0	0.593 9

表 3-7　基于 ERSM、K-ERSM 和 IK-ERSM 建模效率与精度分析结果对比

方　法	建模时间/s	E_{ar}/%	提高精度/%
ERSM	3.679	2.856 4	—
K-ERSM	1.214	2.265 2	0.591 2
IK-ERSM	2.446	0.593 9	2.262 5

　　由上述分析结果可以看出,IK-ERSM 模型对于熟悉样本(训练样本)具有较好的拟合效果;对于陌生样本(测试样本),IK-ERSM 模型的预测能力优于 ERSM

和 K - ERSM 模型,原因是 IK - ERSM 的平均相对误差(0.593 9%)小于 ERSM 和
K - ERSM 的平均相对误差(2.856 4% 和 2.265 2%),且相对于 ERSM 模型,
IK - ERSM 模型的精度提高了 2.253 5%,高于 K - ERSM 模型 1.671 3%。此外,在
三种代理模型中,IK - ERSM 建模所需的时间小于 ERSM 建模所需的时间,但大于
K - ERSM 建模所需的时间。出现这种情况的原因是 IK - ERSM 建模过程相较于
K - ERSM 建模过程需要执行基于遗传算法的超参数寻优操作。但是,相较于
ERSM,IK - ERSM 在建模效率方面具有一定的优势。因此,在满足建模效率的前
提下,IK - ERSM 模型具有更高的建模精度。

2. 改进 Kriging 极值响应面法仿真性能

IK - ERSM 仿真性能主要从仿真效率和分析精度两方面进行研究,结合多种
方法对比分析的手段加以说明,其中所用的对比方法有直接模拟、ERSM 和
K - ERSM。基于表 3 - 1 中随机输入变量数值分布特征,分别将四种方法用于执行
不同频次(10^2、10^3 和 10^4)的 MC 模拟,实现低压压气机叶盘径向变形动态可靠性
分析。其中,所有的计算都是在相同的计算环境下完成的,但由于计算限制,没有
执行 10^4 直接模拟。此外,在仿真性能分析过程中,以直接模拟结果作为参考。基
于直接模拟、ERSM、K - ERSM 和 IK - ERSM 的仿真性能分析结果如表 3 - 8 和表
3 - 9 所示。

表 3 - 8　基于直接模拟、ERSM、K - ERSM 和 IK - ERSM 仿真效率分析结果

方　　法	不同频次下的仿真时间/s		
	10^2	10^3	10^4
直接模拟	514 800	4 862 000	—
ERSM	1.42	3.96	10.64
K - ERSM	0.43	0.94	2.56
IK - ERSM	0.32	0.40	0.57

表 3 - 9　基于直接模拟、ERSM、K - ERSM 和 IK - ERSM 分析精度结果

MC 样本	可　靠　度				分析精度/%		
	直接模拟	ERSM	K - ERSM	IK - ERSM	ERSM	K - ERSM	IK - ERSM
10^2	0.990 0	0.960 0	0.980 0	0.990 0	96.97	98.99	100
10^3	0.998 0	0.979 0	0.985 0	0.997 0	98.09	98.69	99.99
10^4	—	0.983 6	0.991 7	0.998 4	—	—	—

由表 3-8 可知,代理模型法(ERSM、K-ERSM 和 IK-ERSM)的仿真时间远小于直接模拟的仿真时间;在三种代理模型法中,IK-ERSM 具有较高的计算效率,且随着仿真次数的增加,其在计算效率方面的优势更加明显。

由表 3-9 可知,在不同仿真次数下,IK-ERSM 分析精度明显优于 ERSM 和 K-ERSM;IK-ERSM 分析结果与直接模拟的分析结果最为接近。

通过上述研究发现,IK-ERSM 在建模特性和仿真性能方面具有一定的优势,可为复杂结构动态概率分析提供有效的支持。

3.5.2　增强网络学习方法可行性分析

1. 增强网络学习方法建模特性

结合 30 个测试样本,通过预测值与真实值之间的对比,进行 ENLM 模型的建模特性分析,其结果如图 3-15 所示。由图 3-15 可知,ENLM 模型的预测值与确定性分析所得的真实值基本一致,其预测误差在工程可接受范围之内。因此,ENLM 模型在一定程度上能够满足预测精度要求。

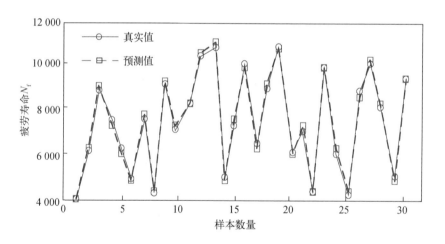

图 3-15　基于测试样本的预测值与真实值

2. 增强网络学习方法仿真性能

本节通过直接模拟、ERSM 实现高压涡轮叶盘低周疲劳寿命动态可靠性分析,验证 ENLM 在复杂结构动态可靠性分析中的可行性。在执行高压涡轮叶盘低周疲劳寿命动态可靠性分析过程中,根据表 3-1 中随机输入变量数值分布特征,结合不同 MC 样本(频次为 10^2、10^3、10^4、10^5 和 10^6)分别运用三种方法实施模拟。其中,所有的计算都在相同的环境中进行,以直接模拟分析结果作为参考,用于评价 ERSM 和 ENLM 的仿真性能。需要说明的是,本案例没有执行 10^5 和 10^6 直接模拟,因为其计算时间较长。基于直接模拟、ERSM 和 ENLM 仿真性能分析结果如表 3-10 和表 3-11 所示。

表 3-10　基于直接模拟、ERSM 和 ENLM 仿真效率分析结果

MC 样本	仿真时间/s			减少时间/s	提高效率/%
	直接模拟	ERSM	ENLM		
10^2	5 400	1.249	1.201	0.048	3.843
10^3	14 400	1.266	1.201	0.065	5.134
10^4	432 000	1.681	1.311	0.370	22.011
10^5	—	2.437	1.342	1.095	44.93
10^6	—	4.312	2.138	2.174	50.42

表 3-11　基于直接模拟、ERSM 和 ENLM 分析精度结果

MC 样本	可　靠　度			分析精度/%		提高精度/%
	直接模拟	ERSM	ENLM	ERSM	ENLM	
10^2	0.85	0.76	0.79	76.24	79.25	3.95
10^3	0.976	0.947	0.968	95.00	97.11	2.22
10^4	0.996 8	0.982 4	0.997 3	98.56	99.95	1.41
10^5	—	0.981 81	0.998 48	98.49	99.83	1.36
10^6	—	0.982 62	0.995 87	98.58	99.91	1.35

由表 3-10 可知,随着模拟次数的增长,直接模拟、ERSM 和 ENLM 的仿真时间增长;对于直接模拟,当 MC 样本超过 10^4 时,需要消耗大量的时间,甚至无法完成仿真,而 ERSM 和 ENLM 仅需要消耗很少的时间即可完成仿真。此外,相对于 ERSM,ENLM 实现模拟所需的时间较少,并具有较高的仿真效率,且随着仿真规模的扩大,其优势更加明显。

由表 3-11 可知,当 MC 样本数量为 10^4 时,基于 ERSM 和 ENLM 的高压涡轮叶盘低周疲劳寿命可靠度分别为 0.982 4 和 0.997 3;相对于直接模拟,二者的分析精度分别为 98.56% 和 99.95%;ENLM 的分析精度相对于 ERSM 的分析精度提高了 1.41%。

基于 ENLM 的建模特性和仿真性能分析结果表明,ENLM 在复杂结构动态概率分析中具有可行性。

3.6 本章小结

首先,本章对于梯度下降法不能有效实现 Kriging 模型相关超参数寻优,以及复杂结构动态概率分析涉及高度非线性的问题,结合 ERSM、Kriging 模型和遗传算法介绍了 IK‐ERSM,以航空发动机低压压气机叶盘径向变形动态可靠性及灵敏度分析为例,对所提方法加以验证;然后,在研究 GRNN 模型的基础上,将极值思想与其融合介绍了 ENLM,初步研究了神经网络模型在复杂结构动态概率分析中的应用,通过航空发动机高压涡轮低周疲劳寿命动态可靠性及灵敏度分析,说明了所研究方法的有效性;最后,从建模特性和仿真性能两个角度对 IK‐ERSM 和 ENLM 的可行性进行了验证。

由分析结果可以看出,在建模特性方面,IK‐ERSM 的平均相对误差(0.593 9%)小于 ERSM 和 K‐ERSM 的平均相对误差(2.856 4%和2.265 2%),IK‐ERSM 建模时间(2.446 s)小于 ERSM 建模时间(3.679 s);ENLM 模型的预测值与真实值基本一致,其预测误差在工程可接受范围之内。在仿真性能方面,IK‐ERSM 具有较高的计算效率,且随着仿真次数的增加,其在计算效率方面的优势更加明显,IK‐ERSM 分析精度明显优于 ERSM 和 K‐ERSM;ENLM 仿真所需的时间小于直接模拟和 ERSM 仿真所需的时间,且随着仿真规模的扩大,ENLM 优势更加明显,ERSM 和 ENLM 的分析精度分别为 98.56%和 99.95%。

第 4 章
基于移动代理模型法的复杂结构动态概率分析方法

4.1 引言

目前,基于代理模型法的复杂结构功能函数通常是结合最小二乘法进行构建的,其基本原理为在不区分各样本点影响的情况下,使用当次迭代中心的样本点建立输出响应与输入变量之间的关系方程[86, 149]。但是,基于最小二乘原理的代理模型并没有充分利用已有样本点的信息。

移动最小二乘法的出现为合理利用已有样本点提供了新的思路,其由 Lancaster 和 Salkauskas 提出并应用于曲线或曲面拟合,随后应用于求解微分方程,进而发展出了无网格法[150, 151]。该方法对最小二乘法做了相应的改进,其基本原理是在每一次迭代中将本次迭代中心点某一范围作为影响域,以样本点和迭代中心点的距离为权函数,通过紧支撑域加权函数选取有效样本以及确定样本的影响程度,进而实现输出响应与输入变量关系的建立[152]。移动最小二乘法相较于传统的最小二乘法具有更高的计算精度,但是对于具有动态时变特性的复杂结构动态可靠性分析建模,仍然需要进行大量的重复性拟合工作。

此外,遗传算法作为一种基于生物界自然选择进化机制发展起来的全局优化搜索算法,其在优化时不依赖于梯度,因此具有较强的鲁棒性和全局搜索能力[142]。但是,该算法的一个致命缺陷是早熟收敛,即群体中的所有个体都趋于同一状态而停止进化,导致寻优结果并非最优解,且每次优化结果都存在差异[153]。

为了解决上述问题,探寻有效的策略实现复杂结构动态可靠性及灵敏度分析,本章首先将 ERSM 与移动最小二乘法有效结合,介绍移动极值代理模型策略(MESMS),以实现航空发动机高压涡轮叶盘径向变形动态可靠性分析;然后,将多种群遗传算法(multiple population genetic algorithm, MPGA)、Kriging 模型、ERSM 和移动最小二乘法进行融合,介绍基于移动极值的改进 Kriging 方法(MKMEF),同时以航空发动机高压压气机叶盘径向变形动态概率分析为例加以验证;最后,从建模特性和仿真性能两个方面结合多种方法分析对比验证移动代理模型法的有效性。

4.2 复杂结构动态可靠性分析的移动极值代理模型策略

本节针对最小二乘法建立代理模型过程中不能充分利用已有样本点信息的问题,以及复杂结构普遍存在动态时变特性的可靠性分析问题,介绍 MESMS,进而结合航空发动机高压涡轮叶盘径向变形可靠性分析对其进行可行性验证。

4.2.1 移动极值代理模型策略基本思想

MESMS 是基于传统 ERSM 和移动最小二乘法发展而来的,其中 ERSM 用于处理动态时变历程获取的极值样本信息,移动最小二乘法基于紧支撑域通过引入加权的思想确定有效建模样本,并构建复杂结构的功能函数[154-156]。对于不同的迭代中心,不同位置的有效样本点的权值也不同。基于最小二乘法和移动最小二乘法建模原理如图 4-1 所示,基于 MESMS 的复杂结构动态可靠性分析流程如图 4-2 所示。

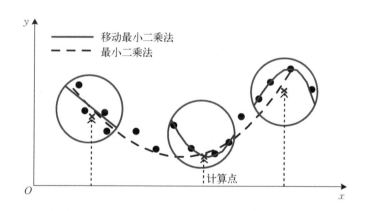

图 4-1 基于最小二乘法和移动最小二乘法建模原理

由图 4-1 可知,基于最小二乘法建模是结合已有样本信息,不考虑样本之间的差异,从全局的角度实现复杂结构输出响应与输入变量之间的关系建模;而基于移动最小二乘法建模是依据已有样本数据,综合考虑样本与计算点之间的影响,实现复杂结构功能函数的局部最优拟合。此外,相关学者的研究证明,移动最小二乘法的精度优于传统最小二乘法的精度[157, 158]。

　　由图 4 - 2 可知,基于 MESMS 的复杂结构动态可靠性分析主要包括动态确定性分析、样本生成、MESMS 建模和动态可靠性分析。其中,复杂结构动态确定性分析和样本生成具体流程与前述方法一致,因此不再重复论述;而动态可靠性分析中所采用的方法为重要度抽样法,其原理将在 4.2.3 节详细论述。此外,对于 MESMS 建模,首先基于训练样本,结合紧支撑域确定有效样本点;然后,基于移动最小二乘法建立复杂结构 MESMS 模型;最后,利用训练样本对 MESMS 模型进行验证,若不满足精度要求,则需要重新生成样本,重复执行上述工作,直至满足要求。

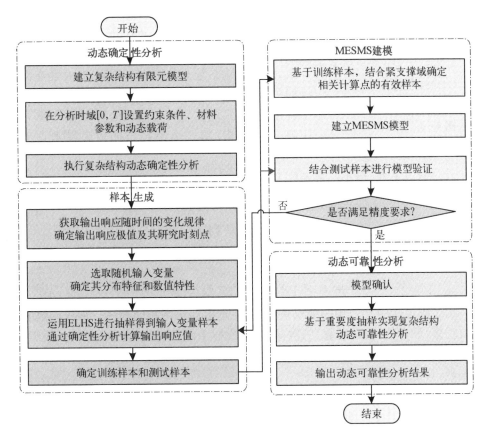

图 4 - 2　基于 MESMS 的复杂结构动态可靠性分析流程

4.2.2　移动极值代理模型策略数学模型

　　MESMS 数学模型 $y_{\mathrm{MESMS}}(\boldsymbol{x})$ 可用传统 ERSM 数学模型式(2 - 12)等号右侧部分表达,与 ERSM 建模不同的是,MESMS 建模是基于移动最小二乘法实现的。本节主要介绍 MESMS 建模原理。

为了结合有效样本数据确定 MESMS 待定系数,首先需要针对计算点生成紧支撑域。以二维样本空间为例,紧支撑域的形式有圆形、椭圆形、矩形等,其中圆形紧支撑域较为常用,对于 n 维空间,应生成包含 2^n 象限的紧支撑域[159]。紧支撑域的生成流程为:① 给定每个样本紧支撑域半径 $h_p = 0$,并分别将每个样本作为坐标原点;② 计算各象限样本点与原点的欧氏距离[21],并确定各象限样本点与原点之间的最小距离,即 $h_{pk}(k = 1, 2, \cdots, 2^n)$;③ 寻找各象限样本点与原点之间最小距离的最大值 $h_p = \max(h_{pk})$;④ 为了确保有效样本数量能够满足待定系数求解所需的个数,运用影响系数 $\kappa \in [1.2, 2.5]$ 扩大紧支撑域的范围。紧支撑域半径确定原理如图 4-3 所示。其中,h_{11}、h_{12}、h_{13} 和 h_{14} 分别为计算点与第一象限、第二象限、第三象限和第四象限样本点最近的距离。

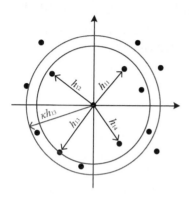

图 4-3　紧支撑域半径确定原理

在计算点 $\hat{x}$ 处,最小二乘函数为

$$L(\hat{x}) = (Y_{\text{true}} - Y_{\text{MESMS}})^{\text{T}} W(\hat{x})(Y_{\text{true}} - Y_{\text{MESMS}})$$
$$= (Y_{\text{true}} - Xd)^{\text{T}} W(\hat{x})(Y_{\text{true}} - Xd) \tag{4-1}$$

式中,$W(\hat{x})$ 为计算点 $\hat{x}$ 处的加权系数对角矩阵,即

$$W(\hat{x}) = \text{diag}[w(\hat{x} - x_1), w(\hat{x} - x_2), \cdots, w(\hat{x} - x_k)] \tag{4-2}$$

为了确定式(4-2)中的加权系数,需要选取加权函数的形式。加权函数的形式有很多,如常数、线性函数、二次函数、三次样条函数、指数函数、高斯函数等,三次样条函数在拟合特性方面具有一定的优势[21, 160],因此选取三次样条函数作为加权函数,其可表示为

$$w(\hat{x} - x_j) = \begin{cases} \dfrac{2}{3} - 4\left(\dfrac{|\hat{x} - x_j|}{\kappa h_p}\right)^2 + 4\left(\dfrac{|\hat{x} - x_j|}{\kappa h_p}\right)^3, & 0 < \dfrac{|\hat{x} - x_j|}{\kappa h_p} \leqslant \dfrac{1}{2} \\ \dfrac{4}{3}\left(1 - \dfrac{|\hat{x} - x_j|}{\kappa h_p}\right)^3, & \dfrac{1}{2} < \dfrac{|\hat{x} - x_j|}{\kappa h_p} \leqslant 1 \end{cases}$$
$$\tag{4-3}$$

对式(4-1)求偏导,可得

$$\frac{\partial L(\hat{x})}{\partial d} = -2X^{\text{T}} W(\hat{x}) y_{\text{true}}(x) + 2X^{\text{T}} W(\hat{x}) Xd = 0 \tag{4-4}$$

进而待定系数可通过式(4-5)进行计算:

$$\boldsymbol{d} = \left[\boldsymbol{X}^{\mathrm{T}} \boldsymbol{W}(\hat{\boldsymbol{x}}) \boldsymbol{X} \right]^{-1} \boldsymbol{X}^{\mathrm{T}} \boldsymbol{W}(\hat{\boldsymbol{x}}) \boldsymbol{Y}_{\mathrm{true}} \tag{4-5}$$

基于上述原理,可以建立复杂结构研究目标的 MESMS 数学模型(功能函数),用于替代真实模型,为实现动态可靠性分析提供支持。

4.2.3　移动极值代理模型策略动态可靠性分析原理

基于 MESMS 数学模型,可建立复杂结构极限状态函数为

$$h_{\mathrm{MESMS}}(\boldsymbol{x}) = y_{\mathrm{allow}} - y_{\mathrm{MESMS}}(\boldsymbol{x}) \tag{4-6}$$

在极限状态函数[式(4-6)]的基础上,运用重要度抽样算法[161, 162]进行复杂结构动态可靠性分析。首先需要结合极限状态函数一阶泰勒展开式运用改进一次二阶矩[163]确定设计点 $\boldsymbol{x}^*$,即

$$h_{\mathrm{MESMS}}(\boldsymbol{x}) \approx h_{\mathrm{MESMS}}(\boldsymbol{x}^*) + \sum_{i=1}^{n} \left[\frac{\partial h_{\mathrm{MESMS}}(\boldsymbol{x})}{\partial x_i} \right]_{\boldsymbol{x}^*} (x_i - x_i^*) \tag{4-7}$$

式中, x_i^* 为第 i 个输入变量设计点值,通常选取输入变量的均值作为初始设计点。

设计点位置在失效边界上,因此有

$$\sum_{i=1}^{n} \left[\frac{\partial h_{\mathrm{MESMS}}(\boldsymbol{x})}{\partial x_i} \right]_{\boldsymbol{x}^*} x_i - \sum_{i=1}^{n} \left[\frac{\partial h_{\mathrm{MESMS}}(\boldsymbol{x})}{\partial x_i} \right]_{\boldsymbol{x}^*} x_i^* = 0 \tag{4-8}$$

当输入变量服从正态分布时,进而可将其转变为标准正态分布,即

$$s_i^* = \frac{x_i - \mu_{x_i}}{\sigma_{x_i}} \tag{4-9}$$

式(4-8)可重新写为

$$\sum_{i=1}^{n} \left[\frac{\partial h_{\mathrm{MESMS}}(\boldsymbol{x})}{\partial x_i} \right]_{\boldsymbol{x}^*} s_i^* \sigma_{x_i} + \sum_{i=1}^{n} \left[\frac{\partial h_{\mathrm{MESMS}}(\boldsymbol{x})}{\partial x_i} \right]_{\boldsymbol{x}^*} (\mu_{x_i} - x_i) = 0 \tag{4-10}$$

则复杂结构的可靠性指标为

$$\gamma = \sum_{i=1}^{n} \alpha_i s_i^* = \frac{\sum_{i=1}^{n} \left[\dfrac{\partial h_{\mathrm{MESMS}}(\boldsymbol{x})}{\partial x_i} \right]_{\boldsymbol{x}^*} (\mu_{x_i} - x_i)}{\left\{ \sum_{i=1}^{n} \left[\dfrac{\partial h_{\mathrm{MESMS}}(\boldsymbol{x})}{\partial x_i} \right]_{\boldsymbol{x}^*}^2 \sigma_{x_i}^2 \right\}^{1/2}} \tag{4-11}$$

其中,

$$\alpha_i = -\frac{\left[\partial h_{\mathrm{MESMS}}(\boldsymbol{x})/\partial x_i\right]_{\boldsymbol{x}^*}\sigma_{x_i}}{\left\{\sum_{i=1}^{n}\left[\partial h_{\mathrm{MESMS}}(\boldsymbol{x})/\partial x_i\right]_{\boldsymbol{x}^*}^2\sigma_{x_i}^2\right\}^{1/2}} \qquad (4-12)$$

基于上述理论,可以求得初始设计点的可靠性指标,进而可确定新的设计点为

$$x_i^* = \mu_{x_i} + \sigma_{x_i}\alpha_i\gamma \qquad (4-13)$$

结合式(4-11)计算复杂结构的可靠度指标,当相邻两次的可靠度指标之差满足精度要求时,确定最终设计点。在此基础上,结合重要度概率密度函数,求得复杂结构的失效概率为

$$\begin{aligned}
P_{\mathrm{f}} &= \int\cdots\int_{\boldsymbol{R}^n} I_{h_{\mathrm{MESMS}}(\boldsymbol{x})<0} h_{\mathrm{MESMS}}(\boldsymbol{x})\,\mathrm{d}\boldsymbol{x} \\
&= \int\cdots\int_{\boldsymbol{R}^n} I_{h_{\mathrm{MESMS}}(\boldsymbol{x})<0} \frac{h_{\mathrm{MESMS}}(\boldsymbol{x})}{f(\boldsymbol{x})} f(\boldsymbol{x})\,\mathrm{d}\boldsymbol{x} \\
&= E\left[I_{h_{\mathrm{MESMS}}(\boldsymbol{x})<0} \frac{h_{\mathrm{MESMS}}(\boldsymbol{x})}{f(\boldsymbol{x})}\right]
\end{aligned} \qquad (4-14)$$

复杂结构的失效概率和可靠性概率分别为

$$\begin{aligned}
P_{\mathrm{f}} &= \frac{1}{N}\sum_{q=1}^{N} I_{h_{\mathrm{MESMS}}(\boldsymbol{x})<0} \frac{h_{\mathrm{MESMS}}(\boldsymbol{x})}{f(\boldsymbol{x})} \\
P_{\mathrm{r}} &= 1 - P_{\mathrm{f}}
\end{aligned} \qquad (4-15)$$

4.2.4　算例分析

本节考虑流体载荷、热载荷和结构载荷交互作用,通过航空发动机高压涡轮叶盘径向变形动态可靠性分析,验证 MESMS 对于复杂结构动态可靠性分析的适用性。

1. 高压涡轮叶盘径向变形动态确定性分析

本节考虑流-热-固耦合作用,开展高压涡轮叶盘径向变形动态确定性分析。首先,建立研究对象的三维模型和有限元模型,其中,三维模型包括高压涡轮叶盘和流场的三维模型,由于高压涡轮叶盘具有典型循环对称结构,为了简化计算,选取 1/40(包括 1 个叶片和 1/40 叶盘)作为研究对象,高压涡轮叶盘流场模型涵盖三个叶片区域,目的是考虑叶间流体载荷作用,其三维模型如图 2-4(a)所示。然后,基于三维模型建立高压涡轮叶盘和流场的有限元模型,如图 4-4 所示。由图可知,高压涡轮叶盘和流场的有限元模型是由四面体单元组成的,分别包括 10 399 个单元、19 541 个节点和 104 339 个单元、20 689 个节点,该有限元模

型的精度选取原因将在后面进行解释说明。最后,在分析时域[0 s, 215 s]设置相关的分析参数,高压涡轮叶盘的材料为 GH4133,进口压力为 2 026 500 Pa,出口压力为 506 625 Pa,而进口流速、燃气温度和转速是随时间变化的,其变化曲线如图 4 - 5 所示。

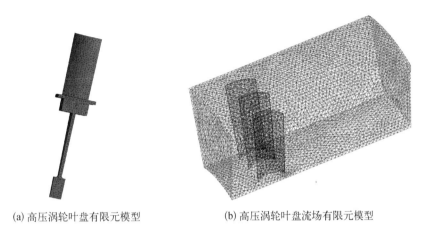

(a) 高压涡轮叶盘有限元模型　　　　　　(b) 高压涡轮叶盘流场有限元模型

图 4 - 4　高压涡轮叶盘和流场有限元模型

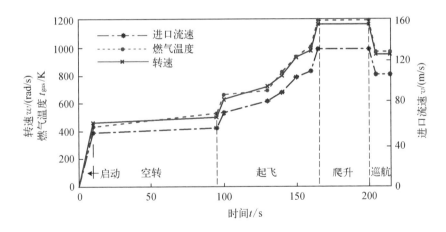

图 4 - 5　高压涡轮叶盘进口流速、燃气温度和转速随时间变化曲线

　　基于高压涡轮叶盘有限元模型和设置的分析参数,结合流体、热及结构设置,运用耦合方法[其原理参见式(2 - 27)~式(2 - 32)、式(3 - 41)~式(3 - 43)]实现径向变形动态确定性分析,高压涡轮叶盘径向变形随时间变化曲线如图 4 - 6 所示。由图 4 - 6 可知,高压涡轮叶盘径向变形的最大值出现在分析时域[165 s,200 s]。

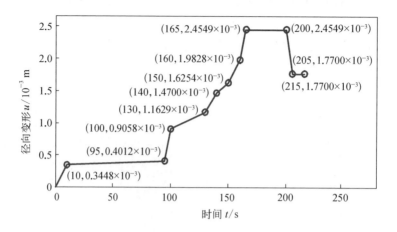

图 4-6 高压涡轮叶盘径向变形随时间变化曲线

在此基础上,选取 $t=180$ s 作为研究时刻点,此时的高压涡轮叶盘流-热-固耦合交界面的压力分布、高压涡轮叶盘温度分布和径向变形分布如图 4-7~图 4-9 所示。由图可以看出,最大径向变形发生在叶尖部位,因此将此部位作为研究对象。

压力 $P/10^5$ Pa

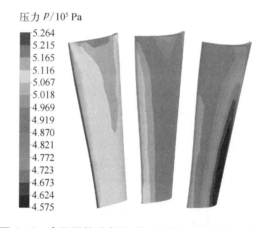

图 4-7 高压涡轮叶盘流-热-固耦合交界面压力分布

为了验证结果的可靠性,从收敛性分析的角度对高压涡轮径向变形动态确定性分析进行研究。具体流程为:首先将高压涡轮叶盘和流场的三维模型划分成不同网格数量的有限元模型,然后基于上述相同的设置参数,对其进行动态确定性分析,分析结果如表 4-1 和图 4-10 所示。其中,误差计算以网格划分最精细(高压涡轮叶盘单元数量为 16 604 和流场单元数量为 142 920)的分析结果作为参考。

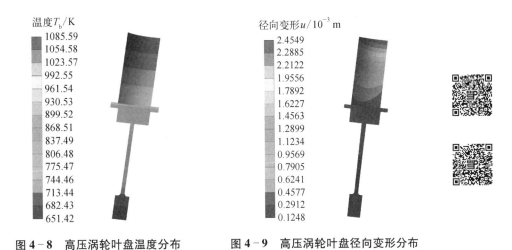

图 4-8　高压涡轮叶盘温度分布　　　图 4-9　高压涡轮叶盘径向变形分布

表 4-1　不同网格单元数量的高压涡轮叶盘径向变形和误差

叶盘单元数量	流场单元数量	径向变形 $u/10^{-3}$ m	误差/%
1 117	16 495	2.969 3	20.98
3 860	46 056	2.728 8	11.18
7 042	75 968	2.529 6	3.07
10 399	**104 339**	**2.454 9**	**0.24**
16 604	142 920	2.454 3	—

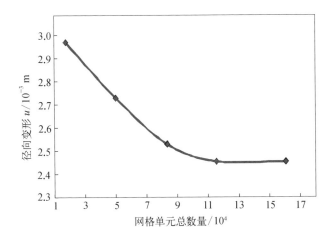

图 4-10　不同网格单元数量的高压涡轮叶盘径向变形收敛曲线

由表 4-1 和图 4-10 可知,随着网格单元数量的增加,高压涡轮叶盘径向变形逐渐趋于收敛,但是其计算耗时增加。因此,为了能够同时得到满足精度要求的分析结果,以及保证计算负担在可接受范围内,选取高压涡轮叶盘单元数量为 10 399、流场单元数量为 104 339,从而进行其径向变形动态确定性分析。

2. 基于 MESMS 的高压涡轮叶盘径向变形建模

本节以进口流速 v、进口压力 p_{in}、出口压力 p_{out}、燃气温度 t_{gas}、密度 ρ 和转速 ω 作为随机输入变量,其数值分布特征如表 4-2 所示。此外,假设这些随机输入变量均服从正态分布且相互独立。

表 4-2   高压涡轮叶盘径向变形相关随机输入变量数值特征

输 入 变 量	均 值	标 准 差
$v/(m/s)$	124	2.48
p_{in}/Pa	2 026 500	40 530
p_{out}/Pa	506 625	10 132
t_{gas}/K	1 150	23
$\rho/(kg/m^3)$	8 560	171.20
$\omega/(rad/s)$	1 168	23.36

基于随机输入变量的数值特征和分布特性,运用 ELHS 方法生成 100 组输入变量样本,结合动态确定性分析获取高压涡轮叶盘径向变形最大值,组合形成 100 组样本数据。其中,80 组样本作为训练样本,根据 4.2.2 节内容从中选取有效样本,并建立 MESMS 模型,如式(4-16)所示;剩余 20 组样本作为测试样本,用于验证 MESMS 模型的有效性,具体内容参见 4.4.1 节。

$$
\begin{aligned}
y_{MESMS}(\omega,\, v,\, p_{in},\, p_{out},\, t_{gas},\, \rho) = &-3.183\,9 \times 10^{-3} + 1.630\,2 \times 10^{-6}\omega \\
&- 1.716\,4 \times 10^{-5}v + 5.771 \times 10^{-11}p_{in} \\
&+ 1.098\,1 \times 10^{-8}p_{out} + 1.523\,1 \times 10^{-7}t_{gas} \\
&+ 4.451\,4 \times 10^{-8}\rho + 6.443\,4 \times 10^{-10}\omega^2 \\
&+ 6.526\,3 \times 10^{-8}v^2 - 1.595\,1 \times 10^{-17}p_{in}^2 \\
&- 1.085\,7 \times 10^{-14}p_{out}^2 - 7.866\,1 \times 10^{-11}t_{gas}^2 \\
&+ 9.549\,3 \times 10^{-12}\rho^2
\end{aligned}
\tag{4-16}
$$

3. 高压涡轮叶盘径向变形动态可靠性分析

依据式(4-6)和式(4-16),结合高压涡轮叶盘径向变形许用值建立其极限状态函数。其中,高压涡轮叶盘径向变形许用值为 2.685 6×10^{-3} m,该值是基于高压涡轮叶盘径向变形均值和标准差通过 3σ 原则确定的,而均值和标准差是通过 MC 法进行大量模拟确定的。此外,最终设计点是由改进一次二阶矩法确定的,结合确定的最终设计点建立重要抽样概率密度函数,通过执行不同 MC 样本仿真实现高压涡轮叶盘径向变形动态可靠性分析,其结果如表 4 - 3 所示。

表 4 - 3　不同 MC 样本下高压涡轮叶盘径向变形动态可靠性分析结果

MC　样　本	可　靠　度
10^2	0.996 7
10^3	0.997 8
3×10^3	0.997 6
5×10^3	0.997 5
10^4	0.997 5

由表 4 - 3 可知,随着仿真次数的增加,高压涡轮叶盘径向变形的可靠度逐渐收敛于常值 0.997 5。因此,当高压涡轮叶盘径向变形许用值为 2.685 6×10^{-3} m 时,其可靠度为 0.997 5。

4.3　复杂结构动态概率分析的基于移动极值的改进 Kriging 方法

为了有效解决遗传算法过早熟的问题,以及避免最小二乘法不能合理利用已有样本信息的缺陷,本节尝试将多种群遗传算法和移动最小二乘法引入 Kriging 模型和 ERSM,阐述 MKMEF 相关内容,同时以航空发动机高压压气机叶盘径向变形动态概率分析为例,对所介绍的 MKMEF 的可行性加以验证。

4.3.1　基于移动极值的改进 Kriging 方法基本思想

MKMEF 实质上是对传统 ERSM 和所介绍的 IK - ERSM 的改进,其基本原理是将 ERSM、Kriging 模型、移动最小二乘法和多种群遗传算法进行有效融合。其中,移动最小二乘法用于确定有效样本点,并建立 MKMEF 模型;多种群遗传算法用于替代遗传算法或梯度下降法,以实现 Kriging 模型超参数寻优;ERSM 用于处理具有动态时变历程的变量;Kriging 模型用于结合高斯随机过程修正 ERSM 预测值与真实值之间的误差。MKMEF 的复杂结构动态概率分析流程如图 4 - 11 所示。

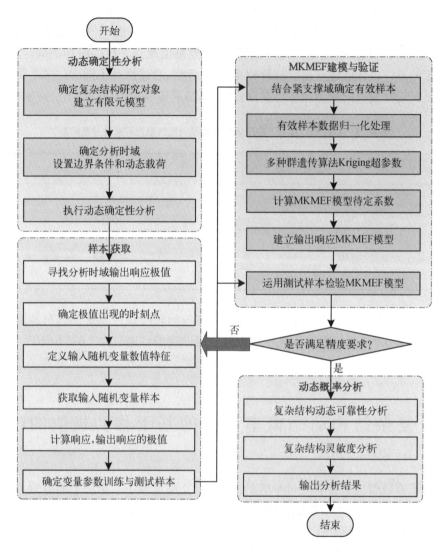

图 4 - 11　基于 MKMEF 的复杂结构动态概率分析流程

由图 4 - 11 可知,基于 MKMEF 的复杂结构动态概率分析主要通过动态确定性分析、样本获取、MKMEF 建模与验证和动态概率分析四个流程实现。其中,复杂结构动态确定性分析、样本获取及动态概率分析流程与前述方法基本一致,而 MKMEF 建模与验证细节存在差异。因此,本节着重阐述 MKMEF 建模与验证流程。

MKMEF 建模与验证具体流程为: ① 结合获取的训练样本,运用紧支撑域确定有效样本;② 将有效样本数据进行归一化处理,运用多种群遗传算法实现极大似然函数求解,获取 Kriging 模型超参数;③ 计算 MKMEF 相关的待定系数,建立复杂结构的 MKMEF 数学模型;④ 通过测试样本实现模型验证,若不满足精度要求,则需要重新生成样本,重复执行相关流程,直至满足要求。其中,基于多种群遗传算法的 Kriging 模型超参数寻优原理将在 4.3.2 节进行介绍。

4.3.2　基于移动极值的改进 Kriging 方法数学模型

MKMEF 数学模型可表示为

$$y_{\text{MKMEF}}(\boldsymbol{x}) = y_{\text{MESMS}}(\boldsymbol{x}) + z(\boldsymbol{x}) \tag{4-17}$$

式中,$y_{\text{MESMS}}(\boldsymbol{x})$ 为基于移动最小二乘法建立;$z(\boldsymbol{x})$ 为 Kriging 模型高斯随机过程。需要说明的是,$y_{\text{MESMS}}(\boldsymbol{x})$ 的建模原理可参见 4.2.2 节内容,$z(\boldsymbol{x})$ 中涉及的超参数将通过多种群遗传算法进行求解,其他待定系数求解原理参见 3.2.1 节内容。

多种群遗传算法是基于传统遗传算法发展而来的,其原理是将移民算子引入多个种群,使多个种群同时进化实现目标函数寻优。多种群遗传算法相较于标准遗传算法具有如下优势:① 打破了传统遗传算法单个群体遗传进化的框架,实现了多个种群不同控制参数的寻优搜索;② 多个种群之间通过移民算子建立联系桥梁,可进行信息交换,实现协同进化;③ 结合人工选择算子实现多个种群每代进化中最优个体保存,作为判别寻优收敛的依据。多种群遗传算法的原理如图 4-12 所示。

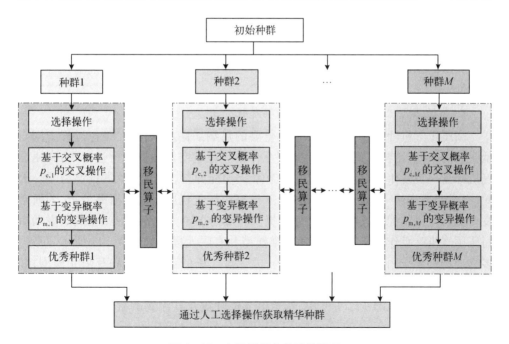

图 4-12　多种群遗传算法的原理

由图 4-12 可知,基于多种群遗传算法的 Kriging 模型超参数寻优流程为:① 产生 M 个初始种群,通过选择、交叉和变异操作获取多个种群的优秀种群;② 通过人工选择操作获取由各优秀种群最优个体形成的精华种群,其中,移民算子的作用为建立各种群之间的联系,为协同进化提供信息流;③ 基于获取的精华种群确定 Kriging 模型超参数的最优值,其优化目标函数如式(3-19)所示。

在获取 Kriging 模型超参数的基础上,可确定 MKMEF 数学模型[式(4-17)]中的待定系数,进而建立复杂结构输出响应与输入变量之间的函数关系,为动态概率分析提供支持。

4.3.3　基于移动极值的改进 Kriging 方法动态概率分析原理

结合复杂结构的功能函数式(4-17),MKMEF 极限状态方程为

$$h_{\text{MKMEF}}(\boldsymbol{x}) = y_{\text{allow}} - y_{\text{MKMEF}}(\boldsymbol{x}) \tag{4-18}$$

运用 MC 法实现复杂结构动态可靠性分析,其分析原理参见 2.2.1 节相关内容;在获取结构失效概率或可靠度的基础上,结合 2.4.3 节内容实现基于均值的结构灵敏度分析。

4.3.4　算例分析

本节以航空发动机高压压气机叶盘作为研究对象,考虑流-热-固耦合作用,运用所介绍的 MKMEF 实现其径向变形动态可靠性及灵敏度分析,以说明该方法的适用性。

1. 高压压气机叶盘径向变形动态确定性分析

高压压气机叶盘作为航空发动机重要的热端部件之一,其在工作过程中同时承受启动载荷、结构载荷、热载荷等交互作用。在航空发动机运行过程中,高压压气机叶盘一旦发生故障,将会造成整个系统功能异常,甚至导致灾难性后果。因此,有必要考虑流-热-固耦合的影响,开展高压压气机叶盘动态概率分析,为航空发动机运行控制优化及航材供应保障提供有效的指导。本节选取某型航空发动机高压压气机叶盘作为研究对象,其三维模型和有限元模型如图 4-13 所示。考虑多物理场耦合作用,需要建立高压压气机叶盘流场的三维模型和有限元模型,如图 4-14 所示。

由图 4-13 和图 4-14 可知,高压压气机叶盘及其流场的有限元模型是由四面体单元组成的,包含的单元数和节点数分别为 113 287、63 545 和 413 764、2 274 346。

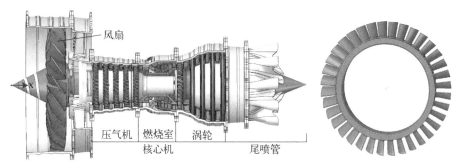

(b) 高压压气机叶盘有限元模型

图 4‐13　高压压气机叶盘三维模型和有限元模型

(a) 高压压气机叶盘流场三维模型

(b) 高压压气机叶盘流场有限元模型

图 4‐14　高压压气机叶盘流场三维模型和有限元模型

　　在建立的有限元模型的基础上,确定分析时域[0 s, 215 s]和设置相关分析参数。选取 1Cr11Ni2W2MoV 作为高压压气机叶盘的材料,其参数参见 2.4.4 节;出口压力、进口流速、燃气温度和转速是随时间变化的,其变化规律如图4‐15所示。

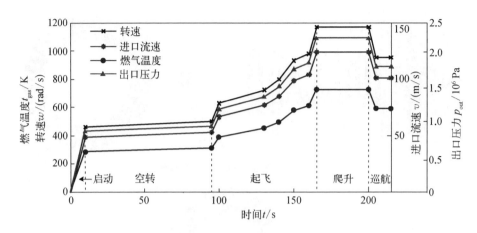

图 4 - 15 高压压气机叶盘出口压力、进口流速、燃气温度和转速随时间变化曲线

采用耦合方法实现高压压气机叶盘在流体载荷、热载荷和结构载荷交互作用下的径向变形动态确定性分析,其结果如图 4 - 16 所示。由图可知,随着出口压力、进口流速、燃气温度和转速的增大,其径向变形也增大,最大值出现在爬升阶段。

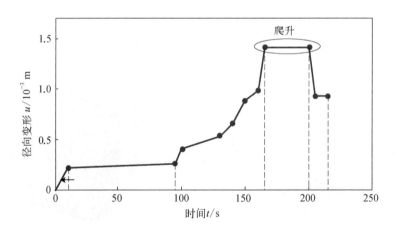

图 4 - 16 高压压气机叶盘径向变形随时间变化曲线

基于高压压气机叶盘径向变形随时间的变化规律,选取 $t = 180 \, \text{s}$ 作为研究时刻点,此时的高压压气机叶盘流-热-固耦合交界面压力分布、高压压气机叶盘温度分布和径向变形分布分别如图 4 - 17~图 4 - 19 所示。由图 4 - 19 可以看出,高压压气机叶盘此时的最大变形位置在叶尖部位,因此将叶尖部位作为研究对象,为后续样本生成提供参考。

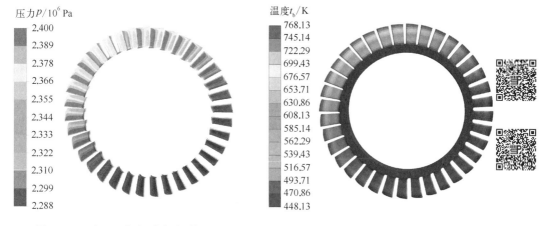

压力 $P/10^6$ Pa

	2.400
	2.389
	2.378
	2.366
	2.355
	2.344
	2.333
	2.322
	2.310
	2.299
	2.288

图 4 - 17 高压压气机叶盘流-热-固
耦合交界面压力分布

温度 t_b/K

	768.13
	745.14
	722.29
	699.43
	676.57
	653.71
	630.86
	608.13
	585.14
	562.29
	539.43
	516.57
	493.71
	470.86
	448.13

图 4 - 18 高压压气机叶盘温度分布

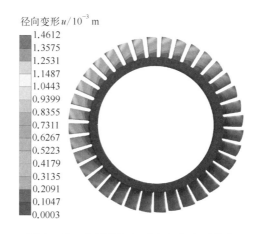

径向变形 $u/10^{-3}$ m

	1.4612
	1.3575
	1.2531
	1.1487
	1.0443
	0.9399
	0.8355
	0.7311
	0.6267
	0.5223
	0.4179
	0.3135
	0.2091
	0.1047
	0.0003

图 4 - 19 高压压气机叶盘径向变形分布

2. MKMEF 的高压压气机叶盘径向变形建模

为了建立 MKMEF 的高压压气机叶盘径向变形功能函数,需要获取样本信息,其首要工作是确定影响因素,本节选取密度 ρ、出口压力 p_{out}、进口流速 v、燃气温度 t_{gas} 和转速 w 作为随机输入变量,其分布数值特征如表 4-4 所示。

基于表 4-4 中随机输入变量的分布数值特征,生成 100 组输入变量的样本数据,进而结合动态确定性分析计算对应输入变量样本的高压压气机叶盘径向变形输出响应值,共同构成 100 组样本信息。其中,80 组样本作为训练样本,用于确定 40 组有效样本建立 MKMEF 数学模型;剩余的 20 组样本作为测试样本,用于实现模型验证,具体内容将在 4.4.2 节阐述。此外,基于训练样本所建立的高压压气机叶盘径向变形功能函数(MKMEF 数学模型)为

$$
\begin{aligned}
y_{\text{MKMEF}}(\rho, w, v, t_{\text{gas}}, p_{\text{out}}) =\ & 1.100\,5 - 0.020\,5\rho + 0.455\,5w + 0.390\,5v + 0.562\,1t_{\text{gas}} \\
& - 0.222\,8p_{\text{out}} + 0.294\,1\rho w + 0.583\,6\rho v + 0.162\,9\rho t_{\text{gas}} \\
& + 0.128\,6\rho p_{\text{out}} - 0.167\,6wv - 0.422\,3wt_{\text{gas}} + 0.137\,0wp_{\text{out}} \\
& - 0.581\,8vt_{\text{gas}} + 0.205\,9vp_{\text{out}} - 0.073\,4t_{\text{gas}}p_{\text{out}} + 0.179\,3\rho^2 \\
& + 0.308\,4w^2 - 0.438\,4v^2 + 0.543\,6t_{\text{gas}}^2 - 0.543\,4p_{\text{out}}^2 \\
& + z(\rho, w, v, t_{\text{gas}}, p_{\text{out}}) \\
z(\rho, w, v, t_{\text{gas}}, p_{\text{out}}) =\ & (1.811\,2 \quad 2.991\,5 \quad \cdots \quad 4.135\,4)_{1\times 40} \\
\boldsymbol{\theta} =\ & (0.164\,7 \quad 1.027\,4 \quad 0.251\,6 \quad 0.235\,7 \quad 0.103\,1) \qquad (4-19)
\end{aligned}
$$

表 4-4 高压压气机叶盘径向变形相关随机输入变量分布数值特征

输 入 变 量	分 布 类 型	均 值	标 准 差
$\rho/(\text{kg/m}^3)$	正态分布	7 800	156
p_{out}/Pa	正态分布	2.4×10^6	4.8×10^4
$v/(\text{m/s})$	正态分布	124	2.48
t_{gas}/K	正态分布	768	15.36
$w/(\text{rad/s})$	正态分布	1 168	23.36

3. 高压压气机叶盘径向变形动态概率分析

基于式(4-19)所建立的极限状态函数,采用 MC 法对其进行 10 000 次模拟,得到的高压压气机叶盘径向变形仿真历史和分布直方图如图 4-20 所示。由图可以看出,高压压气机叶盘径向变形服从均值为 $1.335\,3\times10^{-3}$ m、标准差为 $5.900\,6\times10^{-4}$ m 的正态分布,当高压压气机叶盘径向变形许用值为 1.75×10^{-3} m 时,其可靠度为 0.995 6。

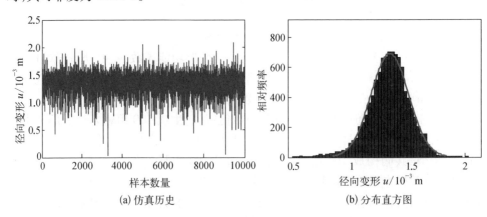

(a) 仿真历史 (b) 分布直方图

图 4-20 高压压气机叶盘径向变形仿真历史和分布直方图

在动态可靠性分析的基础上,对高压压气机叶盘径向变形灵敏度进行分析,其分析结果如表 4 - 5 和图 4 - 21 所示。

表 4 - 5　随机输入变量对高压压气机叶盘径向变形的灵敏度和影响概率

输入变量	ρ	w	v	t_{gas}	p_{out}
$S_d/10^{-4}$	0.353 8	1.020 0	0.544 1	5.228 8	−0.035 1
$I_p/\%$	4.92	14.20	7.58	72.81	0.49

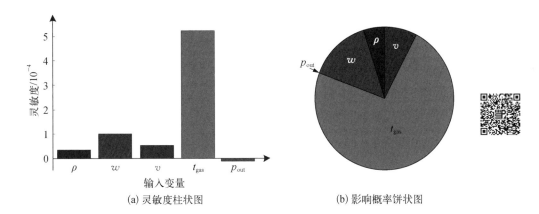

(a) 灵敏度柱状图　　　(b) 影响概率饼状图

图 4 - 21　高压压气机叶盘径向变形灵敏度分析结果

由表 4 - 5 和图 4 - 21 可知,材料密度、转速、进口流速和燃气温度与高压压气机叶盘径向变形呈正相关,而出口压力与高压压气机叶盘径向变形呈负相关。此外,影响高压压气机叶盘径向变形的因素从主到次依次为燃气温度、转速、进口流速、密度和出口压力。

基于上述分析,完成了高压压气机叶盘径向变形动态可靠性分析和灵敏度分析。其中,可靠性分析结果不仅可以有效指导维修性分析,还可以作为灵敏度分析的输入,而灵敏度分析结果可以为结构优化设计及运行控制提供参考。

4.4　移动代理模型法有效性验证

本节对 MESMS 和 MKMEF 有效性进行验证,主要针对高压涡轮叶盘和高压压气机叶盘从建模特性和仿真性能两个方面进行研究。此外,对于 MKMEF,本节除了以高压压气机叶盘为例,还以一个数学函数为例进行了分析。

4.4.1　移动极值代理模型策略有效性验证

1. 移动极值代理模型策略建模特性

为了验证 MESMS 的建模特性(包括建模效率和拟合精度),利用 80 组训练样本(MESMS 建模需从中选取有效样本),运用 ERSM、WR - ERSM 和 MESMS 建立高压涡轮叶盘径向变形的数学模型。其中,验证流程是在相同的计算环境下执行的;计算建模效率时忽略获取样本所需的时间。在对 MESMS 建模效率进行验证时,以 ERSM 的建模效率作为参考,评估代理模型的建模效率,其分析结果如表 4 - 6 所示;在对 MESMS 拟合精度进行验证时,以动态确定性分析结果作为参考,结合 20 组测试样本,通过绝对误差 E_{ab} 和平均绝对误差 E_{av}[式(2 - 44)]评价代理模型的拟合精度,其分析结果如表 4 - 6 和图 4 - 22 所示。

表 4 - 6　基于 ERSM、WR - ERSM 和 MESMS 建模效率与拟合精度分析结果对比

方　法	建模时间/s	提高效率/%	$E_{av}/10^{-7}$ m	提高精度/%
ERSM	0.26	—	6.778 6	—
WR - ERSM	0.17	34.62	1.329 2	80.39
MESMS	0.11	57.69	0.813 5	87.99

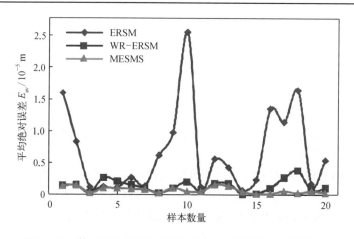

图 4 - 22　基于测试样本的 ERSM、WR - ERSM 和 MESMS
预测值与真实值之间的平均绝对误差曲线

由表 4 - 6 可知,ERSM、WR - ERSM 和 MESMS 的建模时间分别为 0.26 s、0.17 s 和 0.11 s,由此可以看出,MESMS 的建模效率相对于 ERSM 提高了 57.69%、相对于 WR - ERSM 提高了 23.07%。因此,MESMS 在建模效率方面优于 ERSM 和 WR - ERSM。

由表 4 - 6 还可知,MESMS 的平均绝对误差为 0.813 5×10^{-7} m,小于 ERSM 和

WR - ERSM 的平均绝对误差($6.778\,6\times10^{-7}$ m 和 $1.329\,2\times10^{-7}$ m)。换言之,MESMS 的拟合精度相对于 ERSM 提高了 87.99%、相对于 WR - ERSM 提高了 7.6%。此外,由图 4 - 22 可知,结合 20 组测试样本,MESMS 的绝对误差明显小于 ERSM 和 WR - ERSM 的绝对误差,其原因为 MESMS 的绝对误差曲线波动范围较小,具有较好的鲁棒性。因此,MESMS 在拟合精度方面具有一定的优势。

2. 移动极值代理模型策略仿真性能

为了验证 MESMS 在仿真性能(仿真效率和分析精度)方面的有效性,采用直接模拟、ERSM、WR - ERSM 和 MESMS 在相同的计算环境下,通过不同次数(10^2、10^3、3×10^3、5×10^3 和 10^4)的仿真模拟对高压涡轮叶盘径向变形进行动态可靠性分析。其中,以直接模拟的动态可靠性分析结果作为评判标准,且 10^4 的直接模拟没有执行分析。基于直接模拟、ERSM、WR - ERSM 和 MESMS 的仿真性能分析结果如表 4 - 7 和表 4 - 8 所示。

表 4 - 7　基于直接模拟、ERSM、WR - ERSM 和 MESMS 仿真效率分析结果

方　　法	不同仿真次数下的仿真时间/s				
	10^2	10^3	3×10^3	5×10^3	10^4
直接模拟	98 836	1 079 520	4 308 300	6 745 100	—
ERSM	0.37	0.67	1.18	1.79	2.54
WR - ERSM	0.23	0.39	0.61	0.80	1.02
MESMS	0.18	0.30	0.45	0.58	0.72

由表 4 - 7 可知,三种代理模型法的仿真时间远小于直接模拟的仿真时间,原因为代理模型法是以数学模型替代真实结构模型的,可有效提升计算效率;随着 MC 样本模拟次数的增加,代理模型法的平均仿真效率明显高于直接模拟的仿真效率;在三种代理模型法中,MESMS 的仿真效率高于 ERSM 和 WR - ERSM 的仿真效率。因此,MESMS 在仿真效率方面具有一定的优势。

表 4 - 8　基于直接模拟、ERSM、WR - ERSM 和 MESMS 分析精度结果

MC 样本	可　　靠　　度				分 析 精 度/%		
	直接模拟	ERSM	WR - ERSM	MESMS	ERSM	WR - ERSM	MESMS
10^2	0.99	0.97	0.98	0.996 7	97.98	98.99	99.32
10^3	0.998	0.989	0.995	0.997 8	99.09	99.69	99.98
3×10^3	0.997 8	0.992 3	0.998 9	0.997 6	99.45	99.89	99.98
5×10^3	0.997 6	0.993 7	0.997	0.997 5	99.61	99.93	99.99
10^4	—	0.996 7	0.998 5	0.997 5	—	—	—

由表 4 - 8 可知,MESMS 的动态可靠性分析结果与直接模拟的动态可靠性分析结果最为接近,并且 MESMS 的分析精度高于 ERSM 和 WR - ERSM 的分析精度。此外,基于重要度抽样的 MESMS 在 MC 样本达到 5×10^3 时,动态可靠性分析结果已收敛。因此,MESMS 在分析精度方面优于 ERSM 和 WR - ERSM。

综合建模特性和仿真性能的分析结果,可以说明 MESMS 对于复杂结构动态概率分析的有效性。

4.4.2　基于移动极值的改进 Kriging 方法有效性验证

1. 基于移动极值的改进 Kriging 方法建模特性

针对 MKMEF 的建模特性分析,分别以非线性函数和高压压气机叶盘作为验证对象,从数学和工程两个方面对其进行研究。

1) 基于非线性函数的 MKMEF 建模特性分析

以非线性函数[式(4 - 20)]作为验证对象[164],结合 RSM、Kriging 模型和基于 RSM 改进 Kriging 模型(improved Kriging-based RSM, IK - RSM),从数学角度对 MKMEF 的建模特性进行有效性验证。

$$y(\boldsymbol{x}) = 2x_1^3 + 3x_2^2 + x_3^2 + 4x_4 + x_1^2x_2 + 4x_3x_4 + 2x_1x_2x_3 \qquad (4-20)$$

式中,非线性函数相关随机输入变量分布数值特征如表 4 - 9 所示。

表 4 - 9　非线性函数相关随机输入变量分布数值特征

输 入 变 量	分 布 类 型	均　　　值	标 准 差
x_1	正态分布	3	0.1
x_2	正态分布	4	0.1
x_3	正态分布	2.5	0.1
x_4	正态分布	5	0.1

结合表 4 - 9 中的随机输入变量分布数值特征,运用拉丁超立方抽样获取 100 组输入变量样本,结合式(4 - 20)获取对应的输出响应,组合形成 100 组样本数据。其中,80 组样本数据作为训练样本,结合紧支撑域确定并获取 40 组有效样本,进而运用多种群遗传算法求解极大似然函数获取 Kriging 模型超参数,最后结合移动最小二乘法建立 MKMEF 模型,如式(4 - 21)所示;剩余的 20 组样本数据作为测试样本,结合绝对误差 E_{ar} 和平均绝对误差 E_{av},通过方法对比验证 MKMEF 建模特性,其分析结果如表 4 - 10 所示。此外,通过相同训练样本验证多种群遗传算法(MPGA)与遗传算法(GA)在求解极大似然函数、获取 Kriging 模型超参数寻优方面的优势,如图 4 - 23 所示。

表 4 - 10　基于测试样本的 MKMEF 建模特性分析结果

输入变量				真实值	MKMEF		RSM		Kriging		IK - RSM	
x_1	x_2	x_3	x_4	$y_{\text{true}}(\boldsymbol{x})$	$y_{\text{MKMEF}}(\boldsymbol{x})$	E_{ab}	$y_{\text{RSM}}(\boldsymbol{x})$	E_{ab}	$y_{\text{K}}(\boldsymbol{x})$	E_{ab}	$y_{\text{IK-RSM}}(\boldsymbol{x})$	E_{ab}
2.863 8	3.893 5	2.600 0	5.007 9	261.247 0	261.247 4	0.000 4	261.231 3	0.015 6	261.253 9	0.007 0	261.248 3	0.001 3
3.045 5	4.160 3	2.333 5	4.905 1	276.994 8	276.992 1	0.002 6	276.797 7	0.197 0	276.988 7	0.006 0	276.991 2	0.003 6
2.915 1	4.123 4	2.440 9	5.041 1	269.624 0	269.619 9	0.004 1	269.612 6	0.011 3	269.614 2	0.009 7	269.619 3	0.004 7
2.966 5	3.977 0	2.472 1	5.067 6	269.490 2	269.490 9	0.000 7	269.499 1	0.008 8	269.488 4	0.001 8	269.491 5	0.001 3
3.055 2	3.849 3	2.542 2	5.085 7	275.749 5	275.751 2	0.001 7	275.815 5	0.066 1	275.741 4	0.008 0	275.751 7	0.002 2
3.103 9	3.955 5	2.332	4.930 8	273.323 0	273.322 5	0.000 5	273.385 3	0.062 3	273.331 9	0.008 9	273.324 5	0.001 5
2.888 2	3.984 4	2.547 1	5.044 9	265.744 8	265.746 5	0.001 7	265.778 7	0.033 9	265.749 8	0.005 0	265.746 5	0.001 8
3.126 1	4.027 6	2.378 7	5.010 0	282.388 7	282.390 8	0.002 1	282.490 7	0.102 0	282.398 8	0.010 0	282.391 1	0.002 4
3.066 0	3.973 8	2.506 6	5.082 6	281.030 7	281.030 1	0.000 6	281.091 1	0.060 4	281.033 5	0.002 8	281.029 4	0.001 3
2.993 2	4.044 3	2.565 2	5.053 6	279.696 1	279.696 1	0	279.663 0	0.033 0	279.697 9	0.001 8	279.696 3	0.000 3
2.980 4	4.039 1	2.532 7	5.089 7	277.097 5	277.097 5	0	277.087 8	0.009 7	277.101 0	0.003 5	277.096 3	0.001 2
2.978 2	3.874 9	2.608 2	4.986 8	271.228 1	271.229 2	0.001 1	271.256 7	0.028 6	271.221 2	0.006 8	271.229 4	0.001 4
2.969 6	3.905 2	2.600 6	4.985 2	271.454 8	271.456 2	0.001 4	271.489 0	0.034 1	271.449 5	0.005 2	271.456 7	0.001 9
3.002 3	3.925 8	2.434 9	5.100 7	269.160 5	269.160 2	0.000 2	269.180 3	0.019 8	269.164 8	0.004 3	269.158 2	0.002 3
3.005 1	3.949 2	2.525 7	4.787 6	270.579 1	270.577 1	0.001 9	270.520 6	0.058 4	270.588 8	0.009 8	270.575 4	0.003 6
3.082 6	3.967 9	2.405 5	4.949 5	275.582 0	275.581 6	0.000 4	275.626 4	0.044 4	275.586 2	0.004 2	275.579 7	0.002 3
3.152 6	4.001 2	2.367 8	4.872 9	281.463 0	281.463 5	0.000 5	281.508 8	0.045 8	281.467 6	0.004 7	281.467 1	0.004 1
3.046 6	3.697 1	2.592 4	4.961 7	268.307 2	268.307 5	0.000 4	268.201 5	0.105 6	268.300 9	0.006 2	268.304 8	0.002 4
2.979 0	3.954 2	2.500 0	5.064 8	270.936 0	270.936 7	0.000 7	270.950 3	0.014 3	270.932 1	0.003 9	270.938 3	0.002 4
3.062 5	4.124 2	2.494 5	5.082 5	287.437 5	287.437 0	0.000 5	287.260 2	0.177 3	287.454 2	0.016 7	287.432 8	0.004 7
E_{av}						0.001 1		0.056 1		0.006 3		0.002 3

由表 4-10 可知, MKMEF 模型的平均绝对误差(0.001 1)小于 RSM、Kriging 和 IK-RSM 模型的平均绝对误差(0.056 1、0.006 3 和 0.002 3), 且 MKMEF 模型的预测值与真实值之间较为接近。此外, 相较于 RSM、Kriging 和 IK-REM, MKMEF 具有更好的鲁棒性。

$$
\begin{aligned}
y_{\mathrm{MKMEF}}(\boldsymbol{x}) = &-0.021\,5 + 0.933\,3x_1 + 0.317\,2x_2 + 0.443\,6x_3 + 0.148\,8x_4 + 0.024\,2x_1x_2 \\
&+ 0.008\,3x_1x_3 + 0.008\,2x_1x_4 + 0.000\,1x_2x_3 + 0.001\,5x_2x_4 + 0.004\,3x_3x_4 \\
&+ 2.420\,8 \times 10^{-5}x_1^2 + 0.001\,0x_2^2 + 0.004\,5x_3^2 - 5.879\,5 \times 10^{-5}x_4^2 + z(\boldsymbol{x}) \\
z(\boldsymbol{x}) = &\ (0.004\,1 \quad 0.007\,2 \quad \cdots \quad -0.001\,4)_{1\times 40} \\
\boldsymbol{\theta} = &\ (0.247\,2 \quad 0.119\,8 \quad 0.102\,3 \quad 0.101\,1)
\end{aligned} \tag{4-21}
$$

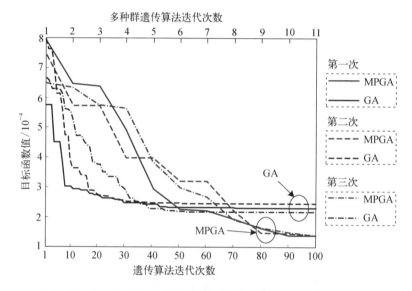

图 4-23　基于多种群遗传算法和遗传算法的超参数寻优进化曲线

由图 4-23 可知, 多种群遗传算法的寻优能力优于遗传算法, 其原因为多种群遗传算法具有全局和局部搜索能力, 通过三次相同环境下的寻优计算, 多种群遗传算法所得的目标函数值小于遗传算法所得的目标函数值, 并且基于多种群遗传算法的寻优结果基本一致。此外, 基于多种群遗传算法寻优的迭代次数(11 次)明显小于基于遗传算法寻优的迭代次数(100 次)。

2) 基于高压压气机叶盘的 MKMEF 建模特性分析

以高压压气机叶盘作为研究对象, 结合 80 组训练样本, 通过 ERSM、K-ERSM、IK-ERSM 和 MKMEF(基于 40 组有效样本)建立其径向变形功能函数。在此基础上, 依据 20 组测试样本从预测精度的角度通过绝对误差 E_{ab} 和平均绝对误

差 E_{av} 加以验证,将动态确定性分析结果作为预测精度评判标准,以 ERSM 分析结果作为预测精度评判标准,其分析结果如图 4 - 24 和表 4 - 11 所示。

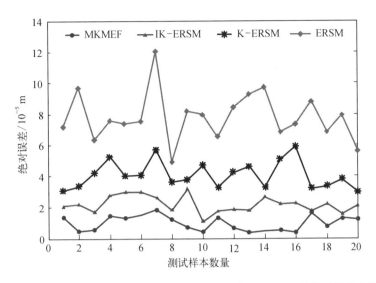

图 4 - 24　基于 ERSM、K - ERSM、IK - ERSM 和 MKMEF 的绝对误差曲线

由图 4 - 24 可知,相对于其他方法,ERSM 的预测值绝对误差波动较大,说明其预测性能相对较差;而 MKMEF 具有较好的鲁棒性,原因是其预测值与真实值之间的绝对误差较小,因此其绝对误差曲线波动范围较小。

表 4 - 11　基于 ERSM、K - ERSM、IK - ERSM 和 MKMEF 建模特性分析结果

方　　法	拟合时间/s	$E_{av}/10^{-5}$ m	提高精度/%
ERSM	3.186	8.948 3	—
K - ERSM	1.142	4.071 7	2.656 9
IK - ERSM	2.568	2.167 3	4.002 8
MKMEF	1.469	0.984 1	4.836 9

由表 4 - 11 可知,MKMEF 的拟合时间小于 ERSM 与 IK - ERSM 的拟合时间,但是大于 K - ERSM 的拟合时间,其原因是 MEMKF 建模过程中需要结合紧支撑域确定有效样本,以及需要执行多种群遗传算法的极大似然函数寻优求解流程;MKMEF 的平均绝对误差($0.984\ 1 \times 10^{-5}$ m)小于 ERSM、K - ERSM 和 IK - ERSM 的平均绝对误差($8.948\ 3 \times 10^{-5}$ m、$4.071\ 7 \times 10^{-5}$ m 和 $2.167\ 3 \times 10^{-5}$ m)。此外,相对于 ERSM,MKMEF 的预测精度提高了 4.836 9%;相较于 K - ERSM 和 IK - ERSM,其预

测精度分别提高了 2.18% 和 0.834 1%。

综上所述,MKMEF 能够在满足建模效率的需求下,有效提升建模精度。

2. 基于移动极值的改进 Kriging 方法仿真性能

与上述内容类似,本节也是从数学和工程两个方面对 MKMEF 的仿真性能进行分析。

1)基于非线性函数的 MKMEF 仿真性能研究

在数学方面,考虑输入变量具有随机性,分布数值特征如表 4-9 所示,通过直接模拟、RSM、Kriging、IK-RSM 和 MKMEF 结合各自所建立的数学函数,对其进行不同 MC 样本(10^2、10^3、$2×10^3$、$5×10^3$ 和 10^4)的模拟,在计算环境相同的情况下,其仿真时间如图 4-25 所示。

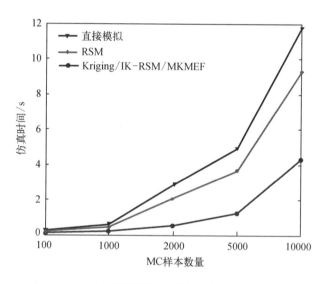

图 4-25   基于直接模拟、RSM、Kriging、IK-RSM
和 MKMEF 的仿真时间

由图 4-25 可知,在不同仿真次数下,MKMEF 的仿真时间小于直接模拟和 RSM 的仿真时间,且与 Kriging 和 IK-RSM 的仿真时间相等。此外,随着仿真次数的增加,MKMEF 在仿真效率方面的优势更加明显。

2)基于高压压气机叶盘的 MKMEF 仿真性能研究

为了验证 MKMEF 在工程方面的仿真性能(仿真效率和分析精度),将直接模拟、ERSM、K-ERSM 和 IK-ERSM 用于高压压气机叶盘径向变形动态可靠性分析。其中,随机输入变量分布数值特征如表 4-4 所示,所有模拟在相同的计算环境下执行。此外,将直接模拟的分析结果作为评判仿真性能的依据。在不同 MC 样本(10^2、10^3 和 10^4)仿真的情况下,基于直接模拟、ERSM、K-ERSM、IK-ERSM

和 MKMEF 的仿真性能分析结果如表 4 - 12 和表 4 - 13 所示。

表 4 - 12　基于直接模拟、ERSM、K - ERSM、IK - ERSM
和 MKMEF 仿真效率分析结果

方　　法	不同仿真次数下的仿真时间/s		
	10^2	10^3	10^4
直接模拟	554 400	4 864 000	—
ERSM	1.748	4.875	13.096
K - ERSM	0.564	0.719	1.025
IK - ERSM	0.564	0.719	1.025
MKMEF	0.564	0.719	1.025

　　由表 4 - 12 可知,相对于直接模拟,代理模型法(包括 ERSM、K - ERSM、IK - ERSM 和 MEMEF)能够有效提高仿真速度,节约计算时间。此外,MKMEF 在仿真效率方面明显优于 ERSM、K - ERSM 和 IK - ERSM。

表 4 - 13　基于直接模拟、ERSM、K - ERSM、IK - ERSM
和 MKMEF 分析精度结果

MC 样本	可　　靠　　度					分　析　精　度/%			
	直接模拟	ERSM	K - ERSM	IK - ERSM	MKMEF	ERSM	K - ERSM	IK - ERSM	MKMEF
10^2	0.990 0	0.960 0	1	0.980 0	0.990 0	96.97	99.00	98.99	100
10^3	0.995 0	0.999 0	0.998 0	0.993 0	0.996 0	95.60	99.70	99.80	99.90
10^4	—	0.997 2	0.993 3	0.996 4	0.995 6	—	—	—	—

　　由表 4 - 13 可知,相较于 ERSM、K - ERSM 和 IK - ERSM,MKMEF 的动态可靠性分析结果与直接模拟的动态可靠性分析结果较为接近,满足分析精度的要求。

　　通过上述分析结果发现,与其他代理模型法相比,MKMEF 在结构动态可靠性仿真性能方面具有明显的优势。

4.5　本章小结

　　对于最小二乘法不能有效运用已有样本信息,以及传统 RSM 不能合理处理复

杂结构动态时变特性的问题,本章基于 ERSM,将移动最小二乘法与其有效结合,介绍了 MESMS,通过航空发动机涡轮径向变形动态可靠性及灵敏度分析,阐明了该方法的可行性;为了进一步提升复杂结构动态概率分析的精度,以及有效解决遗传算法过早早熟的问题,本章基于 ERSM、Kriging 模型、多种群遗传算法和移动最小二乘法介绍了 MKMEF,通过高压压气机叶盘径向变形动态可靠性分析,说明了该方法的适用性;最后,从建模特性和仿真性能两个角度,结合现有方法分析结果比对,验证了本章所介绍的移动代理模型法对于复杂结构动态概率分析的有效性。

基于方法对比结果可以看出,在建模特性方面,MESMS 建模时间(0.11 s)小于 ERSM 和 WR‑ERSM 建模时间(0.26 s 和 0.17 s),MESMS 的平均绝对误差为 $0.813\,5 \times 10^{-7}$ m,小于 ERSM 和 WR‑ERSM 的平均绝对误差($6.778\,6 \times 10^{-7}$ m 和 $1.329\,2 \times 10^{-7}$ m);MKMEF 的拟合时间(1.469 s)小于 ERSM 与 IK‑ERSM 的拟合时间(3.186 s 和 2.568 s),MKMEF 的平均绝对误差($0.984\,1 \times 10^{-5}$ m)小于 ERSM、K‑ERSM 和 IK‑ERSM 的平均绝对误差($8.948\,3 \times 10^{-5}$ m、$4.071\,7 \times 10^{-5}$ m 和 $2.167\,3 \times 10^{-5}$ m)。在仿真性能方面,MESMS 平均仿真时间(0.45 s)少于 ERSM 和 WR‑ERSM 平均仿真时间(1.31 s 和 0.61 s),MESMS 的平均仿真精度(99.82%)高于 ERSM 和 WR‑ERSM 平均仿真精度(99.48% 和 99.62%);MKMEF 不同模拟次数的仿真时间(0.564 s、0.719 s 和 1.025 s)与 ERSM、K‑ERSM 和 IK‑ERSM 仿真时间相同,且小于 ERSM 的仿真时间(1.748 s、4.875 s 和 13.096 s),MKMEF 仿真精度(99.99%)高于 ERSM、K‑ERSM 和 IK‑ERSM 仿真精度(96.29%、99.35% 和 99.40%)。

第 5 章
基于分解协调代理模型法的复杂结构动态协同概率分析方法

5.1 引言

　　复杂结构往往由多个构件按照特定的装配原则组装而成,工作过程中其动态装配关系不仅影响系统的运行效率,而且对保障复杂结构的可靠性和安全性起重要作用。因此,有必要在考虑动态时变特性参数的影响下对多构件复杂结构同一失效模式的可靠性及灵敏度进行分析。

　　第 2 章~第 4 章介绍的加权代理模型法、混合代理模型法和移动代理模型法能够在保证分析精度的前提下,有效提高复杂结构动态概率分析性能,但是对于涉及多个构件组成复杂结构的同一失效概率分析问题,仍然需要对每个构件的相应失效模式分别建立其功能函数,当构件数量较多时,其建模处理流程过于复杂。此外,在进行动态可靠性分析和灵敏度分析时,同样需要执行多次大规模模拟,其仿真效率也会受到影响。

　　分解协调策略的出现为多构件复杂结构同一失效模式的动态概率分析提供了解决途径,该策略于 1988 年首次被 Adomian 应用于复杂数学函数问题的求解[165],随后应用于多构件结构的可靠性分析[102, 104]。然而,文献[102]和文献[104]中的模型是基于二次多项式的形式建立的数学模型,导致其在分析精度上不能满足工程需求。从数学和工程角度来看,分解协调策略的基本原理可描述如下。从数学角度来看,分解协调策略是将复杂复合函数分解为多个简单的子函数,分别建立各子函数的数学模型,进而依据各子函数与总输出响应之间的关系对其协调,并建立总输出响应与各变量参数之间的关系式;从工程角度来看,分解协调策略是将复杂结构多个构件分解成单一构件,分别建立单一构件输出响应与各相关变量之间的关系,进而结合各构件输出响应与总输出响应之间的关系,协调单一构件输出响应与总输出响应,确定总输出响应与所有变量参数的数学模型。

为了合理有效处理复杂结构多构件同一失效模式的动态可靠性及灵敏度分析问题,本章基于介绍的 IK - ERSM 和基于最小二乘的改进极值 Kriging 代理模型法,将分解协调策略分别与其进行结合,介绍两种基于分解协调的改进 Kriging 代理模型法,即基于分解协调的改进 Kriging 代理模型策略(IDCKMS)和基于分解协调的改进极值 Kriging 方法(E2K - DCF),以实现复杂结构多构件同一失效模式的动态协同概率分析,并通过航空发动机高压涡轮叶盘(由叶片和轮盘装配而成)径向变形动态协同可靠性分析及灵敏度分析,对所介绍方法的有效性进行验证。

5.2　复杂结构动态协同概率分析的基于分解协调的改进 Kriging 代理模型策略

本节将分解协调策略引入 IK - ERSM 介绍了 IDCKMS,并将其应用于复杂结构多构件同一失效模式动态协同概率分析,同时以航空发动机高压涡轮叶盘(包括叶片和轮盘)径向变形动态协同可靠性及灵敏度分析为例加以验证。

5.2.1　基于分解协调的改进 Kriging 代理模型策略基本思想

IDCKMS 实质上是 ERSM、Kriging 模型、遗传算法和分解协调策略的结合。其中,ERSM、Kriging 模型和遗传算法有效融合为 IK - ERSM,用于处理复杂结构动态时变历程,减轻计算负担,提高仿真效率;分解协调策略的作用是将复杂结构多构件分解为单一构件,基于 IK - ERSM 分别建立各构件分析目标的数学模型,随后依据各构件输出响应之间的关系,协调总输出响应与相关变量参数之间的关系,建立总体的输出响应数学模型。基于 IDCKMS 的复杂结构动态协同概率分析流程如图 5 - 1 所示。

由图 5 - 1 可知,基于 IDCKMS 的复杂结构动态协同概率分析流程同样包括复杂结构动态确定性分析(样本获取)、优化参数寻优、IDCKMS 建模和动态概率分析,其主要工作特点为将分解协调策略贯穿于整个分析流程,主要表现为:在动态确定性分析过程中,为了获取样本采用联动抽样技术,即通过依次确定性分析同时获取各构件输出响应,能够大量节省获取样本的时间,联动抽样原理如图 5 - 2 所示;在 IDCKMS 建模过程中,先建立各构件输出响应的分析代理模型,再依据各构件输出响应之间的关系建立协调代理模型,以描述总输出响应与各参数变量之间的关系。

图 5 - 2 中,圆点和菱形点分别代表输出响应 y_1 和 y_2;x_{low} 和 x_{up} 分别为随机输入变量的下限和上限;$y_{1,low}$、$y_{2,low}$ 和 $y_{1,up}$、$y_{2,up}$ 分别为输出响应 y_1 和 y_2 的下限和上限。

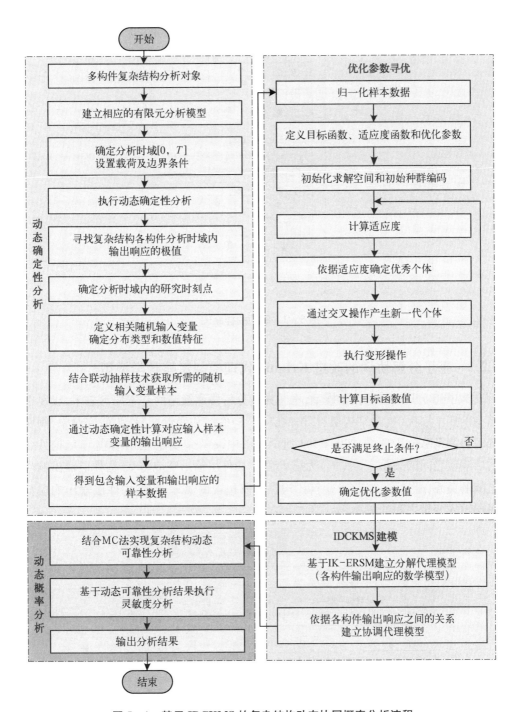

图 5-1　基于 IDCKMS 的复杂结构动态协同概率分析流程

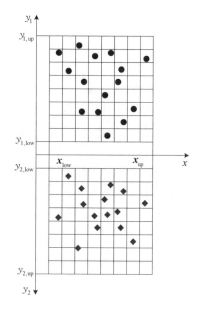

图 5 - 2　联动抽样原理

5.2.2　基于分解协调的改进 Kriging 代理模型策略数学模型

为了建立 IDCKMS 数学模型,本节先从分解协调策略的基本原理着手,以复杂结构的四个层次(复杂结构层、1st 构件层、2nd 构件层和变量层)作为研究对象,阐明分解协调策略分析理论,如图 5 - 3 所示。图中,$g(\cdot)$ 为总输出响应与 1st 构件层输出响应之间的关系,$g^{(z_1)}(\cdot)$ 为第 z_1 个 1st 构件层输出响应与 2nd 构件层输出响应之间的关系,$g^{(z_1 z_2)}(\cdot)$ 为第 z_1 个 1st 构件层所包含的第 z_2 个 2nd 构件层输出响应与底层输入变量之间的关系。

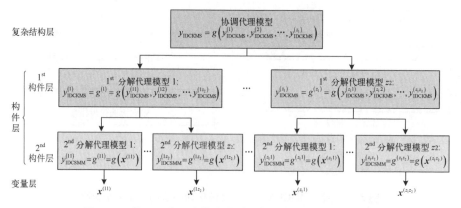

图 5 - 3　基于四个层次的多构件结构分解与协调策略原理

由图 5 - 3 可知,四层复杂结构包含 $z_1(z_1 \in Z)$ 个 1st 构件层和 $z_2(z_2 \in Z)$ 个 2nd 构件层,则复杂结构的总输出响应可表示为

$$y_{\text{IDCKMS}} = g(\boldsymbol{x}) = g\big[g^{(1)}(\boldsymbol{x}),\ g^{(2)}(\boldsymbol{x}),\ \cdots,\ g^{(z_1)}(\boldsymbol{x}) \big] \tag{5-1}$$

即

$$y_{\text{IDCKMS}} = g\big(y_{\text{IDCKMS}}^{(1)},\ y_{\text{IDCKMS}}^{(2)},\ \cdots,\ y_{\text{IDCKMS}}^{(\bar{j})},\ \cdots,\ y_{\text{IDCKMS}}^{(z_1)} \big) \tag{5-2}$$

式中, $y_{\text{IDCKMS}}^{(\bar{j})}(\bar{j} = 1,\ 2,\ \cdots,\ z_1)$ 为第 $\bar{j}$ 个 1st 构件层的分解代理模型,即

$$y_{\text{IDCKMS}}^{(\bar{j})} = g^{(\bar{j})}\big(y_{\text{IDCKMS}}^{(\bar{j}1)},\ y_{\text{IDCKMS}}^{(\bar{j}2)},\ \cdots,\ y_{\text{IDCKMS}}^{(\bar{j}\bar{k})},\ \cdots,\ y_{\text{IDCKMS}}^{(\bar{j}z_2)} \big) \tag{5-3}$$

式中, $y_{\text{IDCKMS}}^{(\bar{j}\bar{k})}(\bar{k} = 1,\ 2,\ \cdots,\ z_2)$ 为第 $\bar{j}$ 个 1st 构件层所包含的第 $\bar{k}$ 个 2nd 构件层的分解代理模型,其可表示为

$$y_{\text{IDCKMS}}^{(\bar{j}\bar{k})} = g^{(\bar{j}\bar{k})}(\boldsymbol{x}^{(\bar{j}\bar{k})}) \tag{5-4}$$

式中, $\boldsymbol{x}^{(\bar{j}\bar{k})}$ 为第 $\bar{j}$ 个 1st 构件层所包含的第 $\bar{k}$ 个 2nd 构件层输出响应相关的底层输入变量向量; $\boldsymbol{x}$ 为所有 $\boldsymbol{x}^{(\bar{j}\bar{k})}$ 按照一定顺序的重组。

结合 IDCKMS 的数学模型 $y_{\text{IDCKMS}}(\boldsymbol{x})$,其形式可用 IK - ERSM 模型描述,则第 $\bar{j}$ 个 1st 构件层所包含的第 $\bar{k}$ 个 2nd 构件层的分解代理模型为

$$
\begin{aligned}
& y_{\text{IDCKMS}}^{(\bar{j}\bar{k})}(\boldsymbol{x}^{(\bar{j}\bar{k})}) = a^{(\bar{j}\bar{k})} + \boldsymbol{b}^{(\bar{j}\bar{k})} \boldsymbol{x}^{(\bar{j}\bar{k})} + (\boldsymbol{x}^{(\bar{j}\bar{k})})^{\mathrm{T}} \boldsymbol{c}^{(\bar{j}\bar{k})} \boldsymbol{x}^{(\bar{j}\bar{k})} + z(\boldsymbol{x}^{(\bar{j}\bar{k})}) \\
& \boldsymbol{b}^{(\bar{j}\bar{k})} = \begin{pmatrix} b_1^{(\bar{j}\bar{k})} & b_2^{(\bar{j}\bar{k})} & \cdots & b_{n''}^{(\bar{j}\bar{k})} \end{pmatrix} \\
& \boldsymbol{c}^{(\bar{j}\bar{k})} = \begin{pmatrix}
c_{11}^{(\bar{j}\bar{k})} & c_{12}^{(\bar{j}\bar{k})} & \cdots & c_{1n''}^{(\bar{j}\bar{k})} \\
c_{21}^{(\bar{j}\bar{k})} & c_{22}^{(\bar{j}\bar{k})} & \cdots & c_{2n''}^{(\bar{j}\bar{k})} \\
\vdots & \vdots & & \vdots \\
c_{n''1}^{(\bar{j}\bar{k})} & c_{n''2}^{(\bar{j}\bar{k})} & \cdots & c_{n''n''}^{(\bar{j}\bar{k})}
\end{pmatrix} \\
& \boldsymbol{x}^{(\bar{j}\bar{k})} = \begin{pmatrix} x_1^{(\bar{j}\bar{k})} & x_2^{(\bar{j}\bar{k})} & \cdots & x_{n''}^{(\bar{j}\bar{k})} \end{pmatrix}^{\mathrm{T}}
\end{aligned} \tag{5-5}
$$

式中, $a^{(\bar{j}\bar{k})}$、$\boldsymbol{b}^{(\bar{j}\bar{k})}$ 和 $\boldsymbol{c}^{(\bar{j}\bar{k})}$ 分别为第 $\bar{j}$ 个 1st 构件层所包含的第 $\bar{k}$ 个 2nd 构件层分解代理模型的常数项系数、一次项系数向量和二次项系数矩阵; n'' 为第 $\bar{j}$ 个 1st 构件层所包含的第 $\bar{k}$ 个 2nd 构件层涉及的底层输入变量个数。

将第 $\bar{j}$ 个 1st 构件层所包含的 2nd 构件层相关的输出响应作为 1st 构件层的输入变量 $\boldsymbol{x}^{(\bar{j})}$，即

$$\boldsymbol{x}^{(\bar{j})} = \{ y_{IDCKMS}^{(\bar{j}\bar{k})}(\boldsymbol{x}^{(\bar{j}\bar{k})}) \} \tag{5-6}$$

则第 $\bar{j}$ 个 1st 构件层的分解代理模型为

$$y_{IDCKMS}^{(\bar{j})}(\boldsymbol{x}^{(\bar{j})}) = g^{(\bar{j})}(\boldsymbol{x}^{(\bar{j})}) = a^{(\bar{j})} + \boldsymbol{b}^{(\bar{j})}\boldsymbol{x}^{(\bar{j})} + (\boldsymbol{x}^{(\bar{j})})^{T}\boldsymbol{c}^{(\bar{j})}\boldsymbol{x}^{(\bar{j})} + z(\boldsymbol{x}^{(\bar{j})})$$

$$\boldsymbol{b}^{(\bar{j})} = \begin{pmatrix} b_1^{(\bar{j})} & b_2^{(\bar{j})} & \cdots & b_{n'}^{(\bar{j})} \end{pmatrix}$$

$$\boldsymbol{c}^{(\bar{j})} = \begin{pmatrix} c_{11}^{(\bar{j})} & c_{12}^{(\bar{j})} & \cdots & c_{1n'}^{(\bar{j})} \\ c_{21}^{(\bar{j})} & c_{22}^{(\bar{j})} & \cdots & c_{2n'}^{(\bar{j})} \\ \vdots & \vdots & & \vdots \\ c_{n'1}^{(\bar{j})} & c_{n'2}^{(\bar{j})} & \cdots & c_{n'n'}^{(\bar{j})} \end{pmatrix}$$

$$\boldsymbol{x}^{(\bar{j})} = \begin{pmatrix} x_1^{(\bar{j})} & x_2^{(\bar{j})} & \cdots & x_{n'}^{(\bar{j})} \end{pmatrix}^{T} \tag{5-7}$$

式中，$a^{(\bar{j})}$、$\boldsymbol{b}^{(\bar{j})}$ 和 $\boldsymbol{c}^{(\bar{j})}$ 分别为第 $\bar{j}$ 个 1st 构件层分解代理模型的常数项系数、一次项系数向量和二次项系数矩阵；n' 为第 $\bar{j}$ 个 1st 构件层所涉及的底层输入变量个数。

同理，将 1st 构件层所涉及的输出响应作为输入变量 $\boldsymbol{x}$，即

$$\boldsymbol{x} = \{ y_{IDCKMS}^{(\bar{j})}(\boldsymbol{x}^{(\bar{j})}) \} \tag{5-8}$$

则复杂结构的协调代理模型（功能函数）为

$$y_{IDCKMS}(\boldsymbol{x}) = g(\boldsymbol{x}) = a + \boldsymbol{b}\boldsymbol{x} + \boldsymbol{x}^{T}\boldsymbol{c}\boldsymbol{x} + z(\boldsymbol{x}) \tag{5-9}$$

通过上述分析，可以建立由多个构件组成的复杂结构的各构件研究目标的分解代理模型，以及总研究目标的协调代理模型（功能函数），进而为复杂结构动态概率分析提供支撑。

5.2.3   基于分解协调的改进 Kriging 代理模型策略动态协同概率分析原理

基于多构件复杂结构协调代理模型式（5-9），其极限状态函数可写为

$$h_{IDCKMS}(\boldsymbol{x}) = y_{allow} - y_{IDCKMS}(\boldsymbol{x}) \tag{5-10}$$

　　进而,依据4.2.3节中改进一次二阶矩法实现多构件复杂结构同一失效模式动态协同可靠性分析,结合可靠性分析结果,依据基于均值的灵敏度和影响概率理论完成其灵敏度分析。

5.2.4　算例分析

　　以航空发动机高压涡轮叶盘(由叶片和轮盘装配而成)为例,考虑流体、热及结构多物理场载荷作用,对其径向变形动态协同可靠性及灵敏度进行研究,加以验证IDCKMS的有效性。

　　1. 高压涡轮叶盘径向变形动态确定性分析

　　以由叶片和轮盘装配而成的航空发动机高压涡轮叶盘作为研究对象,考虑流-热-固耦合作用,实现其径向变形动态确定性分析。首先,建立高压涡轮叶盘和流场的三维模型和有限元模型,如图5-4和图5-5所示。为了减轻计算负担,选取其1/48作为分析对象,其流程模型为仅包含一个叶盘的扇形区域。

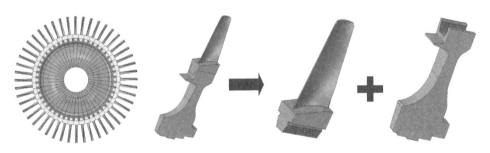

(a) 高压涡轮叶盘三维模型

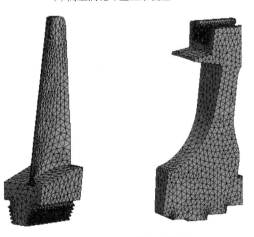

(b) 高压涡轮叶盘有限元模型

图5-4　高压涡轮叶盘三维模型和有限元模型

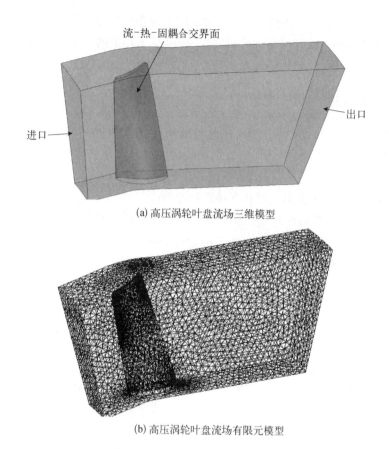

(a) 高压涡轮叶盘流场三维模型

(b) 高压涡轮叶盘流场有限元模型

图 5 - 5　高压涡轮叶盘流场三维模型和有限元模型

由图 5 - 4 和图 5 - 5 可知,高压涡轮叶盘及流场有限元模型由四面体单元组成,其分别包括 132 310 个节点、82 436 个单元和 472 930 个节点、338 917 个单元。

在建立的高压涡轮叶盘和流场有限元模型的基础上,确定分析时域$[0\ \mathrm{s},215\ \mathrm{s}]$的相关设置参数,高压涡轮叶盘材料为 GH4133,其具体参数参见 3.4.4 节,进口压力为 $2×10^6$ Pa,出口压力为 $5.88×10^5$ Pa。此外,高压涡轮叶盘进口流速、燃气温度和转速随时间变化曲线如图 5 - 6 所示。

利用耦合方法对高压涡轮叶盘的径向变形进行多物理场耦合动态确定性分析,得到高压涡轮叶片和轮盘的径向变形在分析时域内的变化规律如图 5 - 7 所示。由图可以看出,高压涡轮叶片和轮盘的径向变形最大值同时出现在爬升阶段,因此选取 $t=190$ s 作为研究时刻点。

对应研究时刻点的高压涡轮叶盘流-热-固耦合交界面的压力分布、高压涡轮叶盘温度分布和高压涡轮叶盘径向变形分布如图 5 - 8 ~ 图 5 - 10 所示。由图

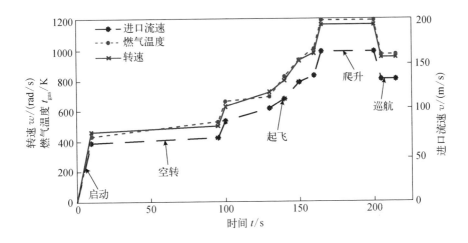

图 5 - 6　高压涡轮叶盘进口流速、燃气温度和转速随时间变化曲线

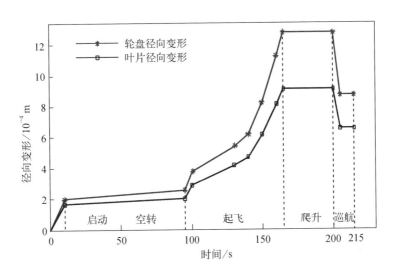

图 5 - 7　高压涡轮叶片和轮盘径向变形随时间变化曲线

5 - 10 可以看出，高压涡轮叶片的径向变形最大值出现在叶尖部位，轮盘的径向变形最大值出现在轮盘顶端，因此在后续获取样本数据过程中以这两个部位作为研究对象。

2. 基于 IDCKMS 的高压涡轮叶盘径向变形建模

结合工程实际和前期研究基础，选取高压涡轮叶盘的进口流速 v、进口压力 p_{in}、出口压力 p_{out}、燃气温度 t_{gas}、密度 ρ 和转速 w 作为随机输入变量，它们均服从正态分布且相互独立，数值特性如表 5 - 1 所示。

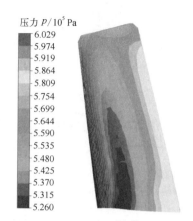

图 5 - 8　高压涡轮叶盘流-热-固耦合交界面的压力分布

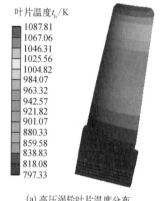

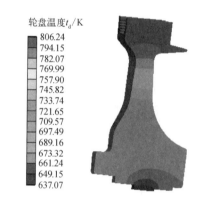

(a) 高压涡轮叶片温度分布　　　　　　　　　(b) 高压涡轮轮盘温度分布

图 5 - 9　高压涡轮叶盘温度分布

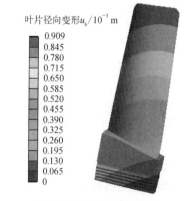

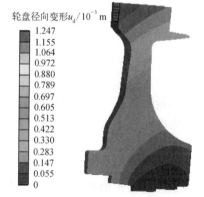

(a) 高压涡轮叶片径向变形分布　　　　　　(b) 高压涡轮轮盘径向变形分布

图 5 - 10　高压涡轮叶盘径向变形分布

表 5-1　高压涡轮叶盘径向变形相关随机输入变量数值特征

输　入　变　量	均　值	标　准　差
$v/(\mathrm{m/s})$	160	3.2
$p_{\mathrm{in}}/\mathrm{Pa}$	2×10^6	6×10^4
$p_{\mathrm{out}}/\mathrm{Pa}$	5.88×10^5	1.76×10^4
$t_{\mathrm{gas}}/\mathrm{K}$	1 200	24
$\rho/(\mathrm{kg/m^3})$	8 560	171.2
$w/(\mathrm{rad/s})$	1 168	23.36

　　依据表 4-9 中随机输入变量数值特征和分布类别,获取其 60 组样本,通过执行多次动态确定性分析,同时获取对应输入样本的高压涡轮叶片和轮盘径向变形,组成 60 组样本数据。其中,40 组样本数据作为训练样本,用于建立 IDCKMS 模型,其余 20 组样本数据作为测试样本,以实现 IDCKMS 模型验证。

　　利用 40 组训练样本数据,结合遗传算法寻优流程(具体可参见 3.3 节相关内容)实现极大似然函数的求解,获取 Kriging 模型的超参数,其进化曲线如图 5-11 所示。由图可以看出,随着迭代次数的增加,目标函数值逐渐减小,当迭代次数为 62 时,轮盘和叶片的目标函数最小值分别为 0.067 5 和 0.063 7,进而得到对应的 Kriging 模型的超参数。

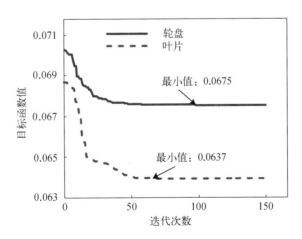

图 5-11　基于遗传算法的目标函数寻优进化曲线

　　在此基础上,可确定高压涡轮叶片和轮盘径向变形分解代理模型的待定系数,分别如式(5-11)和式(5-12)所示:

$$a^{(\mathrm{b})} = -\,0.274\,7$$

$$b^{(\mathrm{b})} = (\,0.013\,6 \quad 0.003\,4 \quad -\,0.025\,7 \quad 0.030\,0 \quad 0.903\,0 \quad 0.179\,5\,)$$

$$c^{(\mathrm{b})} = \begin{pmatrix} 0.012\,6 & 0.036\,8 & -\,0.006\,1 & 0.015\,3 & -\,0.033\,6 & 0.028\,1 \\ 0.036\,8 & 0.100\,5 & -\,0.010\,6 & 0.009\,8 & -\,0.026\,7 & 0.025\,8 \\ -\,0.006\,1 & -\,0.010\,6 & 0.087\,4 & 0.004\,7 & 0.010\,9 & 1.853\,9 \times 10^{-4} \\ 0.015\,3 & 0.009\,8 & 0.004\,7 & 0.076\,9 & -\,0.003\,2 & -\,0.006\,5 \\ -\,0.033\,6 & -\,0.026\,7 & 0.010\,9 & -\,0.003\,2 & -\,0.011\,8 & -\,0.004\,4 \\ 0.028\,1 & 0.025\,8 & 1.853\,9 \times 10^{-4} & -\,0.006\,5 & -\,0.004\,4 & 0.026\,5 \end{pmatrix}$$

$$\theta^{(\mathrm{b})} = (\,0.1 \quad 0.1 \quad 2.486\,8 \quad 2.203\,7 \quad 3.941 \quad 18.370\,5\,)$$

$$R^{(\mathrm{b})} = \begin{pmatrix} 1 & 2.086\,4 \times 10^{-30} & \cdots & 1.123\,7 \times 10^{-4} \\ 2.086\,4 \times 10^{-30} & 1 & \cdots & 1.076\,9 \times 10^{-47} \\ \vdots & \vdots & & \vdots \\ 1.123\,7 \times 10^{-4} & 1.076\,9 \times 10^{-47} & \cdots & 1 \end{pmatrix}$$

$$r^{(\mathrm{b})} = (\,0.036\,5 \quad 0.006\,6 \quad -\,0.385\,8 \quad \cdots \quad -\,0.327\,7 \quad 0.147\,3 \quad) \tag{5-11}$$

$$a^{(\mathrm{d})} = 0.183\,0$$

$$b^{(\mathrm{d})} = (\,-\,0.153\,6 \quad -\,0.061\,9 \quad 0.027\,4 \quad 0.070\,4 \quad 0.719\,5 \quad 0.488\,2\,)$$

$$c^{(\mathrm{d})} = \begin{pmatrix} -\,0.047\,9 & -\,0.003\,2 & -\,0.016\,3 & 0.060\,4 & 0.052\,3 & -\,0.007\,9 \\ -\,0.003\,2 & -\,0.122\,3 & 0.020\,7 & -\,0.005\,9 & 0.026\,2 & -\,0.020\,6 \\ -\,0.016\,3 & 0.020\,7 & -\,0.057\,3 & -\,0.016\,3 & -\,0.043\,3 & 0.029\,2 \\ 0.060\,4 & -\,0.005\,9 & -\,0.016\,3 & -\,0.039\,3 & -\,0.009\,8 & -\,0.001\,5 \\ 0.052\,3 & 0.026\,2 & -\,0.043\,3 & -\,0.009\,8 & 0.072\,6 & 0.008\,0 \\ -\,0.007\,9 & -\,0.020\,6 & 0.029\,2 & -\,0.001\,5 & 0.008\,0 & -\,0.015\,4 \end{pmatrix}$$

$$\theta^{(\mathrm{d})} = (\,0.1 \quad 0.1 \quad 2.500\,8 \quad 2.211\,1 \quad 3.927\,5 \quad 18.383\,7 \quad)$$

$$R^{(\mathrm{d})} = \begin{pmatrix} 1 & 3.122\,2 \times 10^{-43} & \cdots & 8.963\,8 \times 10^{-12} \\ 3.122\,2 \times 10^{-43} & 1 & \cdots & 2.432\,6 \times 10^{-69} \\ \vdots & \vdots & & \vdots \\ 8.963\,8 \times 10^{-12} & 2.432\,6 \times 10^{-69} & \cdots & 1 \end{pmatrix}$$

$$r^{(\mathrm{d})} = (\,0.130\,8 \quad -\,0.285\,5 \quad 0.540\,5 \quad \cdots \quad -\,0.378\,6 \quad 0.036\,1\,) \tag{5-12}$$

结合式(5-11)和式(5-12)相关待定参数,高压涡轮叶片和轮盘径向变形分解代理模型可用式(5-13)和式(5-14)描述:

$$y_{\mathrm{IDCKMS}}^{(\mathrm{b})}(x^{(\mathrm{b})}) = a^{(\mathrm{b})} + b^{(\mathrm{b})} x^{(\mathrm{b})} + (x^{(\mathrm{b})})^{\mathrm{T}} c^{(\mathrm{b})} x^{(\mathrm{b})} + Z(x^{(\mathrm{b})}) \tag{5-13}$$

$$y_{\mathrm{IDCKMS}}^{(\mathrm{d})}(x^{(\mathrm{d})}) = a^{(\mathrm{d})} + b^{(\mathrm{d})} x^{(\mathrm{d})} + (x^{(\mathrm{d})})^{\mathrm{T}} c^{(\mathrm{d})} x^{(\mathrm{d})} + Z(x^{(\mathrm{d})}) \tag{5-14}$$

高压涡轮叶盘径向变形为叶片和轮盘径向变形之和,则协调代理模型可表示为

$$y_{\text{IDCKMS}}(\boldsymbol{x}) = y_{\text{IDCKMS}}^{(b)}(\boldsymbol{x}^{(b)}) + y_{\text{IDCKMS}}^{(d)}(\boldsymbol{x}^{(d)}) \tag{5-15}$$

3. 高压涡轮叶盘径向变形动态协同概率分析

基于高压涡轮叶盘径向变形的协调代理模型(功能函数),利用 MC 法进行 10 000 次模拟,计算其可靠度,其仿真历史和分布直方图如图 5-12 所示。

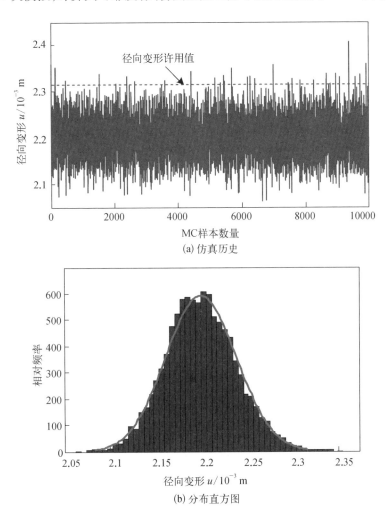

图 5-12　高压涡轮叶盘径向变形仿真历史和分布直方图

由图 5-12 可知,高压涡轮叶盘径向变形服从均值为 2.200×10^{-3} m、标准差为 3.967×10^{-5} m 的正态分布,当其许用值为 2.319×10^{-3} m 时,可靠度为 0.997 6。

依据动态可靠性分析结果,采用改进一次二阶矩法对其开展基于均值的灵敏度分析,高压涡轮叶盘径向变形灵敏度分析结果如表 5 - 2 和图 5 - 13 所示。

表 5 - 2　随机输入变量对高压涡轮叶盘径向变形的灵敏度和影响概率

输入变量	v	p_{in}	p_{out}	ρ	t_{gas}	w
$S_d/10^{-4}$	0.555 4	0.023 2	−0.102 8	0.142 3	6.659 8	1.800 7
$I_p/\%$	5.98	0.24	1.11	1.53	71.73	19.41

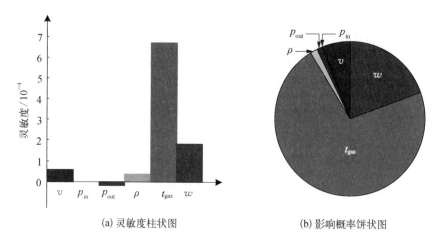

(a) 灵敏度柱状图　　　　　　　　(b) 影响概率饼状图

图 5 - 13　高压涡轮叶盘径向变形灵敏度分析结果

由表 5 - 2 和图 5 - 13 可知,随着高压涡轮叶盘进口流速、进口压力、密度、燃气温度和转速的增大,其径向变形增大,而随着出口压力的增大,其径向变形减小;影响高压涡轮叶盘径向变形的最主要的因素为燃气温度,其次分别为转速、进口流速、密度、出口压力和进口压力。

5.3　复杂结构动态协同概率分析的基于分解协调的改进极值 Kriging 方法

为了有效处理遗传算法过早熟的问题,进一步提高复杂结构多构件同一失效模式动态协同概率分析精度,本节介绍 E2K - DCF,同样通过航空发动机高压涡轮叶盘(包括叶片和轮盘)径向变形动态协同可靠性及灵敏度分析对其有效性进行验证。

5.3.1　基于分解协调的改进极值 Kriging 方法基本思想

E2K‑DCF 的目的是克服 IDCKMS 中遗传算法超参数寻优过程中过早熟的问题,在保证计算效率的前提条件下,提高多构件同一失效模式动态协同概率分析的精度。该方法将 ERSM、Kriging 模型、多种群遗传算法和分解协调策略有效融合,借助多种群遗传算法全局和局部的搜索能力实现 Kriging 模型高斯随机过程超参数寻优,结合 ERSM 处理复杂结构动态时变历程,而分解协调策略主要作用是协调多个构件之间的关系。E2K‑DCF 的复杂结构动态协同概率分析流程如图5‑14所示。

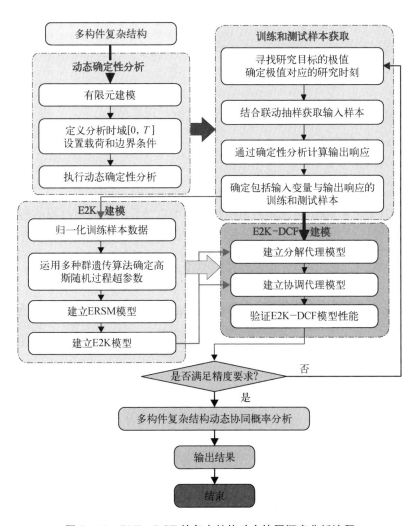

图 5‑14　E2K‑DCF 的复杂结构动态协同概率分析流程

由图 5-14 可知,E2K-DCF 的复杂结构动态协同概率分析流程与 IDCKMS 的复杂结构动态协同概率分析流程基本类似,其主要区别为超参数寻优所采用的方法不同。IDCKMS 是结合遗传算法实现极大似然函数的求解,而 E2K-DCF 是运用多种群遗传算法确定高斯随机过程超参数。此外,在 E2K-DCF 模型验证的过程中采用交叉验证方法,其原理将在 5.4.2 节阐述。

5.3.2　基于分解协调的改进极值 Kriging 方法数学模型

E2K-DCF 数学模型为复杂结构多构件同一失效模式的协调代理模型,本节以三层结构框架(复杂结构层、构件层和变量层)为例,说明其数学模型建立原理。E2K-DCF 数学模型(协调代理模型)可用式(5-16)描述:

$$y_{\text{E2K-DCF}}(\boldsymbol{x}) = g\left[y_{\text{E2K}}^{(1)}(\boldsymbol{x}^{(1)}),\ y_{\text{E2K}}^{(2)}(\boldsymbol{x}^{(2)}),\ \cdots,\ y_{\text{E2K}}^{(\bar{j})}(\boldsymbol{x}^{(\bar{j})}),\ \cdots y_{\text{E2K}}^{(z_1)}(\boldsymbol{x}^{(z_1)}) \right] \tag{5-16}$$

式中,$y_{\text{E2K}}^{(\bar{j})}(\boldsymbol{x}^{(\bar{j})})$ 为第 $\bar{j}$ 个构件输出响应的分解代理模型。

$y_{\text{E2K}}^{(\bar{j})}(\boldsymbol{x}^{(\bar{j})})$ 可表示为

$$y_{\text{E2K}}^{(\bar{j})}(\boldsymbol{x}^{(\bar{j})}) = y_{\text{ERSM}}^{(\bar{j})}(\boldsymbol{x}^{(\bar{j})}) + z^{(\bar{j})}(\boldsymbol{x}^{(\bar{j})}) \tag{5-17}$$

结合训练样本数据,运用多种群遗传算法可以计算随机高斯过程的超参数,进而获取式(5-17)的待定系数,确定各构件输出响应与相关输入变量的关系(分解代理模型)。在此基础上,依据各构件输出响应之间的关系,建立协调代理模型式(5-16),确定总输出响应与底层变量之间的关系方程。

5.3.3　基于分解协调的改进极值 Kriging 方法动态协同概率分析原理

利用多构件复杂结构的协调代理模型(功能函数),可构建其极限状态函数为

$$h_{\text{E2K-DCF}}(\boldsymbol{x}) = y_{\text{allow}} - y_{\text{E2K-DCF}}(\boldsymbol{x}) \tag{5-18}$$

与 IDCKMS 类似,分别结合 MC 法和基于均值的灵敏度与影响概率实现复杂结构动态协同概率分析。

5.3.4　算例分析

通过考虑流-热-固耦合作用条件下的航空发动机高压涡轮叶盘(由叶片和轮盘装配而成)径向变形动态协同概率分析,开展 E2K-DCF 有效性验证。

1. 高压涡轮叶盘径向变形动态确定性分析

以 1/48 高压涡轮叶盘(包括 1 个叶片和 1/48 轮盘)作为分析对象,高压涡轮叶盘和流场的三维模型和有限元模型如图 5 - 4 和图 5 - 5 所示;在建立有限元模型的基础上,设置分析时域内的边界条件和载荷,具体可参见 5.2.4 节内容;进而,运用耦合法实现高压涡轮叶片和轮盘径向变形动态确定性分析,其在分析时域内的变化规律参见图 5 - 7。由高压涡轮叶片和轮盘径向变形变化曲线可知,其最大值出现在爬升阶段,即分析时域[165 s, 200 s],本案例选取 $t = 200$ s 作为研究时刻点进行动态概率分析,此时对应的高压涡轮叶盘流-热-固耦合交界面的压力、温度和径向变形分布云图可用图 5 - 8~图 5 - 10 进行描述。由分布云图可以看出,高压涡轮叶盘的径向变形最大值分别出现在叶尖部位和轮盘顶端,因此选取这两个部位作为研究对象。

2. 基于 E2K - DCF 的高压涡轮叶盘径向变形建模

由于材料参数及运行参数具有随机性,结合前期研究及工程实际,选取进口流速 v、出口压力 p_{out}、燃气温度 t_{gas}、转速 w 和密度 ρ 作为随机输入变量,其分布数值特征如表 5 - 3 所示。

表 5 - 3　高压涡轮叶盘径向变形随机输入变量数值特征

输　入　变　量	分　布　类　型	数　值　特　征	
		均　　　值	标　准　差
$v/(m/s)$	正态分布	160	8
p_{out}/Pa	正态分布	588 000	58 800
t_{gas}/K	正态分布	1 200	72
$w/(rad/s)$	正态分布	1 168	58.4
$\rho/(kg/m^3)$	正态分布	8 560	770.4

基于表 5 - 3 中随机输入变量分布数值特征,采用联动抽样获取 150 组输入样本数据,通过动态确定性分析获取高压涡轮叶片和轮盘的径向变形极值(最大值),组合形成 150 组样本数据。其中,50 组样本作为训练样本,用于建立分解及协调代理模型,其余 100 组样本作为测试样本,以实现模型验证。

结合 50 组训练样本数据,并将其进行归一化处理,利用多种群遗传算法对高压涡轮叶片和轮盘的目标函数进行求解,计算获取其目标函数最小值以及对应的超参数,即高压涡轮叶片目标函数的最小值为 $6.961\,8 \times 10^{-6}$、超参数 $\boldsymbol{\theta}^{(b)} = (0.233\,7, 0.108\,3, 1.103\,3, 0.240\,6, 0.136\,2)$,高压涡轮轮盘目标函数的最小值为 $7.858\,9 \times 10^{-6}$、超参数 $\boldsymbol{\theta}^{(d)} = (0.164\,4, 0.170\,8, 0.643\,2, 12.979\,1, 0.235\,4)$。基于多种群遗传算法的超参数寻优进化曲线如图 5 - 15 所示。

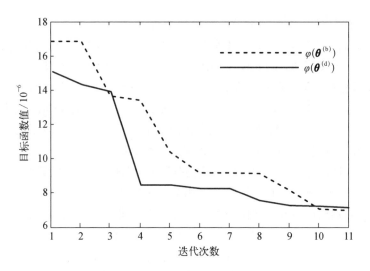

图 5 - 15   基于多种群遗传算法的超参数寻优进化曲线

  基于获取的高压涡轮叶片和轮盘超参数 $\boldsymbol{\theta}^{(\mathrm{b})}$ 和 $\boldsymbol{\theta}^{(\mathrm{d})}$，可计算分解代理模型涉及的待定系数，在此基础上，建立高压涡轮叶片和轮盘径向变形的分解协调代理模型，如式(5-19)和式(5-20)所示：

$$
\begin{aligned}
y_{\text{E2K-DCF}}^{(\mathrm{b})}(v, p_{\text{out}}, t_{\text{gas}}, \rho, w) =\ & 9.950\,1 \times 10^{-2} - 6.031\,1 \times 10^{-2} v - 7.821\,9 \times 10^{-3} p_{\text{out}} \\
& + 0.997\,9 t_{\text{gas}} + 0.116\,5\rho + 0.148\,4 w + 7.288\,3 \times 10^{-2} v^2 \\
& - 1.759\,2 \times 10^{-2} v p_{\text{out}} - 1.644\,1 \times 10^{-2} v t_{\text{gas}} + 5.434\,8 \times 10^{-2} v\rho \\
& + 5.602\,9 \times 10^{-2} v w - 2.625\,2 \times 10^{-3} p_{\text{out}}^2 + 5.422\,2 \times 10^{-3} p_{\text{out}} t_{\text{gas}} \\
& - 1.641\,8 \times 10^{-2} p_{\text{out}}\rho + 1.095\,7 \times 10^{-2} p_{\text{out}} w - 7.477\,9 \times 10^{-2} t_{\text{gas}}^2 \\
& + 4.104\,1 \times 10^{-4} t_{\text{gas}}\rho - 8.012\,7 \times 10^{-3} t_{\text{gas}} w - 2.708\,4 \times 10^{-2} \rho^2 \\
& + 4.808\,5 \times 10^{-2} \rho w - 1.979\,3 \times 10^{-3} w^2 + z^{(\mathrm{b})}(v, p_{\text{out}}, \rho, t_{\text{gas}}, w) \\
z^{(\mathrm{b})}(v, p_{\text{out}}, t_{\text{gas}}, \rho, w) =\ & (0.030\,7, 0.215\,8, \cdots, -0.194\,5)_{1 \times 50} \qquad\qquad (5-19)
\end{aligned}
$$

$$
\begin{aligned}
y_{\text{E2K-DCF}}^{(\mathrm{d})}(v, p_{\text{out}}, t_{\text{gas}}, \rho, w) =\ & -8.363\,5 \times 10^{-2} - 6.665\,4 \times 10^{-3} v + 1.412\,7 \times 10^{-4} p_{\text{out}} \\
& + 0.771\,6 t_{\text{gas}} + 0.385\,3\rho + 0.475\,0 w + 6.468\,9 \times 10^{-2} v^2 \\
& - 4.044\,2 \times 10^{-2} v p_{\text{out}} - 1.295\,5 \times 10^{-2} v t_{\text{gas}} + 1.128\,0 \times 10^{-2} v\rho \\
& + 6.917\,9 \times 10^{-2} v w + 1.660\,9 \times 10^{-2} p_{\text{out}}^2 + 1.861\,9 \times 10^{-2} p_{\text{out}} t_{\text{gas}} \\
& - 1.457\,3 \times 10^{-3} p_{\text{out}}\rho - 2.563\,2 \times 10^{-2} p_{\text{out}} w - 4.445\,8 \times 10^{-2} t_{\text{gas}}^2 \\
& - 1.116\,4 \times 10^{-2} t_{\text{gas}}\rho + 5.845\,2 \times 10^{-3} t_{\text{gas}} w + 9.804\,2 \times 10^{-3} \rho^2 \\
& + 1.608\,7 \times 10^{-2} \rho w + 7.839\,1 \times 10^{-2} w^2 + z^{(\mathrm{d})}(v, P_{\text{out}}, \rho, t_{\text{gas}}, w) \\
z^{(\mathrm{d})}(v, p_{\text{out}}, t_{\text{gas}}, \rho, w) =\ & (0.075\,5, 0.068\,0, \cdots, -0.169\,6)_{1 \times 50} \qquad\qquad (5-20)
\end{aligned}
$$

高压涡轮叶盘径向变形协调代理模型可表示为

$$
\begin{aligned}
y_{E2K\text{-}DCF}(v, p_{out}, t_{gas}, \rho, w) = {} & y_{E2K\text{-}DCF}^{(b)}(v, p_{out}, t_{gas}, \rho, w) \\
& + y_{E2K\text{-}DCF}^{(d)}(v, p_{out}, t_{gas}, \rho, w)
\end{aligned} \tag{5-21}
$$

3. 高压涡轮叶盘径向变形动态协同概率分析

结合高压涡轮叶盘径向变形的协调代理模型(E2K - DCF 模型),建立其极限状态函数,即

$$
h_{E2K\text{-}DCF}(v, p_{out}, t_{gas}, \rho, w) = y_{allow} - y_{E2K\text{-}DCF}(v, p_{out}, t_{gas}, \rho, w) \tag{5-22}
$$

在评估高压涡轮叶盘径向变形可靠性水平之前,首先通过执行不同次数 MC 模拟(10^3、10^4、10^5、3×10^5、5×10^5、10^6 和 2×10^6)进行收敛性分析[166],可供选用的抽样策略有很多,如随机抽样、分层抽样、Sobol 抽样等[167-169],该案例采用随机抽样进行 MC 模拟计算高压涡轮叶盘径向变形的失效概率,其收敛性分析结果如图 5 - 16 所示。由图可以看出,当仿真次数小于 10^6 时,高压涡轮叶盘径向变形失效概率具有较大的波动性;当仿真次数大于 10^6 时,高压涡轮叶盘径向变形失效概率逐渐收敛于常数 0.002 3。

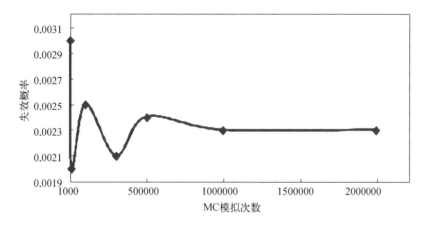

图 5 - 16 　不同 MC 模拟次数下的高压涡轮叶盘径向变形失效概率收敛性分析结果

综合上述收敛性分析结果,选取 10^6 次 MC 模拟结果作为高压涡轮叶盘径向变形动态可靠性分析结果,其仿真历史及分布直方图如图 5 - 17 所示。由图可以看出,高压涡轮叶盘径向变形服从均值为 $2.288\ 4\times10^{-3}$ m、标准差为 $1.062\ 7\times10^{-4}$ m 的正态分布。当高压涡轮叶盘径向变形许用值为 $2.607\ 2\times10^{-3}$ m 时,执行 10^6 次 MC 模拟其失效样本数出现 2 300 次,因此失效概率为 0.002 3,可靠度为 0.997 7。

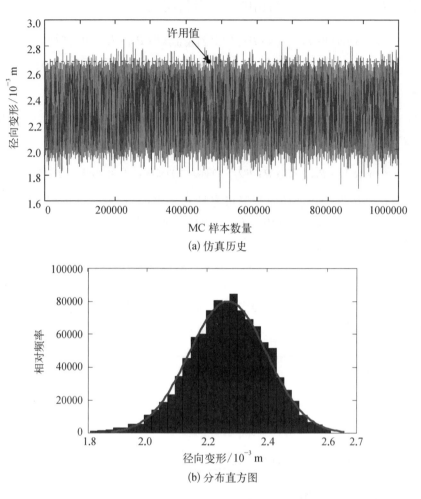

(a) 仿真历史

(b) 分布直方图

图 5 - 17　高压涡轮叶盘径向变形仿真历史和分布直方图

　　进而,开展基于均值的高压涡轮叶盘径向变形灵敏度分析,其分析结果如表 5 - 4 和图 5 - 18 所示。

表 5 - 4　随机输入变量对高压涡轮叶盘径向变形的灵敏度和影响概率

随机变量	v	P_{out}	t_{gas}	w	ρ
$S_d/10^{-4}$	2.425 3	−0.018 4	7.873 8	4.156 5	0.228 9
$I_p/\%$	16.50	0.13	53.55	28.27	1.56

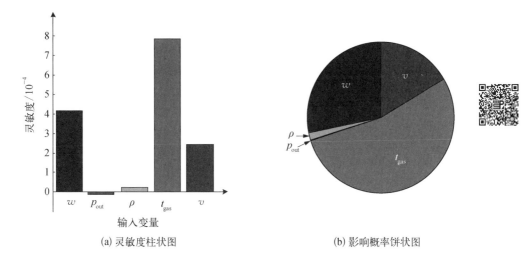

(a) 灵敏度柱状图　　　　　　　　　　　(b) 影响概率饼状图

图 5‒18　高压涡轮叶盘径向变形灵敏度分析结果

　　由表 5‒4 和图 5‒18 可以看出,高压涡轮叶盘进口流速、燃气温度、转速和密度与其径向变形呈正相关,而出口压力与高压涡轮叶盘径向变形呈负相关。此外,高压涡轮叶盘径向变形影响因素的重要性依次为燃气温度、转速、进口流速、密度和出口压力。

5.4　分解协调代理模型法可行性分析

　　本节从建模特性和仿真性能两个角度对所介绍的分解协调代理模型法(IDCKMS 和 E2K‒DCF)的可行性进行分析。

5.4.1　基于分解协调的改进 Kriging 代理模型策略可行性分析

　　1. 基于分解协调的改进 Kriging 代理模型策略建模特性

　　为了说明 IDCKMS 在建模效率和拟合精度方面的可行性,先结合 40 组训练样本,分别运用 QP‒DCSMM 和 K‒DCSMM 建立高压涡轮叶盘径向变形功能函数。再结合 20 组测试样本,通过绝对误差 E_{ab}、相对误差 E_{re} 和平均相对误差 E_{ar} 对其拟合精度进行研究,分析结果如表 5‒5 和表 5‒6 所示。其中,IDCKMS 可行性验证是在相同的计算环境下进行的,以 QP‒DCSMM 的分析结果作为参考评价拟合效果。

表 5-5　基于测试样本的 IDCKMS 建模特性分析结果

测试样本	输出响应				误差					
	$y_{true}/$ 10^{-3} m	$y_{QP}/$ 10^{-3} m	$y_K/$ 10^{-3} m	$y_{IDCKMS}/$ 10^{-3} m	$E_{ab,QP}/$ 10^{-5} m	$E_{re,QP}/$ %	$E_{ab,K}/$ 10^{-5} m	$E_{re,K}/$ %	$E_{ab,IDCKMS}/$ 10^{-5} m	$E_{re,IDCKMS}/$ %
1	2.325	2.114	2.076	2.323	21.16	9.103	24.96	10.73	2.141	0.921
2	2.206	2.208	2.235	2.212	2.292	1.039	2.851	1.292	0.595	0.269
3	2.177	2.175	2.178	2.169	1.325	0.608	0.150	0.069	0.687	0.316
4	2.161	2.148	2.138	2.135	1.257	0.582	2.269	1.050	2.636	1.219
5	2.165	2.146	2.117	2.134	1.871	0.865	4.679	2.161	3.049	1.408
6	2.219	2.228	2.229	2.244	0.912	0.411	1.005	0.452	2.482	1.118
7	2.105	2.111	2.115	2.118	5.501	2.613	0.986	0.468	1.221	0.580
8	2.284	2.274	2.276	2.282	1.003	0.439	0.716	0.313	0.230	0.101
9	2.116	2.141	2.134	2.131	2.506	1.184	1.823	0.861	1.571	0.742
10	2.096	2.160	2.136	2.139	6.417	3.062	4.024	1.919	4.293	2.048
11	2.236	2.244	2.244	2.241	8.038	3.594	0.795	0.355	0.478	0.214
12	2.291	2.281	2.299	2.285	1.061	0.463	0.808	0.352	0.595	0.259
13	2.167	2.181	2.174	2.177	1.395	0.644	0.727	0.335	1.054	0.486
14	2.203	2.215	2.219	2.214	1.203	0.546	1.567	0.711	1.051	0.477
15	2.162	2.132	2.136	2.139	2.999	1.387	2.532	1.172	2.297	1.062
16	2.198	2.203	2.190	2.189	4.819	2.192	0.808	0.368	0.924	0.420
17	2.201	2.189	2.183	2.191	1.141	0.518	1.797	0.816	0.981	0.446
18	2.249	2.226	2.224	2.225	2.341	1.041	2.478	1.102	2.463	1.095
19	2.241	2.231	2.239	2.234	0.974	0.435	0.265	0.118	0.688	0.307
20	2.183	2.190	2.194	2.183	7.552	3.459	1.118	0.512	0.038	0.017

表 5-6　基于 QP-DCSMM、K-DCSMM 和 IDCKMS 建模效率与拟合精度结果对比

方法	建模时间/s	$E_{ar}/$%	提高精度/%
QP-DCSMM	2.195	2.430	—
K-DCSMM	0.928	1.258	1.172
IDCKMS	0.434	0.675	1.755

　　由表 5-5 和表 5-6 可知,IDCKMS 的平均相对误差(0.675%)小于 QP-DCSMM 和 K-DCSMM 的平均相对误差(2.430%和 0.928%),且相对于 QP-DCSMM 和 K-DCSMM,IDCKMS 的精度提高了 1.755%和 0.583%。此外,IDCKMS 建模时间小于 QP-DCSMM 和 K-DCSMM 的建模时间,因此该方法具有较高的建模效率。

2. 基于分解协调的改进 Kriging 代理模型策略仿真性能

通过多种方法(直接模拟、QP‐DCSMM、K‐DCSMM 和 IDCKMS)对比,结合不同次数 MC 模拟(10^2、10^3 和 10^4)实现高压涡轮叶盘径向变形动态可靠性分析,从仿真效率和分析精度两个方面说明 IDCKMS 的可行性。其中,以直接模拟分析结果作为仿真性能分析评估的参考,且所有分析都是在相同的计算环境下进行的。基于直接模拟、QP‐DCSMM、K‐DCSMM 和 IDCKMS 的仿真性能分析结果如表5‐7和表5‐8所示。

表 5‐7　基于直接模拟、QP‐DCSMM、K‐DCSMM 和 IDCKMS 仿真效率分析结果

方　　法	仿真时间/s		
	10^2	10^3	10^4
直接模拟	561 600	5 724 000	—
QP‐DCSMM	1.79	6.38	16.52
K‐DCSMM	0.74	1.56	3.21
IDCKMS	0.35	0.43	0.75

由表5‐7可知,基于代理模型法(QP‐DCSMM、K‐DCSMM 和 IDCKMS)的动态可靠性分析仿真效率高于基于直接模拟的动态可靠性分析仿真效率;在三种代理模型法中,所介绍的 IDCKMS 仿真时间小于 QP‐DCSMM 和 K‐DCSMM 仿真时间。此外,随着仿真次数的增加,代理模型法在仿真效率方面的优势更加明显。

表 5‐8　基于直接模拟、QP‐DCSMM、K‐DCSMM 和 IDCKMS 分析精度

MC 样本	可　靠　度				分析精度/%		
	直接模拟	QP‐DCSMM	K‐DCSMM	IDCKMS	QP‐DCSMM	K‐DCSMM	IDCKMS
10^2	0.990 0	0.960 0	0.980 0	0.990 0	96.97	98.99	100
10^3	0.997 0	0.989 0	0.994 0	0.996 0	99.20	99.70	99.90
10^4	—	0.995 1	0.996 2	0.997 6	—	—	—

由表5‐8所示,IDCKMS 的动态可靠性分析结果与直接模拟的动态可靠性分析结果基本相近;IDCKMS 的分析精度(99.95%)优于 QP‐DCSMM 和 K‐DCSMM 的分析精度(98.09%和99.35%)。

综合上述分析结果,足以说明介绍的 IDCKMS 对于多构件复杂结构动态可靠

性及灵敏度分析的可行性。

5.4.2　基于分解协调的改进极值 Kriging 方法可行性分析

1. 基于分解协调的改进极值 Kriging 方法建模特性

为了说明 E2K - DCF 建模特性的优势,结合训练样本运用 K 折交叉验证(K-fold cross validation, KF - CV)验证其拟合特性[170]。KF - CV 分析原理为:先将训练样本平均随机分成 K 组,其中 K 的值可以取为 5、10 和 15;再将 $K-1$ 组训练样本用于建立数学模型,采用剩余的 1 组训练样本通过均方根误差(root mean square error, RMSE)评估模型的优劣,RMSE 的计算公式为

$$RMSE = \left\{ \frac{\sum_{j=1}^{m} \left[y_{\text{true},j}(\boldsymbol{x}) - y_{*,j}(\boldsymbol{x}) \right]}{m} \right\}^{1/2} \qquad (5-23)$$

本节结合 50 组训练样本,将其平均分成 5 组($K=5$),通过 E2K - DCF、基于分解协调策略的 ERSM(ERSM-based decomposed coordianted strategy, DCERSM)和 IDCKMS 建立高压涡轮叶盘(叶片和轮盘)径向变形功能函数,其交叉验证分析结果如表 5 - 9 所示。

表 5 - 9　基于 DCERSM、IDCKMS 和 E2K - DCF 交叉验证分析结果　(单位: 10^{-5} m)

验证序号	DCERSM		IDCKMS		E2K - DCF	
	$RMSE_b$	$RMSE_d$	$RMSE_b$	$RMSE_d$	$RMSE_b$	$RMSE_d$
1	0.79	1.24	0.66	0.81	0.49	0.72
2	1.28	1.61	0.87	0.95	1.07	0.84
3	0.86	0.94	0.62	0.73	0.47	0.62
4	1.38	1.14	0.84	0.93	0.83	0.76
5	1.55	1.37	1.33	1.24	1.25	1.13
均值	**1.17**	**1.26**	**0.86**	**0.93**	**0.82**	**0.81**

由表 5 - 9 可知,E2K - DCF 相对于 DCERSM 和 IDCKMS 具有更好的建模精度,其原因是基于 E2K - DCF 建立的叶片和轮盘模型的 RMSE 值(0.82×10^{-5} m 和 0.81×10^{-5} m)小于 DCERSM 和 IDCKMS 建立的叶片和轮盘模型的 RMSE 值(1.17×10^{-5} m 和 1.26×10^{-5} m、0.86×10^{-5} m 和 0.93×10^{-5} m)。

为了进一步验证 E2K - DCF 具有较好的泛化能力,将 100 组测试样本与 DCERSM 和 IDCKMS 进行对比,结合绝对误差 E_{ab} 和平均绝对误差 E_{av} 进行预测精

度分析。基于 DCERSM、IDCKMS 和 E2K‒DCF 的绝对误差曲线如图 5‒19 所示。由图可以看出,对于 100 组测试样本,E2K‒DCF 的绝对误差小于 DCERSM 和 IDCKMS 的绝对误差,说明通过该方法建立的模型具有较好的鲁棒性。此外,E2K‒DCF 的平均绝对误差(2.486 2×10^{-6} m)小于 DCERSM 和 IDCKMS 的平均绝对误差(8.114 7×10^{-6} m 和 5.103 6×10^{-6} m),并且相对于 DCERSM 和 IDCKMS,E2K‒DCF 的预测精度提高了 69.36% 和 18.07%。

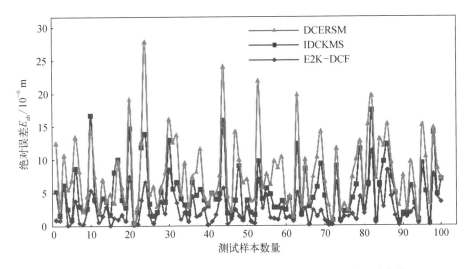

图 5‒19　基于 DCERSM、IDCKMS 和 E2K‒DCF 的绝对误差曲线

2. 基于分解协调的改进极值 Kriging 方法仿真性能

本节通过不同方法(直接模拟、DCERSM、IDCKMS 和 E2K‒DCF)结合 10^6 次 MC 模拟对高压涡轮叶盘径向变形动态可靠性进行分析,对 E2K‒DCF 的仿真性能进行分析。其中,所有验证流程都是在相同的计算环境下进行的,仿真效率评估以直接模拟作为参考,分析精度则以 E2K‒DCF 作为评估标准。基于直接模拟、DCERSM、IDCKMS 和 E2K‒DCF 的高压涡轮叶盘径向变形仿真性能分析结果如表 5‒10 所示。

表 5‒10　基于直接模拟、DCERSM、IDCKMS 和 E2K‒DCF
高压涡轮叶盘径向变形仿真性能分析

方　　法	仿真时间/s	失效概率	可靠度	分析精度/%
直接模拟	28 800	—	—	—
DCERSM	0.014 3	0.003 5	0.996 5	99.88
IDCKMS	0.007 5	0.001 6	0.998 4	99.92
E2K‒DCF	0.001 5	0.002 3	0.997 7	—

由表 5 - 10 可知,基于代理模型法(DCERSM、IDCKMS 和 E2K - DCF)的高压涡轮叶盘径向变形动态可靠性分析的仿真时间远小于基于直接模拟的高压涡轮叶盘径向变形动态可靠性分析的仿真时间,且 E2K - DCF 在仿真效率方面优于 DCERSM 和 IDCKMS;E2K - DCF 在分析精度方面优于 DCERSM 和 IDCKMS(99.88% 和 99.92%)。

因此,E2K - DCF 在建模特性和仿真性能方面具有一定的优越性,可为复杂结构多构件同一失效模式的动态概率分析提供支撑。

5.5　本章小结

为了合理有效解决由多个构件组成的复杂结构动态概率分析问题,基于本章介绍的 IK - ERSM,将分解协调策略与其有效结合介绍了 IDCKMS,通过航空发动机高压涡轮叶盘(由叶片和轮盘装配而成)径向变形动态协同可靠性分析及灵敏度分析验证该方法的有效性;为了进一步提高复杂结构动态协同概率分析的精度,将分解协调策略与基于最小二乘的改进极值 Kriging 代理模型法相结合,介绍了 E2K - DCF,并结合航空发动机高压涡轮叶盘(叶片和轮盘)径向变形动态协同可靠性分析及灵敏度分析对该方法进行了验证;最后,结合现有的结构动态概率分析方法,从建模特性和仿真性能两个角度说明了分解协调代理模型法的可行性。

不同方法对比分析可知,在建模特性方面,IDCKMS 的平均相对误差(0.675%)小于 QP - DCSMM 和 K - DCSMM 的平均相对误差(2.430%和0.928%),IDCKMS 建模时间(0.434 s)小于 QP - DCSMM 和 K - DCSMM 的建模时间(2.195 s 和0.928 s);E2K - DCF 的平均绝对误差(2.486 2×10^{-6} m)小于 DCERSM 和 IDCKMS 的平均绝对误差(8.114 7×10^{-6} m 和 5.103 6×10^{-6} m)。在仿真性能方面,IDCKMS 的分析精度(99.95%)优于 QP - DCSMM 和 K - DCSMM 的分析精度(98.09%和 99.35%),其平均仿真时间(0.51 s)小于 QP - DCSMM 和 K - DCSMM 的平均仿真时间(8.23 s 和4.60 s);E2K - DCF 的仿真时间(0.001 5 s)小于 DCERSM 和 IDCKMS 的仿真时间(0.014 3 s 和 0.007 5 s),其仿真精度高于 DCERSM 和 IDCKMS 的仿真精度(99.82%和99.92%)。

第 6 章
基于智能建模的复杂结构嵌套目标概率分析方法

6.1 引言

　　复杂结构嵌套目标概率分析方法研究的目的是解决涉及多个嵌套目标的复杂结构疲劳寿命概率分析问题,提出嵌套混合代理模型法,本章先基于 Kriging 模型,引入海洋捕食者算法(MPA),提出海洋捕食者 Kriging 方法(MPAKM);再采用极值法、改进粒子群优化(modified particle swarm optimization, MPSO)算法、移动最小二乘法与 Kriging 相结合的方式,提出 BIMEM 方法。此外,通过航空发动机高压涡轮叶盘低周疲劳寿命可靠性灵敏度分析,论证所研究方法的有效性。

6.2 复杂结构嵌套目标概率分析的海洋捕食者 Kriging 方法

6.2.1 海洋捕食者 Kriging 方法基本思想

　　MPAKM 是融合 MPA 和 Kriging 模型发展而来的,用于实现涉及嵌套目标的复杂结构可靠性分析。其中,MPA 用于替代梯度下降进行目标函数求解,实现模型超参数寻优;Kriging 模型用于反映输出响应与输入参数之间的关系。

　　基于 MPAKM 的复杂结构可靠性分析流程可描述为:① 构建研究对象的三维模型和有限元模型,生成相应的有限元模型;② 设置边界条件和载荷参数,实现复杂结构动态确定性分析;③ 定义相关输入变量的数值分布特征,采用 LHS 策略抽取随机输入变量的样本,并获取输出响应的样本;④ 结合获取的训练样本,运用 MPA 进行目标函数求解,计算 Kriging 模型的超参数;⑤ 求解得到模型的待定系数,构建复杂结构功能函数;⑥ 从建模精度和建模效率两个角度,基于测试样本对

MPAKM 模型进行验证,若不满足要求,则需要重新进行样本生成;⑦ 在 MPAKM 模型验证的基础上,进行复杂结构可靠性分析。

6.2.2　海洋捕食者 Kriging 方法数学模型

通常,Manson-Coffin 方程应用于低周疲劳寿命预测,其原理可表示为

$$\frac{\Delta\varepsilon_t}{2} = \frac{\Delta\varepsilon_e}{2} + \frac{\Delta\varepsilon_p}{2} = \frac{\sigma_f' - \sigma_m}{E}(2N_f)^b + \varepsilon_f'(2N_f)^c \qquad (6-1)$$

式中,$\Delta\varepsilon_t$ 为总应变幅;$\Delta\varepsilon_e$ 为弹性应变幅;$\Delta\varepsilon_p$ 为塑性应变幅;E 为弹性模量;σ_f' 和 ε_f' 分别为强度系数和延性系数;σ_m 为平均应力;N_f 为低周疲劳寿命;b 和 c 分别为疲劳强度指数和疲劳延性指数。

为了描述疲劳寿命与相关参数之间的关系,采用 Kriging 模型进行关系模型构建,即

$$\begin{cases} N_f(\boldsymbol{x}) = f(\boldsymbol{x}) = a_0 + \boldsymbol{b}_0\boldsymbol{x} + \boldsymbol{x}^T\boldsymbol{c}_0\boldsymbol{x} + z(\boldsymbol{x}) \\ \boldsymbol{x} = (\Delta\varepsilon_t, \ \sigma_m, \ \sigma_f', \ \varepsilon_f', \ b, \ c)^T \end{cases} \qquad (6-2)$$

式中,a_0 为常数项;$\boldsymbol{b}_0$ 和 $\boldsymbol{c}_0$ 分别为一次项系数向量和二次项系数矩阵,可描述为

$$\boldsymbol{b}_0 = (b_{0,1} \quad b_{0,2} \quad b_{0,3} \quad b_{0,4} \quad b_{0,5} \quad b_{0,6})$$

$$\boldsymbol{c}_0 = \begin{pmatrix} c_{0,11} & c_{0,12} & c_{0,13} & c_{0,14} & c_{0,15} & c_{0,16} \\ c_{0,21} & c_{0,22} & c_{0,23} & c_{0,24} & c_{0,25} & c_{0,26} \\ c_{0,31} & c_{0,32} & c_{0,33} & c_{0,34} & c_{0,35} & c_{0,36} \\ c_{0,41} & c_{0,42} & c_{0,43} & c_{0,44} & c_{0,45} & c_{0,46} \\ c_{0,51} & c_{0,52} & c_{0,53} & c_{0,54} & c_{0,55} & c_{0,56} \\ c_{0,61} & c_{0,62} & c_{0,63} & c_{0,64} & c_{0,65} & c_{0,66} \end{pmatrix} \qquad (6-3)$$

此外,$z(\boldsymbol{x})$ 为高斯随机过程,满足如下条件:

$$\begin{cases} \text{cov}[z(\boldsymbol{x}^i), z(\boldsymbol{x}^j)] = \sigma^2 R(\boldsymbol{\theta}, \boldsymbol{x}^i, \boldsymbol{x}^j) \\ R(\boldsymbol{\theta}, \boldsymbol{x}^i, \boldsymbol{x}^j) = \prod_{k=1}^{6} R_k(\theta_k, x_k^i - x_k^j) \\ E[z(\boldsymbol{x})] = 0; \quad \text{var}[z(\boldsymbol{x})] = \sigma^2 \\ \boldsymbol{\theta} = (\theta_1, \theta_2, \theta_3, \theta_4, \theta_5, \theta_6) \end{cases} \qquad (6-4)$$

式中,$k = 1, 2, \cdots, 6$;$i, j = 1, 2, \cdots, m$;m 为样本数量;σ^2 为方差;$R(\cdot)$ 为相关函数;$\boldsymbol{\theta}$ 为超参数向量;$R_k(\theta_k, x_k^i - x_k^j)$ 为第 i 个相关函数分量的核函数,其形式如下:

$$R(\boldsymbol{\theta}, \boldsymbol{x}^i, \boldsymbol{x}^j) = \exp\left[-\sum_{k=1}^{6} \theta_k (x_k^i - x_k^j)^2\right] \tag{6-5}$$

梯度下降往往用于实现超参数求解,即

$$\max_{\theta} L(\boldsymbol{\theta}) = -\left[m\ln(\hat{\sigma}^2) + \ln|\boldsymbol{R}|\right] \tag{6-6}$$

式中,$\hat{\sigma}^2$ 为预测方差。

梯度下降不能保证所获得的结果是高非线性问题的全局最优解,因此应用 MPA 来解决这个最小化优化问题,将其转化为最大化优化问题,并找到超参数的最优值,即

$$\begin{cases}\min_{\theta} \varphi(\boldsymbol{\theta}) = |\boldsymbol{R}|^{\frac{1}{m}} \hat{\sigma}^2 \\ \text{s.t. } \theta_k > 0\end{cases} \tag{6-7}$$

基于获取的超参数,运用最小二乘法进行 MPAKM 模型待定系数的求解,其原理为

$$\boldsymbol{d} = (\boldsymbol{F}^{\mathrm{T}} \boldsymbol{R}^{-1} \boldsymbol{F})^{-1} \boldsymbol{F}^{\mathrm{T}} \boldsymbol{R}^{-1} \boldsymbol{Z} \tag{6-8}$$

式中,$\boldsymbol{F}$ 和 $\boldsymbol{Z}$ 分别为基函数和输出响应的矩阵。

对于任一点 $\boldsymbol{x}_*$,$z(\boldsymbol{x}_*)$ 为

$$z(\boldsymbol{x}_*) = \boldsymbol{r}_z^{\mathrm{T}}(\boldsymbol{x}_*) \boldsymbol{R}^{-1} (\boldsymbol{Z} - \boldsymbol{F}\boldsymbol{d}) \tag{6-9}$$

式中,$\boldsymbol{r}_z(\boldsymbol{x}_*)$ 为 $\boldsymbol{x}_*$ 和 $\boldsymbol{x}$ 之间的相关关系,具体为

$$\boldsymbol{r}(\boldsymbol{x}_*) = [R(\theta, \boldsymbol{x}_*, \boldsymbol{x}^1) \quad R(\theta, \boldsymbol{x}_*, \boldsymbol{x}^2) \quad \cdots \quad R(\theta, \boldsymbol{x}_*, \boldsymbol{x}^m)] \tag{6-10}$$

通过上述分析,采用 MPAKM 可以实现涉及嵌套目标的复杂结构疲劳寿命预测建模。

6.2.3　海洋捕食者 Kriging 方法可靠性分析原理

基于 MPAKM 模型,构建复杂结构疲劳寿命极限状态函数为

$$g(\boldsymbol{x}) = N_{\mathrm{f}}(\boldsymbol{x}) - N_{\mathrm{f, allow}} \tag{6-11}$$

式中,$N_{\mathrm{f, allow}}$ 为疲劳寿命许用值;若 $g(\boldsymbol{x}) \geqslant 0$,则说明安全,若 $g(\boldsymbol{x}) < 0$,则代表失效。

基于式(6-11),采用 MC 抽样进行复杂结构疲劳寿命可靠性分析,其可靠性指标为

$$p_r = \int_r g(\boldsymbol{x}) \mathrm{d}x = \int I_r(g(\boldsymbol{x})) g(\boldsymbol{x}) \mathrm{d}x = E[I_r(g(\boldsymbol{x}))]$$

$$= \frac{1}{N} \sum I_r(g(\boldsymbol{x})) = \frac{N_r}{N} \quad (6-12)$$

$$\mathrm{s.t.} \ I_r(g(\boldsymbol{x})) = \begin{cases} 0, & g(\boldsymbol{x}) < 0 \\ 1, & g(\boldsymbol{x}) \geqslant 0 \end{cases}$$

式中,r 为安全域;$I_r(\cdot)$ 为示性函数;N_r 为满足要求的样本数量;N 为样本总量。

6.2.4　基于海洋捕食者 Kriging 方法的高压涡轮叶盘疲劳寿命可靠性分析案例

高压涡轮叶盘承受来自多个物理场的复杂载荷,是一种循环对称结构。为了模拟高压涡轮叶盘的低周疲劳寿命,建立 1/48 高压涡轮叶盘的三维模型,并以覆盖三个叶片的流场为研究对象,用四面体单元生成有限元模型,如图 6-1 所示。为了获得高压涡轮叶盘的低周疲劳寿命,选择[0 s, 215 s]作为研究时域,其中包括 12 个临界点。高压涡轮叶盘的材料为 GH4133,密度为 8 560 kg/m³,弹性模量为 1.61×10¹¹ Pa,泊松比为 0.322 4。假设进口流速和进口压力为常数,即 124 m/s 和 588 000 Pa。此外,燃气温度和速度是随时间变化的量。通过确定性分析,可以得到高压涡轮叶盘的最小低周疲劳寿命,其分布云图如图 6-2 所示。

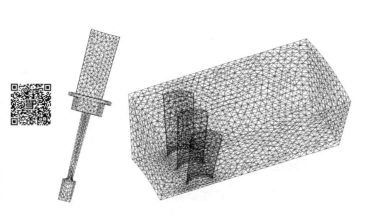

图 6-1　高压涡轮叶盘及流场有限元模型

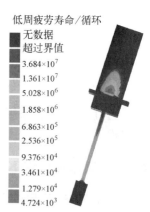

低周疲劳寿命/循环
无数据
超过界值
3.684×10⁷
1.361×10⁷
5.028×10⁶
1.858×10⁶
6.863×10⁵
2.536×10⁵
9.376×10⁴
3.461×10⁴
1.279×10⁴
4.724×10³

图 6-2　高压涡轮叶盘低周疲劳寿命分布云图

影响因素具有很强的随机性,平均应力、应变幅值、强度系数、延性系数、疲劳强度指数和疲劳延性指数作为高压涡轮叶盘低周疲劳寿命的随机输入参数。假设所有输入参数相互独立,其数值属性和分布特征由工程实践确定。

　　此外,采用拉丁超立方抽样方法提取 150 个输入样本,通过确定性分析获得高压涡轮叶盘低周疲劳寿命。随机选择 100 个样本作为训练样本来构建高压涡轮叶盘低周疲劳寿命的数学模型,剩余的样本作为测试样本来验证 MPAKM 的有效性。

　　结合 100 个训练样本建立高压涡轮叶盘低周疲劳寿命的 MPAKM 模型,如式(6-13)所示:

$$\begin{cases} a_0 = -0.438\ 0 \\ \boldsymbol{b}_0 = (0.683\ 3 \quad 0.573\ 1 \quad 0.929\ 8 \quad 0.136\ 9 \quad -0.214\ 9 \quad -041\ 1\ 9) \\ \boldsymbol{c}_0 = \begin{cases} 0.158\ 3 & 0.062\ 3 & 0.191\ 2 & 0.025\ 8 & -0.062\ 3 & -0.061\ 5 \\ 0.062\ 3 & 0.133\ 3 & 0.048\ 5 & 0.044\ 0 & -0.015\ 3 & -0.009\ 4 \\ 0.191\ 2 & 0.048\ 5 & 0.211\ 7 & 0.013\ 0 & -0.076\ 7 & -0.065\ 2 \\ 0.025\ 8 & 0.044\ 0 & 0.013\ 0 & -0.130\ 5 & -0.005\ 1 & 0.008\ 8 \\ -0.062\ 3 & -0.153 & -0.076\ 7 & -0.005\ 1 & 0.120\ 9 & -0.096\ 3 \\ -0.061\ 5 & -0.009\ 4 & -0.065\ 2 & 0.008\ 8 & -0.096\ 3 & 0.246\ 2 \end{cases} \\ \boldsymbol{r} = (0.043\ 9 \quad 0.078\ 5 \quad \cdots \quad -0.110\ 5)_{1\times100} \end{cases} \tag{6-13}$$

　　根据极限状态函数,应用 MC 法进行 10 000 次仿真,进而进行高压涡轮叶盘低周疲劳寿命的可靠性分析,分析结果如图 6-3 所示。

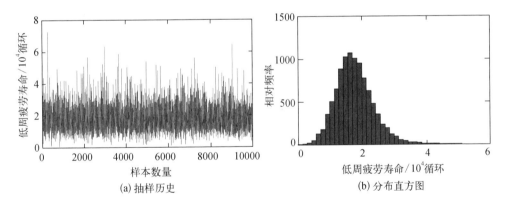

(a) 抽样历史　　　　　　　　　　　(b) 分布直方图

图 6-3　高压涡轮叶盘低周疲劳寿命抽样历史和分布直方图

　　由图 6-3 可以看出,高压涡轮叶盘低周疲劳寿命服从对数正态分布,当许用值等于 2 957 次循环时,高压涡轮叶盘低周疲劳寿命的可靠度为 0.997 9。

6.2.5　海洋捕食者 Kriging 方法验证

　　为了说明 MPAKM 在建模性能方面的有效性,通过比较 RSM 和 Kriging 模型,验证 50 个测试样本的建模时间和预测精度。其中,采用 RMSE 评估预测精度,并以基于有限元的高压涡轮叶盘低周疲劳寿命真值作为参考。此外,将 RSM 的分析结果作为研究 Kriging 模型和 MPAKM 提高效率和精度的参考。RSM、Kriging 模型和 MPAKM 建模性能对比分析结果如表 6-1 所示。

表 6-1　RSM、Kriging 模型和 MPAKM 建模性能对比分析结果

方　　法	建模时间/s	提高效率/%	RMSE	提高精度/%
RSM	1.67	—	412.458 1	—
Kriging 模型	1.46	12.57	268.154 4	34.98
MPAKM	0.79	52.69	102.451 2	75.16

由表 6-1 可以看出,MPAKM 的建模时间(0.79 s)小于 RSM 和 Kriging 模型的建模时间(1.67 s 和 1.46 s),并且与 RSM 和 Kriging 模型相比,MPAKM 的效率提高了 52.69% 和 40.12%;MPAKM 的 RMSE(102.451 2)小于 RSM 和 Kriging 模型的 RMSE(412.458 1 和 268.154 4),MPAKM 的精度相对于 RSM 和 MPAKM 分别提高了 75.16% 和 40.18%。

6.3　复杂结构嵌套目标概率分析的双步迭代移动增强建模方法

6.3.1　双步迭代移动增强建模方法基本思想

对于高压涡轮叶盘低周疲劳寿命预测,融合极值法、惯性权重线性下降的 PSO(MPSO)算法、移动最小二乘(moving least squares, MLS)策略和 Kriging 模型,提出 BIMEM 方法。其中,极值法用于处理高压涡轮叶盘应变和应力的时变过程,获取应变和应力的极值,确定时域[0, T]的研究时间点 t;MLS 策略用于选取有效建模样本;MPSO 算法用于基于有效样本信息进行超参数寻优;Kriging 模型用于建立分析目标的极限状态函数。基于 BIMEM 方法的高压涡轮叶盘低周疲劳寿命概率分析流程如图 6-4 所示。

由图 6-4 可知,基于 BIMEM 方法的高压涡轮叶盘低周疲劳寿命概率分析流程主要包括动态确定性分析、研究时刻点和相关变量定义、有效样本选取、极限状态函数构建和概率分析,具体流程如下:

(1)构建高压涡轮叶盘有限元模型,在时域内设置材料特性、载荷参数和边界

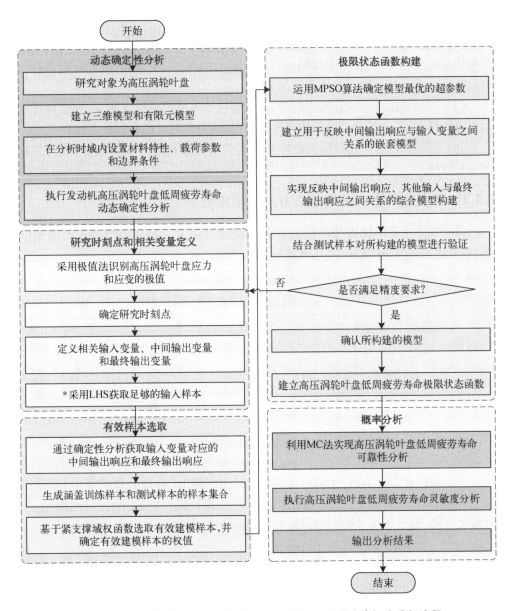

图 6-4　基于 BIMEM 方法的高压涡轮叶盘低周疲劳寿命概率分析流程

条件,执行发动机高压涡轮叶盘低周疲劳寿命动态确定性分析。

　　(2) 采用极值法识别高压涡轮叶盘应力与应变的极值,确定研究时刻点;定义相关输入参数及其分布特征、中间输出响应(平均应力、应变幅)和最终输出响应(高压涡轮叶盘低周疲劳寿命)。

　　(3) 利用 LHS 获取足够的输入样本,根据动态确定性分析得到与输入样本对应的输出响应；基于紧支撑域权函数确定有效建模样本。

（4）结合选取的有效样本，运用 MPSO 算法进行超参数寻优，进而实现嵌套模型和综合模型的构建，反映中间输出与相关输入之间的关系，映射低周疲劳寿命与中间输出响应及其他输入响应之间的关系。

（5）利用测试样本验证综合模型，若分析结果不能满足精度要求，则需要重新生成输入样本；若分析结果满足精度要求，则确认分析目标的极限状态函数。

（6）利用 MC 法完成高压涡轮叶盘低周疲劳寿命可靠性和灵敏度分析，并输出分析结果。

6.3.2　双步迭代移动增强建模方法数学模型

为了解决基于传统方法的低周疲劳寿命计算量大及精度不能满足要求的问题，本节提出 BIMEM 方法，其原理如图 6-5 所示。

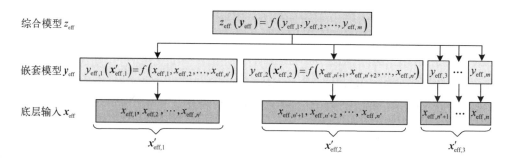

图 6-5　BIMEM 方法原理

为了获得有效样本，首先运用极值法寻找中间输出（应力 y_1 和应变 y_2）和最终输出（低周疲劳寿命 z），当三个输出响应同时达到极值时，确定研究时间点 t。结合梯度下降，通过遍历来捕捉相关输出响应的极值，即

$$\begin{cases} \min_{t} z(t) \\ \max_{t} y_1(t) \text{ and } y_2(t) \\ t = t + \Delta t \end{cases} \tag{6-14}$$

采用 LHS 策略获取输入变量的样本信息，并通过有限元分析得到中间输出响应与最终输出响应。样本集合为 $D = \{D_z, D_y\}$，其中 $D_z = \{y, z\} = \{(y^1, z^1), (y^2, z^2), \cdots, (y^s, z^s)\}$，$D_{y1} = \{x'_1, y_1\} = \{(x_1'^1, y_1^1), (x_1'^2, y_1^2), \cdots, (x_1'^{r1}, y_1^{r1})\}$，$D_{y2} = \{x'_2, y_2\} = \{(x_2'^1, y_2^1), (x_2'^2, y_2^2), \cdots, (x_2'^{r2}, y_2^{r2})\}$。此外，样本集包括训练样本和测试样本，训练样本用于提供有效样本，测试样本用于从预测精度的角度验证 BIMEM 方法的有效性。

在获取训练样本的基础上，通过紧支撑域确定有效建模样本，$D_{z, \text{eff}} = \{ y_{\text{eff}},\ z_{\text{eff}} \}$，$D_{y1, \text{eff}} = \{ x'_{\text{eff}, 1},\ y_{\text{eff}, 1} \}$ 和 $D_{y2, \text{eff}} = \{ x'_{\text{eff}, 2},\ y_{\text{eff}, 2} \}$，并结合三次样条函数赋予有效建模样本不同的权重。参照 Kriging 模型的表达式，BIMEM 方法的方程为

$$
\begin{cases}
z_{\text{eff}}(\boldsymbol{y}_{\text{eff}}) = f(y_{\text{eff}, 1},\ y_{\text{eff}, 2},\ \cdots,\ y_{\text{eff}, m}) = a_0 + \boldsymbol{b}_0 \boldsymbol{y}_{\text{eff}} + \boldsymbol{y}_{\text{eff}}^{\text{T}} \boldsymbol{c}_0 \boldsymbol{y}_{\text{eff}} + \kappa_z(\boldsymbol{y}_{\text{eff}}) \\
\begin{cases}
y_{\text{eff}, 1}(\boldsymbol{x}'_{\text{eff}, 1}) = f(x_{\text{eff}, 1},\ x_{\text{eff}, 2},\ \cdots,\ x_{\text{eff}, n'}) \\
\qquad\qquad = a_1 + \boldsymbol{b}_1 \boldsymbol{x}'_{\text{eff}, 1} + (\boldsymbol{x}'_{\text{eff}, 1})^{\text{T}} \boldsymbol{c}_1 \boldsymbol{x}'_{\text{eff}, 1} + \kappa_{y1}(\boldsymbol{x}'_{\text{eff}, 1}) \\
y_{\text{eff}, 2}(\boldsymbol{x}'_{\text{eff}, 2}) = f(x_{\text{eff}, n'+1},\ x_{\text{eff}, n'+2},\ \cdots,\ x_{\text{eff}, n''}) \\
\qquad\qquad = a_2 + \boldsymbol{b}_2 \boldsymbol{x}'_{\text{eff}, 2} + (\boldsymbol{x}'_{\text{eff}, 2})^{\text{T}} \boldsymbol{c}_2 \boldsymbol{x}'_{\text{eff}, 2} + \kappa_{y2}(\boldsymbol{x}'_{\text{eff}, 2}) \\
(y_{\text{eff}, 3},\ \cdots,\ y_{\text{eff}, m}) = f(\boldsymbol{x}'_{\text{eff}, 3}) = (x_{\text{eff}, n''+1},\ \cdots,\ x_{\text{eff}, n})^{\text{T}}
\end{cases} \\
\begin{cases}
\boldsymbol{x}_{\text{eff}} = (\boldsymbol{x}'_{\text{eff}, 1},\ \boldsymbol{x}'_{\text{eff}, 2},\ \boldsymbol{x}'_{\text{eff}, 3}) \\
\boldsymbol{x}'_{\text{eff}, 1} = (x_{\text{eff}, 1},\ x_{\text{eff}, 2},\ \cdots,\ x_{\text{eff}, n'})^{\text{T}} \\
\boldsymbol{x}'_{\text{eff}, 2} = (x_{\text{eff}, n'+1},\ x_{\text{eff}, n'+2},\ \cdots,\ x_{\text{eff}, n''})^{\text{T}} \\
\boldsymbol{x}'_{\text{eff}, 3} = (x_{\text{eff}, n''+1},\ \cdots,\ x_{\text{eff}, n})^{\text{T}}
\end{cases}
\end{cases}
\tag{6-15}
$$

式中，综合模型和嵌套模型包括线性模型和随机模型两部分，$\boldsymbol{y}_{\text{eff}} = (y_{\text{eff}, 1},\ y_{\text{eff}, 2},\ \cdots,\ y_{\text{eff}, m})^{\text{T}}$ 为中间变量。

对于线性模型，采用二次多项式进行描述，a_0、a_1 和 a_2 为综合模型和嵌套模型的常数项系数，$\boldsymbol{b}_0$、$\boldsymbol{b}_1$ 和 $\boldsymbol{b}_2$ 为综合模型和嵌套模型的一次项系数向量，$\boldsymbol{c}_0$、$\boldsymbol{c}_1$ 和 $\boldsymbol{c}_2$ 为综合模型和嵌套模型的二次项系数矩阵。其可描述为

$$
\begin{cases}
\boldsymbol{b}_0 = (b_{0, 1} \quad b_{0, 2} \quad \cdots \quad b_{0, m}), \quad \boldsymbol{b}_1 = (b_{1, 1} \quad b_{1, 2} \quad \cdots \quad b_{1, n'}) \\
\boldsymbol{b}_2 = (b_{2, 1} \quad b_{2, 2} \quad \cdots \quad b_{2, n''}) \\
\boldsymbol{c}_0 = \begin{pmatrix} c_{0, 11} & c_{0, 12} & \cdots & c_{0, 1m} \\ c_{0, 21} & c_{0, 22} & \cdots & c_{0, 2m} \\ \vdots & \vdots & & \vdots \\ c_{0, m1} & c_{0, m2} & \cdots & c_{0, mm} \end{pmatrix}, \quad
\boldsymbol{c}_1 = \begin{pmatrix} c_{1, 11} & c_{1, 12} & \cdots & c_{1, 1n'} \\ c_{1, 21} & c_{1, 22} & \cdots & c_{1, 2n'} \\ \vdots & \vdots & & \vdots \\ c_{1, n'1} & c_{1, n'2} & \cdots & c_{1, n'n'} \end{pmatrix}; \\
\boldsymbol{c}_2 = \begin{pmatrix} c_{2, 11} & c_{2, 12} & \cdots & c_{2, 1n''} \\ c_{2, 21} & c_{2, 22} & \cdots & c_{2, 2n''} \\ \vdots & \vdots & & \vdots \\ c_{2, n''1} & c_{2, n''2} & \cdots & c_{2, n''n''} \end{pmatrix}
\end{cases}
\tag{6-16}
$$

因此，综合模型和嵌套模型可重新表达为

$$
\begin{cases}
z_{\text{eff}}(\boldsymbol{y}_{\text{eff}}) = a_0 + \sum_{i=1}^{m} \boldsymbol{b}_{0,i}y_{\text{eff},i} + \sum_{i=1}^{m}\sum_{j=1}^{m} \boldsymbol{c}_{0,ij}y_{\text{eff},i}y_{\text{eff},j} + \kappa_z(\boldsymbol{y}_{\text{eff}}) \\[2mm]
y_{\text{eff},1}(\boldsymbol{x}'_{\text{eff},1}) = a_1 + \sum_{i'=1}^{n'} \boldsymbol{b}_{1,i'}x_{\text{eff},i'} + \sum_{i'=1}^{n'}\sum_{j'=1}^{n'} \boldsymbol{c}_{1,i'j'}x_{\text{eff},i'}x_{\text{eff},j'} + \kappa_{y1}(\boldsymbol{x}'_1) \\[2mm]
y_{\text{eff},2}(\boldsymbol{x}'_{\text{eff},2}) = a_2 + \sum_{i''=n'+1}^{n''} \boldsymbol{b}_{2,i''}x_{\text{eff},i''} + \sum_{i''=n'+1}^{n''}\sum_{j''=n'+1}^{n''} \boldsymbol{c}_{2,i''j''}x_{\text{eff},i''}x_{\text{eff},j''} + \kappa_{y2}(\boldsymbol{x}'_2)
\end{cases}
$$
$$(6-17)$$

式中，$i, j = 1, 2, \cdots, m$；$i', j' = 1, 2, \cdots, n'$；$i'', j'' = n'+1, n'+2, \cdots, n''$；$\boldsymbol{b}_{0,i}$、$\boldsymbol{b}_{1,i'}$ 和 $\boldsymbol{b}_{2,i''}$ 分别为第 i 个、第 i' 个和第 i'' 个中间变量的一次项系数矩阵；$\boldsymbol{c}_{0,ij}$、$\boldsymbol{c}_{1,i'j'}$ 和 $\boldsymbol{c}_{2,i''j''}$ 分别为第 i 个和第 j 个、第 i' 个和第 j' 个、第 i'' 个和第 j'' 个中间变量的二次项系数矩阵。

对于随机模型，其是一个高斯随机过程，作用为修正线性模型预测的误差。以综合模型为例，说明随机模型的表达式，其满足：

$$
\begin{cases}
\mathrm{cov}[\kappa_z(\boldsymbol{y}_{\text{eff}}^{\hat{i}}), \kappa_z(\boldsymbol{y}_{\text{eff}}^{\hat{j}})] = \sigma_z^2 R_z(\boldsymbol{\theta}_z, \boldsymbol{y}_{\text{eff}}^{\hat{i}}, \boldsymbol{y}_{\text{eff}}^{\hat{j}}) \\[2mm]
R_z(\boldsymbol{\theta}_z, \boldsymbol{y}_{\text{eff}}^{\hat{i}}, \boldsymbol{y}_{\text{eff}}^{\hat{j}}) = \prod_{i=1}^{m} R_{z,i}(\theta_{z,i}, y_{\text{eff},i}^{\hat{i}} - y_{\text{eff},j}^{\hat{j}}) \\[2mm]
E_z[\kappa_z(\boldsymbol{y}_{\text{eff}})] = 0; \quad \mathrm{var}_z[\kappa_z(\boldsymbol{y}_{\text{eff}})] = \sigma_z^2 \\[2mm]
\boldsymbol{\theta}_z = (\theta_{z,1} \quad \theta_{z,2} \quad \cdots \quad \theta_{z,m})
\end{cases}
$$
$$(6-18)$$

式中，$\hat{j} = 1, 2, \cdots, \hat{s}$；$\boldsymbol{y}_{\text{eff}}^{\hat{j}}$ 为中间输出响应的第 $\hat{j}$ 个有效建模样本；σ_z^2 为综合模型的方差；$R(\cdot)$ 为相关函数；$\boldsymbol{\theta}_z$ 为综合模型 $1 \times m$ 超参数向量；$R_{z,i}(\theta_{z,i}, y_{\text{eff},i}^{\hat{i}} - y_{\text{eff},i}^{\hat{j}})$ 为相关函数核函数的第 i 个分量；$\theta_{z,i}$ 为第 i 个中间输出对应的超参数；$y_{\text{eff},i}^{\hat{i}}$ 和 $y_{\text{eff},i}^{\hat{j}}$ 分别为第 $\hat{i}$ 和第 $\hat{j}$ 个中间输出有效样本的第 i 个分量。

同样，选取高斯函数作为核函数，则有

$$
R_z(\boldsymbol{\theta}_z, \boldsymbol{y}_{\text{eff}}^{\hat{i}}, \boldsymbol{y}_{\text{eff}}^{\hat{j}}) = \exp\left[-\sum_{i=1}^{m} \theta_{z,i}(y_{\text{eff},i}^{\hat{i}} - y_{\text{eff},i}^{\hat{j}})^2 \right]
$$
$$(6-19)$$

相关系数为

$$
\begin{cases}
\boldsymbol{W}_z = \mathrm{diag}[w_z(\hat{\boldsymbol{y}} - \boldsymbol{y}_{\text{eff}}^1) \quad w_z(\hat{\boldsymbol{y}} - \boldsymbol{y}_{\text{eff}}^2) \quad \cdots \quad w_z(\hat{\boldsymbol{y}} - \boldsymbol{y}_{\text{eff}}^{\hat{s}})] \\[2mm]
\boldsymbol{R}_z = \begin{pmatrix}
R_z(\boldsymbol{\theta}_z, \boldsymbol{y}_{\text{eff}}^1, \boldsymbol{y}_{\text{eff}}^1) & R_z(\boldsymbol{\theta}_z, \boldsymbol{y}_{\text{eff}}^1, \boldsymbol{y}_{\text{eff}}^2) & \cdots & R_z(\boldsymbol{\theta}_z, \boldsymbol{y}_{\text{eff}}^1, \boldsymbol{y}_{\text{eff}}^{\hat{s}}) \\
R_z(\boldsymbol{\theta}_z, \boldsymbol{y}_{\text{eff}}^2, \boldsymbol{y}_{\text{eff}}^1) & R_z(\boldsymbol{\theta}_z, \boldsymbol{y}_{\text{eff}}^2, \boldsymbol{y}_{\text{eff}}^2) & \cdots & R_z(\boldsymbol{\theta}_z, \boldsymbol{y}_{\text{eff}}^2, \boldsymbol{y}_{\text{eff}}^{\hat{s}}) \\
\vdots & \vdots & & \vdots \\
R_z(\boldsymbol{\theta}_z, \boldsymbol{y}_{\text{eff}}^{\hat{s}}, \boldsymbol{y}_{\text{eff}}^1) & R_z(\boldsymbol{\theta}_z, \boldsymbol{y}_{\text{eff}}^{\hat{s}}, \boldsymbol{y}_{\text{eff}}^2) & \cdots & R_z(\boldsymbol{\theta}_z, \boldsymbol{y}_{\text{eff}}^{\hat{s}}, \boldsymbol{y}_{\text{eff}}^{\hat{s}})
\end{pmatrix} \\[2mm]
\hat{\sigma}_z^2 = \dfrac{1}{\hat{s}}(\boldsymbol{Z}_{\text{eff}} - \boldsymbol{F}_{\text{eff},z}\boldsymbol{d}_z)^{\mathrm{T}} \boldsymbol{G}_z^{-1} (\boldsymbol{Z}_{\text{eff}} - \boldsymbol{F}_{\text{eff},z}\boldsymbol{d}_z)
\end{cases}
$$
$$(6-20)$$

式中，$\boldsymbol{Z}_{\text{eff}}$ 为输出响应向量；$\boldsymbol{d}_z$ 为综合模型待定系数向量；$\boldsymbol{F}_{\text{eff},z}$ 为基函数矩阵。$\boldsymbol{F}_{\text{eff},z}$ 和 $\boldsymbol{d}_z$ 可表示为

$$
\begin{cases}
\boldsymbol{F}_{\text{eff},z} = \begin{pmatrix}
1 & y_{\text{eff},1}^1 & y_{\text{eff},2}^1 & \cdots & y_{\text{eff},m}^1 & y_{\text{eff},1}^1 y_{\text{eff},1}^1 & \cdots & y_{\text{eff},m}^1 y_{\text{eff},1}^1 & \cdots & y_{\text{eff},1}^1 y_{\text{eff},m}^1 & \cdots & y_{\text{eff},m}^1 y_{\text{eff},m}^1 \\
1 & y_{\text{eff},1}^2 & y_{\text{eff},2}^2 & \cdots & y_{\text{eff},m}^2 & y_{\text{eff},1}^2 y_{\text{eff},1}^2 & \cdots & y_{\text{eff},m}^2 y_{\text{eff},1}^2 & \cdots & y_{\text{eff},1}^2 y_{\text{eff},m}^2 & \cdots & y_{\text{eff},m}^2 y_{\text{eff},m}^2 \\
\vdots & \vdots & \vdots & & \vdots & \vdots & & \vdots & & \vdots & & \vdots \\
1 & y_{\text{eff},1}^{\hat{s}} & y_{\text{eff},2}^{\hat{s}} & \cdots & y_{\text{eff},m}^{\hat{s}} & y_{\text{eff},1}^{\hat{s}} y_{\text{eff},1}^{\hat{s}} & \cdots & y_{\text{eff},m}^{\hat{s}} y_{\text{eff},1}^{\hat{s}} & \cdots & y_{\text{eff},1}^{\hat{s}} y_{\text{eff},m}^{\hat{s}} & \cdots & y_{\text{eff},m}^{\hat{s}} y_{\text{eff},m}^{\hat{s}}
\end{pmatrix} \\
\boldsymbol{d}_z = (a_0 \quad b_{0,1} \quad b_{0,2} \quad \cdots \quad b_{0,m} \quad b_{0,11} \quad \cdots \quad b_{0,m1} \quad b_{0,1m} \quad \cdots \quad b_{0,mm})
\end{cases}
\tag{6-21}
$$

对于高非线性、高维的优化问题，梯度下降不能保证全局最优解，为了避免梯度下降存在的问题，采用 MPSO 算法来解决优化问题，并确定超参数的值。将最大化优化问题转化为最小化优化问题，最小化优化问题为

$$
\begin{cases}
\underset{\boldsymbol{\theta}_z}{\text{minimize}}\ \varphi(\boldsymbol{\theta}_z) = |\ \boldsymbol{G}_z\ |^{\frac{1}{\hat{s}}} \hat{\sigma}_z^2 \\
\text{s.t.}\ \theta_{z,i} > 0
\end{cases}
\tag{6-22}
$$

式中，$\theta_{z,i}$ 为 $\boldsymbol{\theta}_z$ 的第 i 个分量。

基于 MPSO 的超参数寻优流程为：① 随机初始化粒子的速度和位置，计算粒子的适应度；② 根据初始粒子适应度确定个体和群体的极值；③ 结合式(6-23)更新粒子的速度和位置，并结合新种群的粒子适应度更新个体极值和群体极值。

$$
\begin{cases}
V_{\hat{i}i}^{k+1} = \hat{w} V_{\hat{i}i}^k + \tau_1 \lambda_1 (P_{\hat{i}i}^k - X_{\hat{i}i}^k) + \tau_2 \lambda_2 (P_{\hat{i}i}^k - X_{\hat{i}i}^k) \\
X_{\hat{i}i}^{k+1} = X_{\hat{i}i}^k + V_{\hat{i}i}^{k+1} \\
\hat{w} = \hat{w}_{\text{start}} (\hat{w}_{\text{start}} - \hat{w}_{\text{end}})(T_{\max} - k)/T_{\max}
\end{cases}
\tag{6-23}
$$

式中，k 为当前迭代次数；$V_{\hat{i}i}^{k+1}$ 和 $V_{\hat{i}i}^k$ 分别为第 $\hat{i}$ 个粒子第 i 个分量第 k 和 $k+1$ 次迭代的速度；$\hat{w}$ 为惯性权重；τ_1 和 τ_2 为加速因子；λ_1 和 λ_2 为位于 $[0,1]$ 的随机数；$X_{\hat{i}i}^{k+1}$ 和 $X_{\hat{i}i}^k$ 分别为第 $\hat{i}$ 个粒子第 i 个分量第 k 和 $k+1$ 次迭代的速度；$T_{\max}$ 为迭代最大次数；$\hat{w}_{\text{start}}$ 和 $\hat{w}_{\text{end}}$ 分别为初始惯量权重和最终惯量权重。

基于综合模型得到的超参数，利用 MLS 法求解待定系数 $\boldsymbol{d}_z$。对于计算点，最小二乘函数表示为

$$
L(\hat{\boldsymbol{y}}) = \frac{1}{\sqrt{2\pi\sigma_z^{2\hat{s}}\ |\ \boldsymbol{G}_z\ |}} \exp\left[-\frac{(\boldsymbol{Z}_{\text{eff}} - \boldsymbol{F}_{\text{eff},z}\boldsymbol{d}_z)^{\mathrm{T}} \boldsymbol{G}_z^{-1}(\boldsymbol{Z}_{\text{eff}} - \boldsymbol{F}_{\text{eff},z}\boldsymbol{d}_z)}{2\sigma_z^2}\right]
\tag{6-24}
$$

通过对数变换,式(6-24)可改写为

$$
\begin{aligned}
\ln L(\hat{\boldsymbol{y}}) = & -\frac{\hat{s}}{2}\ln(\sigma_z^2) - \frac{1}{2}\ln|\boldsymbol{G}_z| \\
& -\frac{(\boldsymbol{Z}_{\mathrm{eff}} - \boldsymbol{F}_{\mathrm{eff},z}\boldsymbol{d}_z)^{\mathrm{T}}\boldsymbol{G}_z^{-1}(\boldsymbol{Z}_{\mathrm{eff}} - \boldsymbol{F}_{\mathrm{eff},z}\boldsymbol{d}_z)}{2\sigma_z^2} - \frac{\hat{s}}{2}\ln(2\pi)
\end{aligned}
\tag{6-25}
$$

对式(6-25)进行偏导可得

$$
\frac{\partial[L(\hat{\boldsymbol{y}})]}{\partial \boldsymbol{d}_z} = \frac{\boldsymbol{F}_{\mathrm{eff},z}^{\mathrm{T}}\boldsymbol{G}_z^{-1}(\boldsymbol{Z} - \boldsymbol{F}_{\mathrm{eff},z}\boldsymbol{d}_z)}{\sigma_z^2} = 0
\tag{6-26}
$$

综合模型的待定系数为

$$
\boldsymbol{d}_z = (\boldsymbol{F}_{\mathrm{eff},z}^{\mathrm{T}}\boldsymbol{G}_z^{-1}\boldsymbol{F}_{\mathrm{eff},z})^{-1}\boldsymbol{F}_{\mathrm{eff},z}^{\mathrm{T}}\boldsymbol{G}_z^{-1}\boldsymbol{Z}_{\mathrm{eff}}
\tag{6-27}
$$

对于 $\boldsymbol{y}_*$ 处的随机模型为

$$
\kappa_z(\boldsymbol{y}_*) = \boldsymbol{r}_z^{\mathrm{T}}(\boldsymbol{y}_*)\boldsymbol{G}_z^{-1}(\boldsymbol{Z}_{\mathrm{eff}} - \boldsymbol{F}_{\mathrm{eff},z}\boldsymbol{d}_z)
\tag{6-28}
$$

式中, $\boldsymbol{r}_z(\boldsymbol{y}_*)$ 为 $\boldsymbol{y}_*$ 和 $\boldsymbol{y}_{\mathrm{eff}}$ 之间的相关关系向量,可描述为

$$
\boldsymbol{r}_z(\boldsymbol{y}_*) = \begin{bmatrix} R_z(\boldsymbol{\theta}_z, \boldsymbol{y}_*, \boldsymbol{y}_{\mathrm{eff}}^1) & R_z(\boldsymbol{\theta}_z, \boldsymbol{y}_*, \boldsymbol{y}_{\mathrm{eff}}^2) & \cdots & R_z(\boldsymbol{\theta}_z, \boldsymbol{y}_*, \boldsymbol{y}_{\mathrm{eff}}^{\hat{s}}) \end{bmatrix}
\tag{6-29}
$$

通过上述分析,可以利用 BIMEM 方法建立高压涡轮叶盘低周疲劳寿命预测的数学模型,其极限状态函数为

$$
g_z(\boldsymbol{y}_{\mathrm{eff}}) = z_{\mathrm{eff}}(\boldsymbol{y}_{\mathrm{eff}}) - z_{\mathrm{allow}}
\tag{6-30}
$$

式中, z_{allow} 为高压涡轮叶盘低周疲劳寿命许用值;若 $g_z(\boldsymbol{y}_{\mathrm{eff}}) \geq 0$,则表明高压涡轮叶盘是安全的,若 $g_z(\boldsymbol{y}_{\mathrm{eff}}) < 0$,则表明高压涡轮叶盘超过安全极限,是不安全的。

6.3.3 双步迭代移动增强建模方法概率分析原理

根据极限状态函数,采用 MC 随机抽样方法计算可靠度为

$$
\begin{cases}
p_R = \displaystyle\int_R g_z(\boldsymbol{y}_{\mathrm{eff}})\,\mathrm{d}\boldsymbol{y}_{\mathrm{eff}} = \int I_R(g_z(\boldsymbol{y}_{\mathrm{eff}}))g_z(\boldsymbol{y}_{\mathrm{eff}})\,\mathrm{d}\boldsymbol{y}_{\mathrm{eff}} \\[2mm]
\quad = E[I_R(g_z(\boldsymbol{y}_{\mathrm{eff}}))] = \dfrac{1}{N}\sum I_R(g_z(\boldsymbol{y}_{\mathrm{eff}})) = \dfrac{N_R}{N} \\[3mm]
\text{s.t. } I_R(g_z(\boldsymbol{y}_{\mathrm{eff}})) = \begin{cases} 0, & g_z(\boldsymbol{y}_{\mathrm{eff}}) < 0 \\ 1, & g_z(\boldsymbol{y}_{\mathrm{eff}}) \geq 0 \end{cases}
\end{cases}
\tag{6-31}
$$

式中,R 为安全域;$I_R(\cdot)$ 为安全域的指示函数;N_R 为位于安全域中的样本个数;N 为样本总数。

采用灵敏度分析方法,研究相关参数对高压涡轮叶盘低周疲劳寿命失效概率的影响程度。敏感性分析的指标通常用敏感性 S_{d} 和影响概率 I_{p} 表示。其中,各参数对应的灵敏度和影响概率为

$$
\begin{cases}
S_{\mathrm{d},\,i} = E\left[\dfrac{I_F(g_z(\boldsymbol{y}_{\mathrm{eff}}))(y_{\mathrm{eff},\,i}^{\hat{i}} - E(\boldsymbol{y}_{\mathrm{eff},\,i}))}{\mathrm{var}(\boldsymbol{y}_{\mathrm{eff},\,i})}\right] \\[3mm]
I_F(g_z(\boldsymbol{y}_{\mathrm{eff}})) = \begin{cases} 0, & g_z(\boldsymbol{y}_{\mathrm{eff}}) \geqslant 0 \\ 1, & g_z(\boldsymbol{y}_{\mathrm{eff}}) < 0 \end{cases} \\[3mm]
I_{\mathrm{p},\,i} = \dfrac{|\,S_{\mathrm{d},\,i}\,|}{\displaystyle\sum_{i=1}^{m} |\,S_{\mathrm{d},\,i}\,|}
\end{cases}
\tag{6-32}
$$

式中,$I_F(\cdot)$ 为示性函数。

需要说明的是,灵敏度有正负之分,正值表示该变量与高压涡轮叶盘低周疲劳寿命呈正相关,负值表示相关参数与高压涡轮叶盘低周疲劳寿命呈负相关。影响概率直接反映相关参数对高压涡轮叶盘低周疲劳寿命的影响程度。

6.3.4　基于双步迭代移动增强建模方法的高压涡轮低周疲劳寿命概率分析案例

高压涡轮叶盘是航空发动机重要的部件,其承受流体、热场和结构场的时变载荷。高压涡轮叶盘是一种循环对称结构,由一个圆盘和多个叶片组成。为了模拟高压涡轮叶盘的应力、应变和低周疲劳寿命,建立涡轮叶盘(含叶片和 1/48 轮盘)的三维模型,以其作为研究对象,如图 6 - 6(a)所示,图 6 - 6(b)为覆盖三个叶片的流场模型。

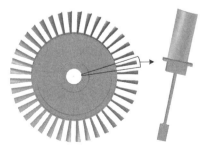
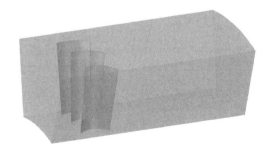

(a) 高压涡轮叶盘　　　　　　　　　　　　　(b) 流场

图 6 - 6　高压涡轮叶盘及其流场三维模型

利用建立的高压涡轮叶盘和流场三维模型,采用四面体单元生成有限元模型,定义边界条件、载荷和材料参数,实现动态确定性分析。高压涡轮叶盘及其流场有限元模型如图 6－7 所示。在图 6－7 中,高压涡轮叶盘和流场的有限元模型分别包含 16 289 个单元、26 837 个节点和 115 427 个单元、190 172 个节点。

(a) 高压涡轮叶盘　　　　　　　　　　　　　　(b) 流场

图 6－7　高压涡轮叶盘及其流场有限元模型

为了预测高压涡轮叶盘低周疲劳寿命,选择[0 s, 215 s]包含 12 个临界点的时域作为分析时域,采用无摩擦支承和圆柱支承作为涡轮叶盘的约束条件。涡轮叶盘材料为 GH4133,密度为 856 0 kg/m³,弹性模量为 1.61×10^{11} Pa,泊松比为 0.322 4。假设进口速度和进口压力恒定,即 124 m/s 和 588 000 Pa,燃气温度和转速与时间有关,其变化规律如表 6－2 所示。

表 6－2　燃气温度和转速随时间变化规律

时间/s	0	10	95	100	130	140	150	160	165	200	205	215
燃气温度/K	50	468	573	782	697	838	924	1 052	1 200	1 200	998	998
转速/(m/s)	0	420	448	656	748	852	654	1 054	1 168	1 168	950	950

采用有限元法和有限体积(finite volume, FV)法相结合的耦合技术,考虑流体、热和结构载荷的影响,对高压涡轮叶盘进行动态确定性分析,得到高压涡轮叶盘应力和应变随时间变化曲线,如图 6－8 所示。

由图 6－8 可知,高压涡轮叶盘的应力、应变随着燃气温度和转速的增大而增大,在爬升阶段[165 s, 200 s]出现最大应力和应变。因此,本节选择 $t =$

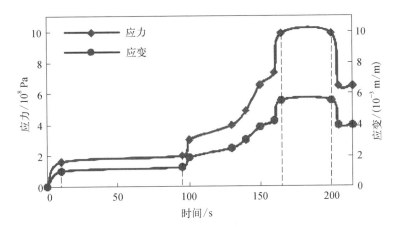

图 6 - 8　高压涡轮叶盘应力和应变随时间变化曲线

175 s 作为时间点,探讨高压涡轮叶盘应力、应变分布和低周疲劳寿命。高压涡轮叶盘应力、应变和低周疲劳寿命分布云图如图 6 - 9 所示,其中 σ 和 ε 分别为高压涡轮叶盘的应力和应变,且高压涡轮叶盘应力和应变的最大值位于叶片根部。

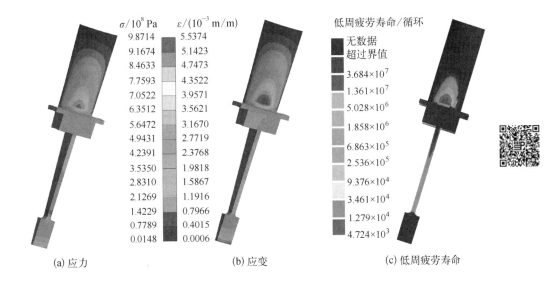

图 6 - 9　高压涡轮叶盘应力、应变和低周疲劳寿命分布云图

为了说明动态确定性分析的可信度,采用五种不同单元尺寸的网格对高压涡轮叶盘应力和应变进行收敛性分析,分析结果如表 6 - 3 和图 6 - 10 所示。

表6－3 高压涡轮叶盘应力和应变收敛性分析

单元尺寸/m	单 元 数 量		中间输出最大值	
	叶 盘	流 场	应力/10^8 Pa	应变/(10^{-3} m/m)
0.03	2 728	183	9.382 4	5.132 7
0.02	8 062	1 425	9.561 2	5.325 4
0.01	59 879	8 822	9.703 7	5.476 9
0.008	115 427	16 298	9.871 4	5.537 4
0.005	467 477	37 869	9.871 6	5.537 9

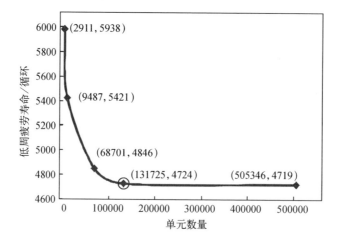

图6－10 高压涡轮叶盘低周疲劳寿命收敛曲线

　　由表6－3和图6－10可以看出,随着单元尺寸的减小,高压涡轮叶盘应力、应变收敛于常数;随着单元数量的增加,高压涡轮叶盘低周疲劳寿命收敛于常数4 719。因此,选择单元尺寸为0.008 m、单元数量为131 725完成高压涡轮叶盘动态确定性分析。

　　在航空发动机运行过程中,上述影响因素具有较强的随机性。根据工程经验,选择进口速度 v、出口压力 p_{out}、燃气温度 t_{gas}、材料密度 ρ 和转速 w 作为底层输入参数,即平均应力 $\sigma_m = (\sigma_{max} + \sigma_{min})/2$ 和应变幅值 $\Delta\varepsilon_t = \varepsilon_{max} - \varepsilon_{min}$ 的直接输入参数。此外,平均应力 σ_m、应变幅值 $\Delta\varepsilon_t$、强度系数 σ'_f、延性系数 ε'_f、疲劳强度指数 b 和疲劳延性指数 c 作为高压涡轮叶盘低周疲劳寿命的中间输入参数。假设所有输入都是相互独立的,其数值分布特征如表6－4所示。

表 6 - 4　随机输入变量数值分布特征

底层参数	$v/(\mathrm{m/s})$	$p_{\mathrm{out}}/\mathrm{Pa}$	$t_{\mathrm{gas}}/\mathrm{K}$	$\rho/(\mathrm{kg/m^3})$	$w/(\mathrm{rad/s})$
均　值	124	588 000	1 200	8 560	1 168
标准差	16	58 800	120	428	68
分　布	正态	正态	正态	正态	正态

中间输入	$\sigma_{\mathrm{m}}/\mathrm{Pa};\ \Delta\varepsilon_{\mathrm{t}}/(\mathrm{m/m})$			
	$\sigma_{\mathrm{f}}'/10^6\ \mathrm{Pa}$	$\varepsilon_{\mathrm{f}}'$	b	c
均　值	1 318	0.976	−0.084	−0.94
标准差	68	0.096	0.006	0.08
分　布	正态	正态	正态	正态

基于表 6 - 4 中的数值属性和分布特征,利用 LHS 生成 200 个底层和中间输入样本,得到最大应力和应变;结合有限元模型确定样本集,得到高压涡轮叶盘的平均应力、应变幅和最小低周疲劳寿命。其中,随机选取 100 个训练样本定义有效样本,建立高压涡轮叶盘低周疲劳寿命预测的数学模型,其余 100 个样本作为测试集,验证 BIMEM 方法的有效性。

在 100 个训练样本的基础上,选取 50 个有效样本,并将其归一化,采用 MPSO 算法实现超参数求解,超参数寻优过程如图 6 - 11 所示。

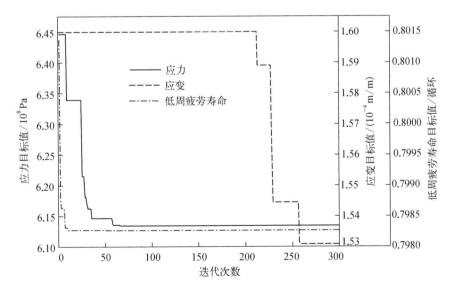

图 6 - 11　MPSO 算法超参数寻优过程

图 6-11 中,当迭代次数分别为 69 次、51 次和 257 次时,高压涡轮叶盘平均应力、应变幅和低周疲劳寿命目标函数最小,进而可确定超参数。

结合有效样本、权值和超参数,采用 BIMEM 方法建立高压涡轮叶盘综合模型和嵌套模型,即

$$a_0 = -0.298\,7; \quad a_1 = 0.337\,5; \quad a_2 = 0.148\,1 \tag{6-33}$$

$$\begin{cases} \boldsymbol{b}_0 = (0.576\,1 \quad 0.643\,3 \quad 0.037\,8 \quad -0.059\,6 \quad -0.284\,5 \quad -0.464\,8) \\ \boldsymbol{b}_1 = (-0.008\,1 \quad -0.047\,9 \quad -0.047\,8 \quad 0.263\,9 \quad 0.645\,1) \\ \boldsymbol{b}_2 = (-0.039\,8 \quad 0.056\,5 \quad -0.035\,2 \quad 0.375\,6 \quad 0.834\,9) \end{cases}$$
$$\tag{6-34}$$

$$\begin{cases} \boldsymbol{c}_0 = \begin{pmatrix} -0.249\,1 & 0.165\,5 & \cdots & -0.167\,5 \\ 0.165\,5 & -0.167\,5 & \cdots & -0.074\,8 \\ \vdots & \vdots & & \vdots \\ -0.167\,5 & -0.074\,8 & \cdots & 1.165\,6 \end{pmatrix}_{6\times6} \\ \boldsymbol{c}_1 = \begin{pmatrix} -0.004\,5 & -0.067\,3 & \cdots & -0.053\,2 \\ -0.067\,3 & 0.213\,6 & \cdots & 0.042\,7 \\ \vdots & \vdots & & \vdots \\ -0.053\,2 & 0.042\,7 & \cdots & -0.406\,2 \end{pmatrix}_{5\times5} \\ \boldsymbol{c}_2 = \begin{pmatrix} -0.030\,1 & 0.016\,1 & \cdots & 0.010\,3 \\ 0.016\,1 & 0.002\,5 & \cdots & 0.010\,7 \\ \vdots & \vdots & & \vdots \\ 0.010\,3 & 0.010\,7 & \cdots & -0.116\,3 \end{pmatrix}_{5\times5} \end{cases} \tag{6-35}$$

$$\begin{cases} \boldsymbol{r}_z = (-0.369\,7 \quad -4.020\,2 \quad \cdots \quad 0.378\,6)_{1\times50} \\ \boldsymbol{r}_{y1} = (-0.076\,9 \quad -0.126\,6 \quad \cdots \quad 0.528\,4)_{1\times50} \\ \boldsymbol{r}_{y2} = (-0.398\,3 \quad -0.257\,0 \quad \cdots \quad 0.116\,8)_{1\times50} \end{cases} \tag{6-36}$$

基于 BIMEM 所构建的极限状态函数,采用 MC 法进行 10 000 次仿真模拟,得到高压涡轮叶盘低周疲劳寿命的仿真历史和分布直方图如图 6-12 所示。

由图 6-12 可知,高压涡轮叶盘低周疲劳寿命服从对数正态分布,平均值和标准差分别为 $1.776\,4\times10^4$ 和 4.932×10^3。当低周疲劳寿命许用值为 2 968 次时,可靠度为 0.998 6。

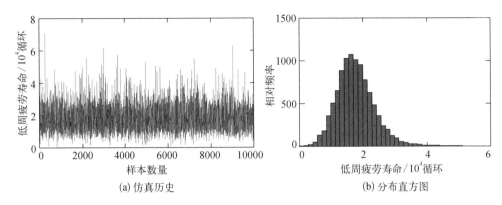

图 6 - 12　高压涡轮叶盘低周疲劳寿命的仿真历史和分布直方图

(a) 仿真历史　　　　　　　　(b) 分布直方图

需要说明的是,为了保证所得到的可靠性指标的有效性,通过不同 MC 样本对高压涡轮叶盘低周疲劳寿命可靠性进行分析,结果如表 6 - 5 所示。

表 6 - 5　不同样本下高压涡轮叶盘低周疲劳寿命可靠性分析结果

MC 样 本	可 靠 度	精 度/%
10^2	0.96	3.86
10^3	0.981	1.75
10^4	0.998 6	0.01
10^5	0.998 5	—

由表 6 - 5 可以看出,随着 MC 样本的增加,可靠度收敛于 0.998 5。当 MC 样本数量为 10^4 时,其可靠度为 0.998 6。因此,选取 0.998 6 作为高压涡轮叶盘低周疲劳寿命可靠性的指标。

在可靠性分析的基础上,进一步开展高压涡轮叶盘低周疲劳寿命灵敏度分析,结果如表 6 - 6 和图 6 - 13 所示。

表 6 - 6　高压涡轮叶盘低周疲劳寿命相关输入灵敏度分析

输入	v	p_{out}	t_{gas}	ρ	w	σ_f'	ε_f'	b	c
S_d	0.428 8	0.000 3	-0.849 3	-0.023 6	-0.428 8	1.764 7	0.040 7	0.468 9	0.312 5
I_p	9.86	0.01	19.53	0.54	9.05	41.62	0.96	11.06	7.37

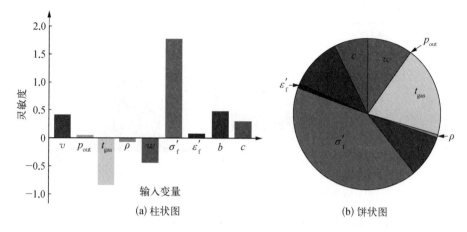

$$\text{(a) 柱状图} \qquad \text{(b) 饼状图}$$

图 6 - 13　高压涡轮叶盘低周疲劳寿命灵敏度分析柱状图和饼状图

由表 6 - 6 和图 6 - 13 可以看出,影响高压涡轮叶盘低周疲劳寿命的主要输入参数为强度系数,其次为燃气温度、疲劳强度指数、进口流速、转速、疲劳延性指数、延性系数、材料密度和出口压力。此外,由表 6 - 6 和图 6 - 13 还可以发现,强度系数、疲劳强度指数、进口流速、疲劳延性指数、延性系数和出口压力与高压涡轮叶盘低周疲劳寿命呈正相关,其他剩余输入变量与高压涡轮叶盘低周疲劳寿命呈负相关。

6.3.5　双步迭代移动增强建模方法验证

为了说明 BIMEM 方法在建模方面的有效性,通过与 ERSM 和传统 Kriging 模型相比较,验证基于训练样本的建模效率和逼近精度以及基于测试样本的预测精度。其中,拟合时间(建模效率)不包括样本生成时间,逼近精度和预测精度由绝对误差和 RMSE 来评价。分析结果如表 6 - 7 和图 6 - 14 所示。

表 6 - 7　ERSM、Kriging 模型和 BIMEM 的建模时间、逼近精度和预测精度

方　法	建模时间/s	提高效率/%	$RMSE_{train}$	$RMSE_{test}$	提高精度/%
ERSM	1.06	—	242.346 7	373.159 9	—
Kriging 模型	0.82	22.64	0	178.105 4	52.27
BIMEM	0.48	54.72	0	57.294 2	84.65

由表 6 - 7 和图 6 - 14 可知,BIMEM 方法的建模时间(0.48 s)小于 ERSM 和 Kriging 模型(1.06 s 和 0.82 s)的建模时间,拟合效率较 ERSM 和 Kriging 模型分别提高了 54.72% 和 41.46%;BIMEM 和 Kriging 模型对已知样本的拟合能力较好,因

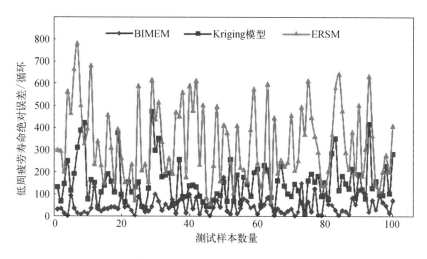

图 6‑14　高压涡轮叶盘低周疲劳寿命预测绝对误差

为 BIMEM 和 ERSM 的 RMSE 都接近于零,而 ERSM 的 RMSE 为 242.346 7;BIMEM
方法对 100 个测试样本的绝对误差波动较小,在三种替代建模策略中,BIMEM 方
法的预测稳定性最好。因此,验证了 BIMEM 方法具有更高的建模精度和更好的鲁
棒性,原因是 MLS 法可以从训练样本中捕获有效样本,反映输出响应与输入参数
之间的关系,相对于传统的梯度下降法,MPSO 算法可以找到超参数的最优值。分
析结果表明,所提出的 BIMEM 方法在建模效率和精度方面具有明显优势。

　　为进一步说明 BIMEM 方法在仿真效率和精度方面的适用性,采用传统的
Kriging 模型、ERSM 和直接模拟,对高压涡轮叶盘低周疲劳寿命进行不同抽样规模
仿真,进而进行可靠性分析。仿真效率和精度结果如表 6‑8 和表 6‑9 所示。

表 6‑8　四种方法高压涡轮叶盘低周疲劳寿命可靠性仿真效率

方　　法	不同仿真次数下仿真时间/s		
	10^2	10^3	10^4
直接模拟	57 279	612 092	—
ERSM	0.94	1.14	4.27
Kriging	0.58	0.89	2.96
BIMEM	0.35	0.47	1.52

　　由表 6‑8 的仿真效率可以看出,BIMEM 方法在仿真效率方面具有明显的优
势。代理建模策略(包括 ERSM、Kriging 和 BIMEM 方法)优于直接模拟,这是因为

直接模拟的计算时间远大于代理模型;随着 MC 仿真次数的增加,代理建模策略的
仿真消耗远小于直接仿真;在三种代理建模策略中,BIMEM 方法的仿真效率最高。

表 6-9   四种方法高压涡轮叶盘低周疲劳寿命可靠性仿真精度

仿真次数	可 靠 度				仿真精度/%		
	直接模拟	ERSM	Kriging	BIMEM	ERSM	Kriging	BIMEM
10^2	0.99	0.84	0.92	0.96	84.85	92.93	96.97
10^3	0.998	0.904	0.935	0.981	90.58	93.69	98.29
10^4	—	0.942 4	0.957 2	0.998 6	—	—	—

由表 6 - 9 的仿真精度可以看出,BIMEM 方法的仿真精度(97.63%)优于
ERSM(87.72%)和 Kriging 模型(93.31%),BIMEM 方法得到的可靠度与直接模拟
的可靠度最接近。因此,BIMEM 方法具有较高的精度。

结果表明,所提出的 BIMEM 方法在仿真效率和精度方面具有明显的优势。

6.4   本章小结

针对涉及多个嵌套目标的复杂结构概率分析问题,本章先基于 Kriging 模型,
引入 MPA,提出了 MPAKM;再采用极值法、MPSO 算法、移动最小二乘法与 Kriging
相结合的方式,提出了 BIMEM 方法。此外,本章还通过航空发动机高压涡轮叶盘
低周疲劳寿命可靠性和灵敏度分析,论证了所研究方法的有效性。

第7章
基于多重代理模型法的复杂结构动态综合概率分析方法

7.1 引言

　　复杂结构除了涉及多构件同一失效模式动态协同概率分析问题,还涉及同一构件多失效模式动态综合概率分析问题。若采用单目标动态概率分析方法(改进代理模型法)处理复杂结构多失效模式问题,则需要对各失效模式分别获取足够的样本建立各自相应的分析模型,并且需要进行多次重复大量 MC 模拟[171, 172]。基于改进代理模型法(如加权代理模型、混合代理模型、移动代理模型等方法)的复杂结构同一构件多种失效模式的动态综合概率分析,面临建模效率低和仿真效率低等问题。

　　对于复杂结构同一构件多失效模式动态可靠性及灵敏度分析,现有文献主要解决思路为:针对多种失效模式同时建立多个目标函数,依据各失效模式之间的关联关系实现其概率分析[67, 106]。此外,分解协调策略能够有效处理复杂结构多构件同一失效模式的动态可靠性及灵敏度分析问题[5, 102]。同时,分解协调策略也可适用于复杂结构同一构件多失效模式的动态综合概率分析,这是本章主要攻克的难题之一。经过前期研究,已基本形成了分解协调策略在多失效模式综合概率分析中的研究思路,即将多失效模式分解处理,进而依据各失效模式之间的关系协调建模,完成多失效模式综合概率分析。然而,针对复杂结构同一构件多失效模式动态概率分析,现有方法仍然存在两方面的问题:一方面,对于涉及多失效模式且具有时变特性的可靠性及灵敏度分析,需要多次重复建立各失效模式的不同研究时刻点的数学模型,且重复执行大规模仿真计算,处理过程过于烦琐;另一方面,分解协调策略在复杂结构多构件同一失效模式的动态协同概率分析中得以验证,但是尚未阐述该策略在复杂结构同一构件多失效模式的动态综合概率分析中的适用性。

　　为了实现复杂结构动态综合概率分析,解决多失效模式相关性问题,本章先结合混联抽样技术同时获取多失效模式的建模样本,基于传统 ERSM 介绍多重极值响应面法(MERSM);再将分解协调策略分别与基于二次多项式的 ERSM 和基于

ERSM 的 Kriging 模型相结合,介绍基于分解协调策略的二次多项式代理模型法(QP - DCSMM),以及基于分解协调策略的极值 Kriging 模型法(K - DCSMM),并在此基础上,阐述基于分解协调的混合代理模型法(M - DCSMM);最后,通过航空发动机高压涡轮叶盘多失效模式动态综合可靠性及灵敏度分析,验证所介绍的方法对于复杂结构同一构件多失效模式动态综合概率分析的可行性。

7.2   复杂结构动态综合概率分析的多重极值响应面法

本节通过混联抽样技术同时获取多失效模式的建模样本,基于传统 ERSM 介绍 MERSM,研究复杂结构同一构件多失效模式动态综合概率分析,并通过航空发动机高压涡轮叶盘多失效模式(应力、应变和变形)动态综合可靠性及灵敏度分析对 MERSM 的适用性进行验证。

7.2.1   多重极值响应面法基本思想

MERSM 实质上是在获取随机输入变量样本的基础上,通过混联抽样同时获取多种失效模式的输出响应,进而同时建立各失效模式的功能函数,依据各失效模式之间的关系,完成复杂结构同一构件多失效模式动态综合可靠性分析与灵敏度分析。基于 MERSM 的复杂结构同一构件多失效模式动态综合概率分析流程如图 7 - 1 所示。

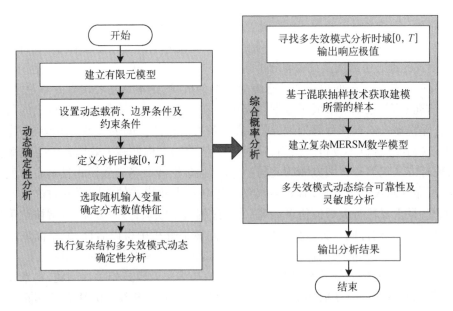

图 7 - 1   基于 MERSM 的复杂结构同一构件多失效模式动态综合概率分析流程

由图 7-1 可知,基于 MERSM 的复杂结构同一构件多失效模式动态综合概率分析流程主要包括复杂结构动态确定性分析、基于混联抽样技术获取建模所需的样本、MERSM 建模及动态综合概率分析。其中,MERSM 建模是基于相同的输入样本及对应的各失效模式的输出响应样本分别建立其功能函数;动态综合概率分析的目的是结合各失效模式之间的关系(如串联、并联等)实现分析流程。

7.2.2　多重极值响应面法数学模型

MERSM 数学模型实质上是由多个 ERSM 数学模型组成的,每个 ERSM 数学模型均为复杂结构单一失效模式的功能函数,则 MERSM 的数学模型可写为

$$
\begin{aligned}
y_{\mathrm{MERSM}}^{(1)}(\boldsymbol{x}) &= a^{(1)} + \boldsymbol{b}^{(1)}\boldsymbol{x} + \boldsymbol{x}^{\mathrm{T}}\boldsymbol{c}^{(1)}\boldsymbol{x} \\
y_{\mathrm{MERSM}}^{(2)}(\boldsymbol{x}) &= a^{(2)} + \boldsymbol{b}^{(2)}\boldsymbol{x} + \boldsymbol{x}^{\mathrm{T}}\boldsymbol{c}^{(2)}\boldsymbol{x} \\
&\vdots \\
y_{\mathrm{MERSM}}^{(M)}(\boldsymbol{x}) &= a^{(M)} + \boldsymbol{b}^{(M)}\boldsymbol{x} + \boldsymbol{x}^{\mathrm{T}}\boldsymbol{c}^{(M)}\boldsymbol{x}
\end{aligned}
\tag{7-1}
$$

式中,M 为复杂结构同一构件失效模式数量。

此外,式(7-1)中相关待定系数可通过最小二乘原理确定,具体可参见 2.2.2 节相关内容。

7.2.3　多重极值响应面法动态概率分析原理

结合复杂结构同一构件多失效模式功能函数式(7-1),构建其极限状态函数为

$$
\begin{aligned}
h_{\mathrm{MERSM}}^{(1)}(\boldsymbol{x}) &= y_{\mathrm{allow}}^{(1)} - y_{\mathrm{MERSM}}^{(1)}(\boldsymbol{x}) \\
h_{\mathrm{MERSM}}^{(2)}(\boldsymbol{x}) &= y_{\mathrm{allow}}^{(2)} - y_{\mathrm{MERSM}}^{(2)}(\boldsymbol{x}) \\
&\vdots \\
h_{\mathrm{MERSM}}^{(M)}(\boldsymbol{x}) &= y_{\mathrm{allow}}^{(M)} - y_{\mathrm{MERSM}}^{(M)}(\boldsymbol{x})
\end{aligned}
\tag{7-2}
$$

式中,$y_{\mathrm{allow}}^{(1)}$,$y_{\mathrm{allow}}^{(2)}$,$\cdots$,$y_{\mathrm{allow}}^{(M)}$ 为各失效模式对应输出响应的许用值。

基于式(7-2),多失效模式极限状态函数可写为向量形式:

$$
\boldsymbol{h}_{\mathrm{MERSM}}(\boldsymbol{x}) = \left[\, h_{\mathrm{MERSM}}^{(1)}(\boldsymbol{x}),\, h_{\mathrm{MERSM}}^{(2)}(\boldsymbol{x}),\, \cdots,\, h_{\mathrm{MERSM}}^{(M)}(\boldsymbol{x})\,\right]^{\mathrm{T}}
\tag{7-3}
$$

多失效模式的均值和标准差为

$$\boldsymbol{\mu}_{\boldsymbol{h}_{\mathrm{MERSM}(\boldsymbol{x})}} = (\mu_{h_{\mathrm{MERSM}(\boldsymbol{x})}^{(1)}}, \mu_{h_{\mathrm{MERSM}(\boldsymbol{x})}^{(2)}}, \cdots, \mu_{h_{\mathrm{MERSM}(\boldsymbol{x})}^{(M)}}) \tag{7-4}$$

$$\boldsymbol{\sigma}_{\boldsymbol{h}_{\mathrm{MERSM}(\boldsymbol{x})}} = (\sigma_{h_{\mathrm{MERSM}(\boldsymbol{x})}^{(1)}}, \sigma_{h_{\mathrm{MERSM}(\boldsymbol{x})}^{(2)}}, \cdots, \sigma_{h_{\mathrm{MERSM}(\boldsymbol{x})}^{(M)}})$$

若出现其中一种失效模式,则复杂结构发生失效,其失效事件可表示为

$$E^{(1)} \cup E^{(2)} \cup \cdots \cup E^{(M)} \tag{7-5}$$

复杂结构多失效模式的综合失效概率如式(7-6)所示:

$$
\begin{aligned}
P_{\mathrm{f}} &= P(E^{(1)} \cup E^{(2)} \cup \cdots \cup E^{(M)}) \\
&= \sum_{l=1}^{M} P(E^{(l)}) - \sum_{1 \leqslant l \leqslant l' \leqslant M} P(E^{(l)} E^{(l')}) + \sum_{1 \leqslant l \leqslant l' \leqslant l'' \leqslant m} P(E^{(l)} E^{(l')} E^{(l'')}) - \cdots \\
&\quad + (-1)^{M-1} P(E^{(1)} E^{(2)} \cdots E^{(M)}) \\
&= \sum_{l=1}^{M} \left[1 - \Phi\left(\frac{\mu_{h_{\mathrm{MERSM}}^{(l)}}}{\sigma_{h_{\mathrm{MERSM}}^{(l)}}}\right) \right] - \sum_{1 \leqslant l \leqslant l' \leqslant M} \left[1 - \Phi\left(\frac{\mu_{h_{\mathrm{MERSM}}^{(l)}}}{\sigma_{h_{\mathrm{MERSM}}^{(l)}}}\right) \times \Phi\left(\frac{\mu_{h_{\mathrm{MERSM}}^{(l')}}}{\sigma_{h_{\mathrm{MERSM}}^{(l')}}}\right) \right] \\
&\quad + \sum_{1 \leqslant l \leqslant l' \leqslant l'' \leqslant M} \left[1 - \Phi\left(\frac{\mu_{h_{\mathrm{MERSM}}^{(l)}}}{\sigma_{h_{\mathrm{MERSM}}^{(l)}}}\right) \times \Phi\left(\frac{\mu_{h_{\mathrm{MERSM}}^{(l')}}}{\sigma_{h_{\mathrm{MERSM}}^{(l')}}}\right) \times \Phi\left(\frac{\mu_{h_{\mathrm{MERSM}}^{(l'')}}}{\sigma_{h_{\mathrm{MERSM}}^{(l'')}}}\right) \right] - \cdots \\
&\quad + (-1)^{M-1} \left[1 - \Phi\left(\frac{\mu_{h_{\mathrm{MERSM}}^{(1)}}}{\sigma_{h_{\mathrm{MERSM}}^{(1)}}}\right) \times \Phi\left(\frac{\mu_{h_{\mathrm{MERSM}}^{(2)}}}{\sigma_{h_{\mathrm{MERSM}}^{(2)}}}\right) \times \cdots \times \Phi\left(\frac{\mu_{h_{\mathrm{MERSM}}^{(M)}}}{\sigma_{h_{\mathrm{MERSM}}^{(M)}}}\right) \right]
\end{aligned}
\tag{7-6}
$$

式中,$l, l', l'' = 1, 2, \cdots, M$。

在动态综合可靠性分析的基础上,结合相关分析原理完成复杂结构同一构件多失效模式的灵敏度分析。

7.2.4　算例分析

结合航空发动机高压涡轮叶盘多失效模式的动态综合可靠性及灵敏度分析,验证 MERSM 的有效性。

1. 高压涡轮叶盘多失效模式动态确定性分析

以航空发动机高压涡轮叶盘为例,考虑流-热-固三场载荷交互作用,开展应力、应变和变形多失效模式动态确定性分析。高压涡轮叶盘是典型的循环对称结构,因此选取 1/40(包含 1 个叶片和 1/40 轮盘)作为分析对象,高压涡轮叶盘及流场三维模型参见图 2-4 和图 2-5,有限元模型如图 7-2 所示。由图可以看出,高压涡轮叶盘有限元模型由四面体单元和六面体单元组成,包括 9 577 个单元和 25 015 个节点;高压涡轮叶盘流场由六面体单元组成,包括 1 044 528 个单元和 1 009 035 个节点。

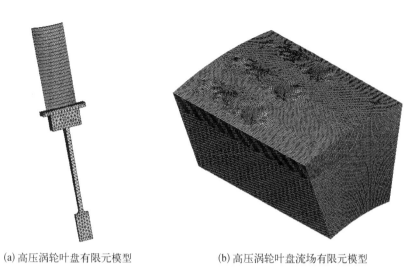

(a) 高压涡轮叶盘有限元模型　　　　　(b) 高压涡轮叶盘流场有限元模型

图 7 - 2　高压涡轮叶盘及流场有限元模型

在建立高压涡轮叶盘及流场有限元模型的基础上,设置动态确定性分析相关边界及载荷条件,选取钛合金作为高压涡轮叶盘材料(密度为 4 440 kg/m^3、泊松比为 0.34、弹性模量为 1.10×10^{11} Pa),进口流速为 160 m/s,在分析时域[0 s, 65 s]转速和燃气温度变化如图 7 - 3 所示。

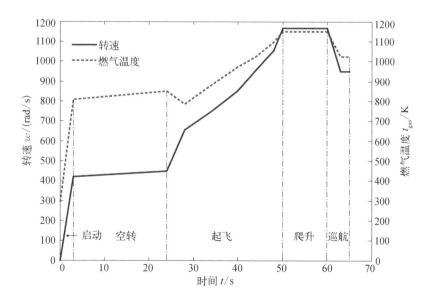

图 7 - 3　高压涡轮叶盘转速和燃气温度随时间变化曲线

依据耦合原理对高压涡轮叶盘进行动态确定性分析,其应力、应变和变形在分析时域内的变化曲线如图 7 - 4 所示。由图可以看出,高压涡轮叶盘应力、应变和变形的最大值同时出现在爬升阶段,即分析时域[50 s, 60 s]。因此,选取 $t = 60$ s 作为分析时刻点,则该时刻点对应的高压涡轮叶盘耦合交界面压力分布、温度分布分别如图 7 - 5 和图 7 - 6 所示,高压涡轮叶盘变形、应力和应变的分布如图 7 - 7 所示。由图 7 - 7 可知,高压涡轮叶盘变形最大值出现在叶尖部位,而应力和应变最大值出现在叶片根部。

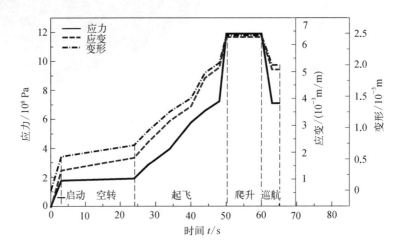

图 7 - 4　高压涡轮叶盘应力、应变和变形随时间变化曲线

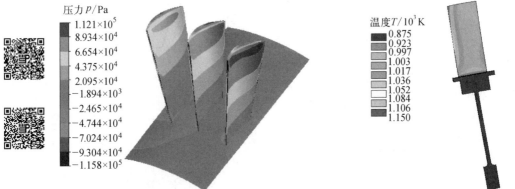

图 7 - 5　高压涡轮叶盘耦合交界面压力分布　　　图 7 - 6　高压涡轮叶盘温度分布

2. 基于 MERSM 的高压涡轮叶盘多失效模式建模

结合动态确定性分析选取的分析时刻点及分析位置,选取燃气温度 t_{gas}、进口流速 v、密度 ρ 和转速 w 作为随机输入变量,其分布数值特征如表 7 - 1 所示。

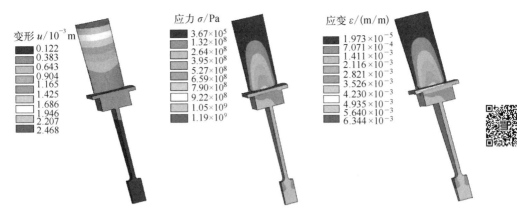

(a) 高压涡轮叶盘变形分布　　　(b) 高压涡轮叶盘应力分布　　　(c) 高压涡轮叶盘应变分布

图 7 - 7　高压涡轮叶盘变形、应力和应变分布

表 7 - 1　高压涡轮叶盘多失效模式相关随机输入变量分布数值特征

输 入 变 量	分 布 类 型	均　　值	标 准 差
t_{gas}/K	正态分布	1 150	10.72
v/(m/s)	正态分布	160	3.2
ρ/(kg/m³)	正态分布	4 440	21.07
w/(rad/s)	正态分布	1 168	10.82

　　基于表 7 - 1 中随机输入变量分布数值特征,运用混联抽样技术获取建模所需样本(包括输入变量和含有多种失效模式的输出响应),在此基础上结合式(7 - 1)建立高压涡轮叶盘变形、应力和应变的数学模型(MERSM 模型),如式(7 - 7)所示:

$$y_{\mathrm{MERSM}}^{(1)}(t_{gas}, v, \rho, w) = 8.408\,8 \times 10^{-3} + 2.6 \times 10^{-5}t_{gas} - 2.46 \times 10^{-5}v$$
$$- 1.48 \times 10^{-5}\rho + 1.61 \times 10^{-5}w - 1.068\,7 \times 10^{-8}t_{gas}^2$$
$$+ 5.795\,7 \times 10^{-8}v^2 + 1.721\,7 \times 10^{-9}\rho^2 - 4.664\,7 \times 10^{-9}w^2$$

$$y_{\mathrm{MERSM}}^{(2)}(t_{gas}, v, \rho, w) = 2.197\,1 \times 10^{10} + 2.737\,9 \times 10^6 t_{gas} - 2.115\,6 \times 10^7 v$$
$$- 1.277\,6 \times 10^7\rho + 1.010\,4 \times 10^7 w - 1.095\,5 \times 10^3 t_{gas}^2$$
$$+ 6.015 \times 10^4 v^2 + 1.465\,3 \times 10^3\rho^2 - 3.373\,1 \times 10^3 w^2$$

$$y_{\mathrm{MERSM}}^{(3)}(t_{gas}, v, \rho, w) = 1.979 \times 10^{-2} + 2.27 \times 10^{-5}t_{gas} - 2.97 \times 10^{-5}v$$
$$- 2.81 \times 10^{-5}\rho + 4.77 \times 10^{-5}w - 8.825\,3 \times 10^{-9}t_{gas}^2$$
$$+ 8.264\,6 \times 10^{-8}v^2 + 3.298\,9 \times 10^{-9}\rho^2 - 1.553\,8 \times 10^{-8}w^2$$

$$(7 - 7)$$

3. 高压涡轮叶盘多失效模式动态综合概率分析

依据式(7-7)及式(7-2),建立高压涡轮叶盘多失效模式极限状态函数,利用 MC 模拟对其进行 10 000 次仿真抽样,其仿真历史和分布直方图分别如图 7-8 和图 7-9 所示。

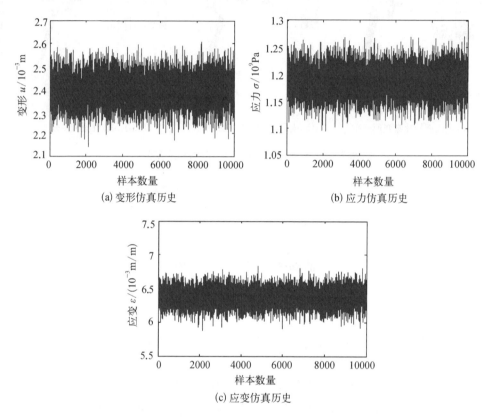

(a) 变形仿真历史
(b) 应力仿真历史

(c) 应变仿真历史

图 7-8 高压涡轮叶盘变形、应力和应变仿真历史

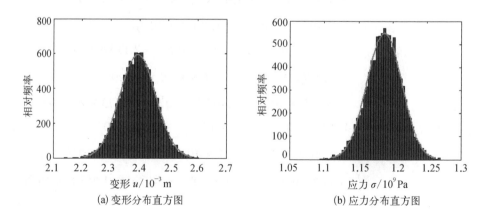

(a) 变形分布直方图
(b) 应力分布直方图

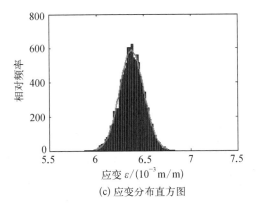

(c) 应变分布直方图

图 7 - 9　高压涡轮叶盘变形、应力和应变分布直方图

由图 7 - 8 和图 7 - 9 可知,高压涡轮叶盘变形、应力和应变均服从均值为 $2.394×10^{-3}$ m、$1.18×10^{9}$ Pa 和 $6.374×10^{-3}$ m/m,标准差为 $3.927×10^{-9}$ m、$6.32×10^{4}$ Pa 和 $1.617×10^{-8}$ m/m 的正态分布。当高压涡轮叶盘变形、应力和应变的许用值分别为 $2.6×10^{-3}$ m、$1.26×10^{9}$ Pa 和 $6.75×10^{-3}$ m/m 时,结合统计分析原理实现高压涡轮叶盘多失效模式的动态综合可靠性分析,其分析结果如表 7 - 2 所示。由表可以看出,其综合可靠度为 0.994 4。

表 7 - 2　高压涡轮叶盘多失效模式综合失效概率分析结果

失 效 事 件	失效概率	失 效 事 件	失效概率
$H_1(x) < 0$	0.000 9	$H_1(x) < 0 \cap H_3(x) < 0$	0.000 5
$H_2(x) < 0$	0.001 4	$H_2(x) < 0 \cap H_3(x) < 0$	0.000 8
$H_3(x) < 0$	0.001 1	$H_1(x) < 0 \cap H_2(x) < 0 \cap H_3(x) < 0$	0.000 3
$H_1(x) < 0 \cap H_2(x) < 0$	0.000 6	$H_1(x) < 0 \cup H_2(x) < 0 \cup H_3(x) < 0$	0.005 6

在动态综合可靠性分析的基础上,进一步开展高压涡轮叶盘多失效模式的灵敏度分析,研究随机输入变量对其变形、应力和应变的综合影响,其分析结果如表 7 - 3 和图 7 - 10 所示。

表 7 - 3　随机输入变量对高压涡轮叶盘多失效模式的灵敏度和影响概率

输入变量	t_{gas}	v	ρ	w
$S_d/10^{-5}$	3.308 4	−1.864 0	0.424 7	6.831 6
$I_p/\%$	0.266 2	0.149 9	0.034 2	0.549 7

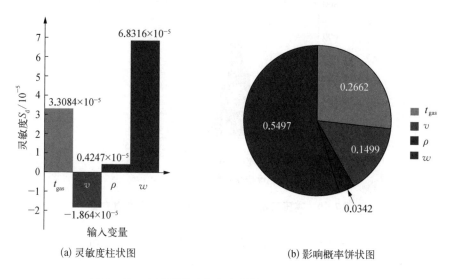

(a) 灵敏度柱状图   (b) 影响概率饼状图

图 7-10   高压涡轮叶盘多失效模式灵敏度分析结果

由表 7-3 和图 7-10 可知,影响高压涡轮叶盘综合可靠性的相关因素重要程度依次为转速、燃气温度、进口流速和密度。此外,转速、燃气温度和密度与高压涡轮叶盘多失效模式呈正相关,而进口流速与高压涡轮叶盘多失效模式呈负相关。

7.3   复杂结构动态综合可靠性分析的分解协调混合代理模型法

本节将分解协调策略分别与基于二次多项式的 ERSM 和基于 ERSM 的 Kriging 模型相结合,介绍 QP-DCSMM 和 K-DCSMM,并进一步将二者融合探究 K-DCSMM,通过航空发动机高压涡轮叶盘变形、应力和应变动态综合可靠性及灵敏度分析加以验证。

7.3.1   分解协调混合代理模型法基本思想

M-DCSMM 实质上是将分解协调策略与基于二次多项式的 ERSM 和基于 ERSM 的 Kriging 模型发展出的 QP-DCSMM 和 K-DCSMM 相结合,进而提出数学模型具有混合模式的 M-DCSMM,用于实现复杂结构多失效模式动态综合可靠性分析,其分析流程如图 7-11 所示。

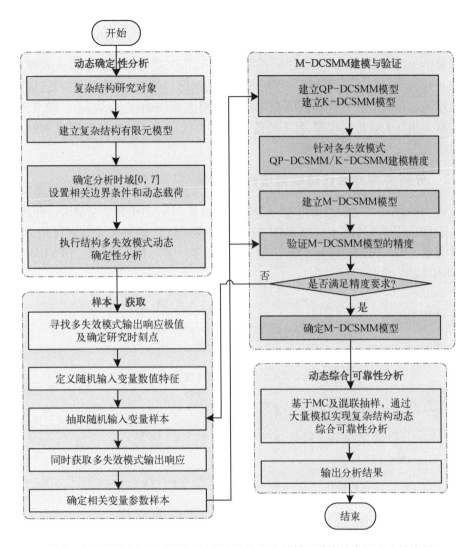

图 7 - 11　基于 M - DCSMM 的复杂结构多失效模式动态综合概率分析流程

　　由图 7 - 11 可知,基于 M - DCSMM 的复杂结构多失效模式动态综合概率分析流程主要分为复杂结构多失效模式动态确定性分析、样本获取、M - DCSMM 建模与验证和动态综合可靠性分析。其中,动态确定性分析和样本获取具体流程与其他方法基本一致,而 M - DCSMM 建模与验证和动态综合可靠性分析具体流程与其他方法存在差异,下面针对这两个流程进行简要说明。

　　对于 M - DCSMM 建模与验证,先利用训练样本建立 QP - DCSMM 模型和 K - DCSMM 模型,再针对各失效模式,对比基于 QP - DCSMM 和 K - DCSMM 所建立模型的优劣,组合建立 M - DCSMM 模型,进而通过测试样本检验所建立的 M - DCSMM

模型的精度是否满足要求,若不满足要求,则需要重新获取样本,直至满足要求。

对于动态综合可靠性分析,将混联抽样与 MC 模拟相结合进行大量仿真模拟,实现复杂结构多失效模式动态综合可靠性分析,从而避免出现依据多失效模式串联或并联的形式获取的综合可靠度过于保守的问题。其中,需要说明的是,混联抽样能够通过相同的输入样本同时获取多失效模式输出响应,有效避免 MERSM 的多次重复执行大量仿真模拟,且不需要考虑多失效模式之间的关系即可求解复杂结构综合失效概率或可靠性概率。

7.3.2　分解协调混合代理模型法数学模型

M - DCSMM 数学模型是由 QP - DCSMM 和 K - DCSMM 数学模型组合而成的,而基于 QP - DCSMM 和 K - DCSMM 的各失效模式数学模型形式分别可用 ERSM 数学模型式(2 - 10)和 Kriging 模型式(3 - 1)描述。QP - DCSMM、K - DCSMM 和 M - DCSMM 的数学模型可写为

$$
\begin{aligned}
y_{\text{QP-DCSMM}}^{(1)}(\boldsymbol{x}) &= a^{(1)} + \boldsymbol{b}^{(1)}\boldsymbol{x} + \boldsymbol{x}^{\text{T}}\boldsymbol{c}^{(1)}\boldsymbol{x} \\
y_{\text{QP-DCSMM}}^{(2)}(\boldsymbol{x}) &= a^{(2)} + \boldsymbol{b}^{(2)}\boldsymbol{x} + \boldsymbol{x}^{\text{T}}\boldsymbol{c}^{(2)}\boldsymbol{x} \\
&\vdots \\
y_{\text{QP-DCSMM}}^{(M)}(\boldsymbol{x}) &= a^{(M)} + \boldsymbol{b}^{(M)}\boldsymbol{x} + \boldsymbol{x}^{\text{T}}\boldsymbol{c}^{(M)}\boldsymbol{x}
\end{aligned} \tag{7-8}
$$

$$
\begin{aligned}
y_{\text{K-DCSMM}}^{(1)}(\boldsymbol{x}) &= \left[\bar{\boldsymbol{g}}^{(1)}(\boldsymbol{x})\right]^{\text{T}}\boldsymbol{\beta}^{(1)} + z^{(1)}(\boldsymbol{x}) \\
y_{\text{K-DCSMM}}^{(2)}(\boldsymbol{x}) &= \left[\bar{\boldsymbol{g}}^{(2)}(\boldsymbol{x})\right]^{\text{T}}\boldsymbol{\beta}^{(2)} + z^{(2)}(\boldsymbol{x}) \\
&\vdots \\
y_{\text{K-DCSMM}}^{(M)}(\boldsymbol{x}) &= \left[\bar{\boldsymbol{g}}^{(M)}(\boldsymbol{x})\right]^{\text{T}}\boldsymbol{\beta}^{(M)} + z^{(M)}(\boldsymbol{x})
\end{aligned} \tag{7-9}
$$

$$
\begin{aligned}
y_{\text{M-DCSMM}}^{(1)}(\boldsymbol{x}) &= \begin{cases} a^{(1)} + \boldsymbol{b}^{(1)}\boldsymbol{x} + \boldsymbol{x}^{\text{T}}\boldsymbol{c}^{(1)}\boldsymbol{x} \\ \left[\bar{\boldsymbol{g}}^{(1)}(\boldsymbol{x})\right]^{\text{T}}\boldsymbol{\beta}^{(1)} + z^{(1)}(\boldsymbol{x}) \end{cases} \\
y_{\text{M-DCSMM}}^{(2)}(\boldsymbol{x}) &= \begin{cases} a^{(2)} + \boldsymbol{b}^{(2)}\boldsymbol{x} + \boldsymbol{x}^{\text{T}}\boldsymbol{c}^{(2)}\boldsymbol{x} \\ \left[\bar{\boldsymbol{g}}^{(2)}(\boldsymbol{x})\right]^{\text{T}}\boldsymbol{\beta}^{(2)} + z^{(2)}(\boldsymbol{x}) \end{cases} \\
&\vdots \\
y_{\text{M-DCSMM}}^{(M)}(\boldsymbol{x}) &= \begin{cases} a^{(M)} + \boldsymbol{b}^{(M)}\boldsymbol{x} + \boldsymbol{x}^{\text{T}}\boldsymbol{c}^{(M)}\boldsymbol{x} \\ \left[\bar{\boldsymbol{g}}^{(M)}(\boldsymbol{x})\right]^{\text{T}}\boldsymbol{\beta}^{(M)} + z^{(M)}(\boldsymbol{x}) \end{cases}
\end{aligned} \tag{7-10}
$$

7.3.3　分解协调混合代理模型法动态可靠性分析原理

依据构建的 M - DCSMM 数学模型(多失效模式功能函数),建立复杂结构多失效模式极限状态函数为

$$h_{\text{M-DCSMM}}^{(1)}(\boldsymbol{x}) = y_{\text{allow}}^{(1)} - y_{\text{M-DCSMM}}^{(1)}(\boldsymbol{x})$$
$$h_{\text{M-DCSMM}}^{(2)}(\boldsymbol{x}) = y_{\text{allow}}^{(2)} - y_{\text{M-DCSMM}}^{(2)}(\boldsymbol{x}) \tag{7-11}$$
$$\vdots$$
$$h_{\text{M-DCSMM}}^{(M)}(\boldsymbol{x}) = y_{\text{allow}}^{(M)} - y_{\text{M-DCSMM}}^{(M)}(\boldsymbol{x})$$

进而运用混联抽样通过极限状态函数进行大量 MC 模拟,依据统计分析原理,获取复杂结构多失效模式动态综合可靠度。

7.3.4　算例分析

本节同样以航空发动机高压涡轮叶盘作为研究对象,通过其变形、应力和应变多种失效模式动态综合可靠性分析说明 M-DCSMM 的有效性。

1. 高压涡轮叶盘变形、应力和应变动态确定性分析

高压涡轮叶盘变形、应力和应变动态确定性分析流程和结果可参见 7.2.4 节内容。本节将在动态确定性分析的基础上开展收敛性分析,以说明选取的网格质量能够满足分析需求。为了实现高压涡轮叶盘变形、应力和应变的收敛性分析,将不同网格尺寸有限元模型作为分析目标,误差通过网格质量最优的分析结果作为参考,其分析结果如表 7-4 和图 7-12 所示。

表 7-4　基于不同网格质量的高压涡轮叶盘变形、应力和应变收敛性分析结果

结构网格数量	流场网格数量	变形/10^{-3} m		应力/10^9 Pa		应变/(10^{-3} m/m)	
		值	误差/%	值	误差/%	值	误差/%
2 602	21 134	3.212	30.30	1.325 8	11.25	7.526	18.67
4 745	76 078	2.801	13.63	1.273 0	6.82	6.935	9.35
7 922	531 616	2.645	7.30	1.250 2	4.91	6.518	2.78
9 577	**1 044 582**	**2.468**	**0.12**	**1.192 1**	**0.03**	**6.344**	**0.03**
13 784	1 233 112	2.465	—	1.191 7	—	6.342	—

由表 7-4 和图 7-12 可知,当高压涡轮叶盘网格数量为 9 577、流场网格数量为 1 044 582 时,其变形、应力和应变的误差均小于 1%,因此多失效模式确定性分析的结果是相对精确的。

2. 基于 M-DCSMM 的高压涡轮叶盘变形、应力和应变建模

同样选取燃气温度 t_{gas}、进口流速 v、密度 ρ 和转速 w 作为随机输入变量,其分布数值特征参见表 7-1。为了实现高压涡轮叶盘变形、应力和应变建模,首先基于有限元模型对高压涡轮叶盘进行 1 000 次动态确定性分析,得到其变形、应力和应变分布直方图如图 7-13 所示。

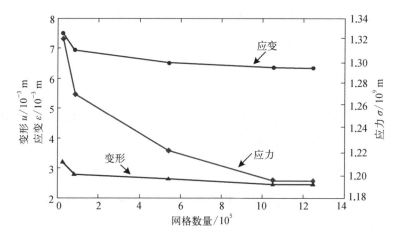

图 7‑12   基于不同网格数量的高压涡轮叶盘变形、应力和应变收敛曲线

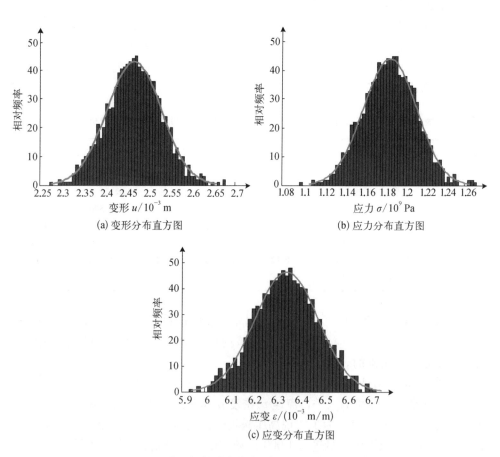

图 7‑13   高压涡轮叶盘变形、应力和应变分布直方图

由图 7-13 可知,高压涡轮叶盘变形、应力和应变均服从正态分布,其均值和标准差分别为 2.469×10^{-3} m、1.186×10^{9} Pa 和 6.325×10^{-3} m/m,6.349×10^{-5} m、2.637×10^{7} Pa 和 1.345×10^{-4} m/m。

依据获取的均值和方差,可得到高压涡轮叶盘变形、应力和应变的概率密度函数,进而可计算各失效模式的可靠度及综合可靠度(本案例是以串联关系进行计算的)。其中,在计算高压涡轮叶盘可靠度时,以不同输入样本(作为分解代理模型输入变量)对应的变形、应力和应变(作为分解代理模型输出响应和协调代理模型输入变量)为许用值计算各失效模式的可靠度,进而获取高压涡轮叶盘综合可靠度(作为协调代理模型输出响应)。结合 24 组样本进行建模,其具体信息如表7-5所示。

表 7-5　QP-DCSMM、K-DCSMM 和 M-DCSMM 建模的 24 组样本信息

t_{gas}/K	v/(m/s)	ρ/(kg/m³)	w/(rad/s)	u/10^{-3} m	σ/10^{9} Pa	ε/(10^{-3} m/m)	P_r
1 165	164.535	4 450	1 173.3	2.492	1.19	6.453	0.298 1
1 157	162.148 8	4 436	1 176	2.507	1.20	6.445	0.414 5
1 137	156.136	4 436	1 186.5	2.568	1.23	6.523	0.832 6
1 158	162.295 2	4 470	1 165.9	2.472	1.19	6.368	0.181 8
1 167	165.216 8	4 446	1 144.9	2.347	1.13	6.12	0
1 155	161.564 5	4 444	1 158.9	2.422	1.16	6.259	0.011 6
1 161	163.311	4 474	1 182.6	2.569	1.23	6.602	0.879 8
1 157	162.326	4 423	1 156.4	2.39	1.15	6.204	0.001 6
1 146	159.029	4 455	1 178.4	2.527	1.21	6.479	0.586 2
1 153	160.949	4 458	1 169.3	2.487	1.19	6.384	0.229 4
1 156	156.515	4 470	1 177.1	2.564	1.22	6.514	0.773 3
1 170	160.104 2	4 446	1 158.4	2.445	1.17	6.294	0.039 4
1 151	161.768 1	4 444	1 169.1	2.461	1.19	6.351	0.145 3
1 159	163.522	4 474	1 162.1	2.454	1.18	6.336	0.088 7
1 153	164.941 5	4 423	1 171.3	2.447	1.18	6.338	0.080 4
1 136	160.275	4 454	1 161.9	2.423	1.17	6.263	0.020 5
1 145	155.226 9	4 458	1 173.3	2.526	1.21	6.427	0.517 8
1 154	157.624 6	4 435	1 176	2.528	1.21	6.453	0.559 1
1 188	156.602 9	4 445	1 186.5	2.625	1.24	6.658	0.966 3
1 180	167.521 5	4 415	1 165.9	2.419	1.16	6.324	0.017 3
1 135	158.030 1	4 416	1 144.9	2.326	1.13	6.02	0
1 183	162.393 8	4 442	1 158.9	2.443	1.17	6.294	0.037 9
1 158	159.384 3	4 456	1 182.6	2.569	1.23	6.555	0.858 3
1 149	162.843 6	4 495	1 156.4	2.422	1.17	6.28	0.023 0

　　基于表 7 - 5 中的样本信息,QP - DCSMM、K - DCSMM 和 M - DCSMM 用于建立高压涡轮叶盘多失效模式分解协调代理模型,如式(7 - 12) ~式(7 - 17) 所示。其中,M - DCSMM 的分解代理模型是基于 K - DCSMM 建立的,协调代理模型是基于 QP - DCSMM 建立的。

$$
\begin{aligned}
y^{(1)}_{\text{QP-DCSMM}}(t_{\text{gas}}, v, \rho, w) = \ & -40.487 + 2.894 \times 10^{-2} t_{\text{gas}} + 2.070 \times 10^{-2} v \\
& + 1.769 \times 10^{-2} \rho - 3.361 \times 10^{-2} w - 1.198 \times 10^{-5} t_{\text{gas}}^2 \\
& - 8.235 \times 10^{-5} v^2 - 1.911 \times 10^{-6} \rho^2 + 1.662 \times 10^{-5} w^2
\end{aligned}
$$

$$
\begin{aligned}
y^{(2)}_{\text{QP-DCSMM}}(t_{\text{gas}}, v, \rho, w) = \ & 1.851 \times 10^{10} + 6.638 \times 10^{6} t_{\text{gas}} + 3.077 \times 10^{7} v \\
& - 7.822 \times 10^{6} \rho - 1.405 \times 10^{7} w - 2.722 \times 10^{3} t_{\text{gas}}^2 \\
& - 1.015 \times 10^{5} v^2 + 9.124 \times 10^{2} \rho^2 + 6.933 \times 10^{3} w^2
\end{aligned}
$$

$$
\begin{aligned}
y^{(3)}_{\text{QP-DCSMM}}(t_{\text{gas}}, v, \rho, w) = \ & -8.672 + 3.532 \times 10^{-2} t_{\text{gas}} + 4.142 \times 10^{-2} v \\
& + 5.987 \times 10^{-3} \rho - 5.793 \times 10^{-2} w - 1.425 \times 10^{-5} t_{\text{gas}}^2 \\
& - 1.361 \times 10^{-4} v^2 - 5.068 \times 10^{-7} \rho^2 + 2.933 \times 10^{-5} w^2
\end{aligned}
$$

$$
\begin{aligned}
y_{\text{QP-DCSMM}}(y^{(1)}_{\text{QP-DCSMM}}, & \ y^{(2)}_{\text{QP-DCSMM}}, y^{(3)}_{\text{QP-DCSMM}}) \\
= \ & 2.288 \times 10^{2} + 1.772 \times 10^{2} y^{(1)}_{\text{QP-DCSMM}} \\
& - 5.669 \times 10^{-7} y^{(2)}_{\text{QP-DCSMM}} - 36.967 y^{(3)}_{\text{QP-DCSMM}} - 35.588 (y^{(1)}_{\text{QP-DCSMM}})^2 \\
& + 2.433 \times 10^{-16} (y^{(2)}_{\text{QP-DCSMM}})^2 + 2.872 (y^{(3)}_{\text{QP-DCSMM}})^2 \quad (7-12)
\end{aligned}
$$

$$
y^{(1)}_{\text{K-DCSMM}}(t_{\text{gas}}, v, \rho, w) = [\bar{g}(t_{\text{gas}}, v, \rho, w)]^{\text{T}} \boldsymbol{\beta}^{(1)} + z^{(1)}(t_{\text{gas}}, v, \rho, w)
$$

$$
y^{(2)}_{\text{K-DCSMM}}(t_{\text{gas}}, v, \rho, w) = [\bar{g}(t_{\text{gas}}, v, \rho, w)]^{\text{T}} \boldsymbol{\beta}^{(2)} + z^{(2)}(t_{\text{gas}}, v, \rho, w)
$$

$$
y^{(3)}_{\text{K-DCSMM}}(t_{\text{gas}}, v, \rho, w) = [\bar{g}(t_{\text{gas}}, v, \rho, w)]^{\text{T}} \boldsymbol{\beta}^{(3)} + z^{(3)}(t_{\text{gas}}, v, \rho, w)
$$

$$
\begin{aligned}
y_{\text{K-DCSMM}}(y^{(1)}_{\text{K-DCSMM}}, y^{(2)}_{\text{K-DCSMM}}, y^{(3)}_{\text{K-DCSMM}}) = \ & \bar{g}^{\text{T}}(y^{(1)}_{\text{K-DCSMM}}, y^{(2)}_{\text{K-DCSMM}}, y^{(3)}_{\text{K-DCSMM}}) \boldsymbol{\beta} \\
& + z(y^{(1)}_{\text{K-DCSMM}}, y^{(2)}_{\text{K-DCSMM}}, y^{(3)}_{\text{K-DCSMM}})
\end{aligned}
$$

$$
(7-13)
$$

其中,

$$
\begin{aligned}
& \bar{g}(t_{\text{gas}}, v, \rho, w) \\
& = (1, t_{\text{gas}}, v, \rho, w, t_{\text{gas}}^2, t_{\text{gas}}v, t_{\text{gas}}\rho, t_{\text{gas}}w, v^2, v\rho, vw, \rho^2, \rho w, w^2) \\
& \bar{g}(y^{(1)}_{\text{K-DCSMM}}, y^{(2)}_{\text{K-DCSMM}}, y^{(3)}_{\text{K-DCSMM}}) \\
& = [1, y^{(1)}_{\text{K-DCSMM}}, y^{(2)}_{\text{K-DCSMM}}, y^{(3)}_{\text{K-DCSMM}}, (y^{(1)}_{\text{K-DCSMM}})^2, (y^{(2)}_{\text{K-DCSMM}})^2, (y^{(3)}_{\text{K-DCSMM}})^2]
\end{aligned}
$$

$$
(7-14)
$$

$$\boldsymbol{\beta}^{(1)} = (\,0.016 \quad 0.228 \quad \cdots \quad 0.020\,)_{1\times15}$$
$$\boldsymbol{\beta}^{(2)} = (\,-0.009 \quad 0.109\,9 \quad \cdots \quad 0.012\,)_{1\times15} \qquad (7-15)$$
$$\boldsymbol{\beta}^{(3)} = (\,-0.004 \quad 0.180 \quad \cdots \quad 0.034\,)_{1\times15}$$
$$\boldsymbol{\beta} = (\,-0.147 \quad 0.205 \quad \cdots \quad -0.087\,)_{1\times10}$$

$$\boldsymbol{z}^{(1)}(\,t_{\mathrm{gas}}\,,\,v\,,\,\rho\,,\,w\,) = (\,-0.045 \quad 0.054 \quad \cdots \quad -0.019\,)_{1\times24}$$
$$\boldsymbol{z}^{(2)}(\,t_{\mathrm{gas}}\,,\,v\,,\,\rho\,,\,w\,) = (\,-0.167 \quad 0.010 \quad \cdots \quad -0.025\,)_{1\times24} \qquad (7-16)$$
$$\boldsymbol{z}^{(3)}(\,t_{\mathrm{gas}}\,,\,v\,,\,\rho\,,\,w\,) = (\,0.035 \quad 0.024 \quad \cdots \quad -0.009\,)_{1\times24}$$
$$\boldsymbol{z}(\,t_{\mathrm{gas}}\,,\,v\,,\,\rho\,,\,w\,) = (\,-4.793 \quad 21.653 \quad \cdots \quad -0.213\,)_{1\times24}$$

$$y_{\mathrm{M-DCSMM}}(\,y_{\mathrm{M-DCSMM}}^{(1)}\,,\,y_{\mathrm{M-DCSMM}}^{(2)}\,,\,y_{\mathrm{M-DCSMM}}^{(3)}\,)$$
$$= 2.047 \times 10^{2} + 1.097 \times 10^{2} y_{\mathrm{M-DCSMM}}^{(1)}$$
$$- 4.326 \times 10^{-7} y_{\mathrm{M-DCSMM}}^{(2)} - 28.023 y_{\mathrm{M-DCSMM}}^{(3)} - 21.635 (\,y_{\mathrm{M-DCSMM}}^{(1)}\,)^{2}$$
$$+ 1.846 \times 10^{-16} (\,y_{\mathrm{M-DCSMM}}^{(2)}\,)^{2} + 2.183 \times 10^{-6} (\,y_{\mathrm{M-DCSMM}}^{(3)}\,)^{2}$$
$$(7-17)$$

3. 高压涡轮叶盘变形、应力和应变动态综合概率分析

基于 QP‑DCSMM、K‑DCSMM 和 M‑DCSMM 建立的高压涡轮叶盘多失效模式功能函数,分别对变形、应力和应变的分解代理模型执行 10 000 次模拟,所得到的分布直方图如图 7‑14 和图 7‑15 所示,以及相应的均值和标准差如表 7‑6 所示。需要说明的是,M‑DCSMM 是基于 QP‑DCSMM 获取的均值和标准差,因此高压涡轮叶盘变形、应力和应变的分布直方图可用图 7‑14 来描述,并且其均值和标准差也可用表 7‑6 中的 QP‑DCSMM 的均值和标准差来表示。此外,表 7‑6 中还展示了基于直接模拟所获取的均值和标准差,作为评估所研究方法分析结果的参考。

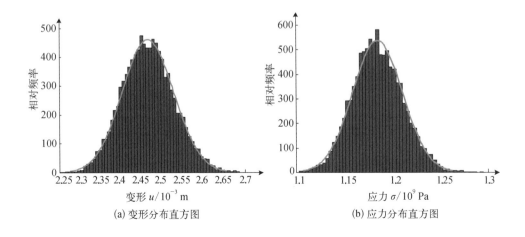

(a) 变形分布直方图 　　　　　　　　(b) 应力分布直方图

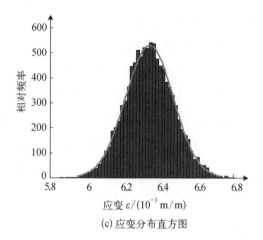

(c) 应变分布直方图

图 7 - 14 　基于 QP - DCSMM 的高压涡轮叶盘变形、应力和应变分布直方图

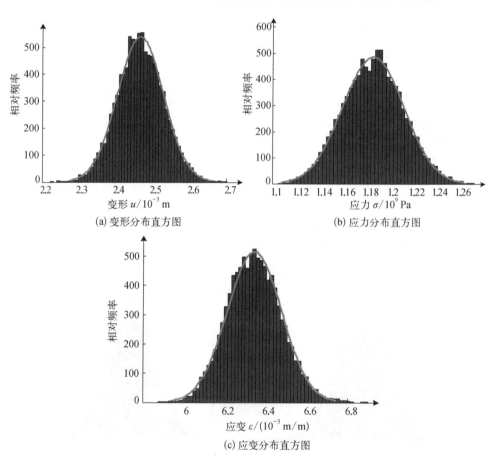

(a) 变形分布直方图　　　　　　　　　　　(b) 应力分布直方图

(c) 应变分布直方图

图 7 - 15 　基于 K - DCSMM 的高压涡轮叶盘变形、应力和应变分布直方图

表 7 - 6　基于直接模拟、QP - DCSMM 和
K - DCSMM 的仿真分析结果

方　　法	失效模式	分布类型	均　　值	标 准 差
直接模拟	变形	正态分布	$2.469×10^{-3}$ m	$6.349×10^{-5}$ m
	应力	正态分布	$1.186×10^{9}$ Pa	$2.637×10^{7}$ Pa
	应变	正态分布	$6.325×10^{-3}$ m/m	$1.345×10^{-4}$ m/m
QP - DCSMM	变形	正态分布	$2.465×10^{-3}$ m	$6.324×10^{-5}$ m
	应力	正态分布	$1.185×10^{9}$ Pa	$2.610×10^{7}$ Pa
	应变	正态分布	$6.343×10^{-3}$ m/m	$1.323×10^{-4}$ m/m
K - DCSMM	变形	正态分布	$2.468×10^{-3}$ m	$6.245×10^{-5}$ m
	应力	正态分布	$1.186×10^{9}$ Pa	$2.605×10^{7}$ Pa
	应变	正态分布	$6.321×10^{-3}$ m/m	$1.339×10^{-4}$ m/m

由图 7 - 14、图 7 - 15 和表 7 - 6 可知,QP - DCSMM、K - DCSMM 以及 M - DCSMM 的仿真分析结果与直接模拟的分析结果基本相近,可有效为复杂结构多失效模式动态综合可靠性分析提供支持。

7.4　多重代理模型法有效性验证

为了说明多重代理模型法的有效性,本节先通过高压涡轮叶盘变形、应力和应变的动态综合可靠性分析,从仿真性能角度对 MERSM 进行验证;再从数学和工程的角度验证 QP - DCSMM、K - DCSMM 和 M - DCSMM 的有效性。

7.4.1　多重极值响应面法有效性验证

本节结合直接模拟、ERSM 和 MERSM 对高压涡轮叶盘变形、应力和应变的动态综合可靠性进行研究,从仿真性能(仿真效率和分析精度)方面对 MERSM 的有效性进行分析,其分析结果如表 7 - 7 和表 7 - 8 所示。其中,直接模拟分析结果作为评判分析精度的依据。

由表 7 - 7 和表 7 - 8 可知,MERSM 的仿真时间远小于直接模拟的仿真时间,且随着仿真次数的增加,MERSM 的仿真效率优势更加凸显;MERSM 的分析结果与直接模拟的分析结果较为相近,且优于 ERSM 的分析精度。此外,MERSM 能够完成直接模拟不能完成的分析任务。

表 7-7　基于直接模拟、ERSM 和 MERSM 仿真效率分析结果

方　　法	不同仿真次数下的仿真时间/h				
	10^2	10^3	10^4	10^5	10^6
直接模拟	156.83	1 238.64	—	—	—
ERSM	4.76×10^{-5}	7.94×10^{-5}	1.39×10^{-4}	2.14×10^{-4}	—
MERSM	1.42×10^{-5}	2.58×10^{-5}	3.97×10^{-5}	6.56×10^{-5}	2.46×10^{-4}

表 7-8　基于直接模拟、ERSM 和 MERSM 分析精度结果

MC 样本	可靠度/%			精度/%		提高精度/%
	直接模拟	ERSM	MERSM	ERSM	MERSM	
10^2	97.02	95.08	97.00	98.00	99.98	1.98
10^3	98.61	98.11	98.57	99.49	99.96	0.47
10^4	—	98.32	99.44	—	—	
10^5	—	98.31	99.43	—	—	
10^6	—	—	99.52	—	—	

　　由分析结果可以看出,MERSM 能够合理有效实现高压涡轮叶盘变形、应力和应变动态综合概率分析,为复杂结构多失效模式动态综合可靠性及灵敏度分析问题提供有效的解决途径。

7.4.2　分解协调混合代理模型法有效性验证

　　1. 分解协调混合代理模型法建模特性

　　对于分解协调混合代理模型法的建模特性分析,以非线性复合函数和高压涡轮叶盘为例,从数学和工程两个角度对其进行分析研究。

　　1) 基于非线性复合函数的分解协调混合代理模型法建模特性分析

　　以非线性复合函数作为研究对象,如式(7-18)所示,结合直接模拟、RSM 和 QP-DCSMM,对 QP-DCSMM 建模特性的有效性进行验证。

$$y(\boldsymbol{x}) = g\left[y^{(1)}(\boldsymbol{x}),\ y^{(2)}(\boldsymbol{x}),\ y^{(3)}(\boldsymbol{x})\right]$$

$$= 2 + \exp\left\{-\frac{\left[y^{(1)}(\boldsymbol{x})\right]^2}{10}\right\} + \left[\frac{y^{(2)}(\boldsymbol{x})}{5}\right]^4 - \left[y^{(3)}(\boldsymbol{x})\right]^3\sin\left[y^{(2)}(\boldsymbol{x})\right]^2$$

$$y^{(1)}(\boldsymbol{x}) = 2 + 0.01(x_2 - x_1^2)^2 + (1 - x_1)^2 + 2(2 - x_2)^2 + 7\sin(0.5x_1)\sin(0.7x_1x_2)$$

$$y^{(2)}(\boldsymbol{x}) = \left(x_4 - \frac{5.1}{4\pi^2}x_3^2 + \frac{5}{\pi} - 6\right)^2 + 10\left(1 - \frac{1}{8\pi}\right)\cos x_3$$

$$y^{(3)}(\boldsymbol{x}) = \left(4 - 2.1x_5^2 + \frac{1}{3}x_6^3\right)x_5^2 + x_5x_6 - (4 - 4x_6^2)x_5^2 \tag{7-18}$$

非线性复合函数涉及的随机输入变量均为正态分布且相互独立,其数值特征如表 7-9 所示。

表 7-9　非线性复合函数相关随机输入变量数值特征

输入变量	均　值	标准差	输入变量	均　值	标准差
x_1	3	0.1	x_4	5	0.1
x_2	4	0.1	x_5	0.5	0.1
x_3	2.5	0.1	x_6	-0.5	0.1

基于表 7-9 中的随机输入变量分布类型和数值特征,获取 40 组样本数据。其中,20 组样本数据作为训练样本,用于拟合非线性复合函数,其余 20 组样本数据作为测试样本,用于验证模型的性能。基于训练样本建立的分解协调代理模型如式(7-19)所示:

$$y_{\text{QP-DCSMM}}^{(1)}(\boldsymbol{x}) = -662.031\,7 + 276.052\,7x_1 + 114.397\,7x_2 - 61.648x_1^2 - 3.043\,6x_2^2$$

$$y_{\text{QP-DCSMM}}^{(2)}(\boldsymbol{x}) = 48.819\,2 - 31.314\,2x_3 - 2.371\,7x_4 + 6.824\,6x_3^2 + 0.227\,7x_4^2$$

$$y_{\text{QP-DCSMM}}^{(3)}(\boldsymbol{x}) = 0.959\,5 + 0.467\,9x_5 + 0.699\,4x_6 - 3.124\,8x_5^2 - 0.818\,9x_6^2$$

$$(7-19)$$

将式(7-19)中的输出响应作为输入变量,结合非线性复合函数总输出响应建立协调代理模型,即

$$\begin{aligned}
y_{\text{QP-DCSMM}}&\left[y_{\text{QP-DCSMM}}^{(1)}(\boldsymbol{x}),\ y_{\text{QP-DCSMM}}^{(2)}(\boldsymbol{x}),\ y_{\text{QP-DCSMM}}^{(3)}(\boldsymbol{x})\right]\\
&= 120.397\,7 - 0.914\,5y_{\text{QP-DCSMM}}^{(1)}(\boldsymbol{x}) - 65.532\,9y_{\text{QP-DCSMM}}^{(2)}(\boldsymbol{x})\\
&\quad - 19.097\,1y_{\text{QP-DCSMM}}^{(3)}(\boldsymbol{x}) + 0.025\,1\left[y_{\text{QP-DCSMM}}^{(1)}(\boldsymbol{x})\right]^2\\
&\quad + 10.114\,5\left[y_{\text{QP-DCSMM}}^{(2)}(\boldsymbol{x})\right]^2 - 27.294\,1\left[y_{\text{QP-DCSMM}}^{(3)}(\boldsymbol{x})\right]^2
\end{aligned}$$

$$(7-20)$$

同时,结合 RSM 构建输出响应与输入变量之间的关系为

$$\begin{aligned}
y_{\text{RSM}}(\boldsymbol{x}) &= -12.978\,9 - 2.935x_1 - 2.087\,7x_2 - 3.546\,5x_3 - 1.535\,7x_4\\
&\quad - 0.560\,5x_5 + 52.585x_6 + 0.347\,4x_1^2 + 0.462\,2x_2^2 + 0.463\,0x_3^2\\
&\quad + 0.599\,2x_4^2 + 496.641\,3x_5^2 + 298.087\,1x_6^2
\end{aligned}$$

$$(7-21)$$

在建立的数学模型基础上,结合测试样本,通过绝对误差 E_{ab} 和平均绝对误差

E_{av}来评估 QP - DCSMM 的建模精度,主要通过与直接模拟和 RSM 分析进行对比,其中直接模拟分析结果作为评判依据。基于测试样本的 QP - DCSMM 建模精度分析结果如表 7 - 10 和图 7 - 16 所示。

表 7 - 10　基于测试样本的 QP - DCSMM 建模精度分析结果

输入变量						直接模拟	RSM		QP - DCSMM	
x_1	x_2	x_3	x_4	x_5	x_6	$y_{true}(x)$	$y_{RSM}(x)$	E_{ab}	$Y_{QP\text{-}DCSMM}(x)$	E_{ab}
2.9567	3.9567	2.4567	4.9567	0.4567	-0.5433	145.2250	144.3045	-0.9205	145.2434	0.0184
2.8334	3.8334	2.3334	4.8334	0.3334	-0.6666	132.9970	133.5249	0.5279	133.0100	0.0130
3.0125	4.0125	2.5125	5.0125	0.5125	-0.4875	157.0621	157.1411	0.0790	157.0783	0.0162
3.0288	4.0288	2.5288	5.0288	0.5288	-0.4712	161.3854	161.8079	0.4225	161.3952	0.0099
2.8854	3.8854	2.3854	4.8854	0.3854	-0.6146	136.0199	135.1110	-0.9088	136.0317	0.0119
3.1191	4.1191	2.6191	5.1191	0.6191	-0.3809	194.0375	195.4397	1.4023	194.0875	0.0501
3.1189	4.1189	2.6189	5.1189	0.6189	-0.3811	193.9600	195.3620	1.4020	194.0079	0.0480
2.9962	3.9962	2.4962	4.9962	0.4962	-0.5038	153.1389	152.8787	0.2602	153.1570	0.0181
3.0327	4.0327	2.5327	5.0327	0.5327	-0.4673	162.5035	163.0104	0.5069	162.5135	0.0100
3.0175	4.0175	2.5175	5.0175	0.5175	-0.4825	158.3346	158.5141	0.1795	158.3450	0.0105
2.9813	3.9813	2.4813	4.9813	0.4813	-0.5187	149.8964	149.3502	-0.5464	149.9138	0.0172
3.0726	4.0726	2.5726	5.0726	0.5726	-0.4274	175.2562	176.4976	1.2415	175.2798	0.0236
2.9412	3.9412	2.4412	4.9412	0.4412	-0.5588	142.6832	141.6063	-1.0770	142.6997	0.0165
3.2183	4.2183	2.7183	5.2183	0.7183	-0.2817	252.2460	247.3696	4.8764	252.1340	-0.1119
2.9864	3.9864	2.4864	4.9864	0.4864	-0.5136	150.9578	150.5015	-0.4562	150.9727	0.0149
3.0114	4.0114	2.5114	5.0114	0.5114	-0.4886	156.7730	156.8291	0.0561	156.7908	0.0177
3.1067	4.1067	2.6067	5.1067	0.6067	-0.3933	188.6294	190.0467	1.41736	188.6163	0.0130
3.0059	4.0059	2.5059	5.0059	0.5059	-0.4941	155.4247	155.3625	-0.06226	155.4404	0.0157
2.9904	3.9904	2.4904	4.9904	0.4904	-0.5096	151.8396	151.4635	-0.3761	151.8567	0.0172
2.9168	3.9168	2.4168	4.9168	0.4168	-0.5832	139.3128	138.1558	-1.1570	139.3272	0.0144
E_{ab}								0.8842		0.0209

由表 7 - 10 和图 7 - 16 可知,QP - DCSMM 的平均绝对误差 E_{av}(0.0209)小于 RSM 的平均绝对误差 E_{av}(0.8842),且 QP - DCSMM 的预测值与直接模拟计算所得的真实值较为相近。此外,针对不同测试样本,相对于 RSM,QP - DCSMM 的绝对误差曲线波动性较小,即 QP - DCSMM 的绝对误差 E_{ab} 相对较小。因此,QP - DCSMM 在建模方面具有较好的鲁棒性和稳定性。

2) 基于高压涡轮叶盘的分解协调混合代理模型法建模特性分析

以高压涡轮叶盘变形、应力和应变多失效模式作为分析目标,结合 24 组训练

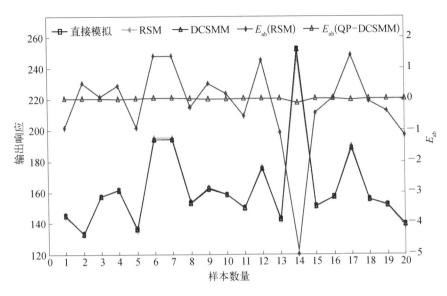

图 7 - 16　基于直接模拟、RSM 和 QP - DCSMM 的输出响应及绝对误差曲线

样本,通过 QP - DCSMM、K - DCSMM 和 M - DCSMM 建立分解协调代理模型,其建模时间分别为 17.25 s、38.43 s 和 31.86 s,其中 QP - DCSMM 的建模时间小于 K - DCSMM 和 M - DCSMM 的建模时间,原因是 Kriging 建模过程中涉及寻优流程。此外,基于绝对误差 E_{ab} 和平均绝对误差 E_{av} 运用 24 组训练样本对相关方法的拟合精度进行分析,其结果如表 7 - 11 所示。在此基础上,依据 10 组测试样本从预测精度的角度加以验证。其中,直接模拟分析结果作为评估建模精度的参考,分析结果如表 7 - 12 所示。

表 7 - 11　基于训练样本的 QP - DCSMM、K - DCSMM 和 M - DCSMM 拟合精度

训练样本	真实值 $y_{true}(\boldsymbol{x})$	QP - DCSMM		K - DCSMM		M - DCSMM	
		$y_{QP\text{-}DCSMM}(\boldsymbol{x})$	E_{av}	$y_{K\text{-}DCSMM}(\boldsymbol{x})$	E_{av}	$y_{M\text{-}DCSMM}(\boldsymbol{x})$	E_{av}
1	0.298 1	0.330 0		0.305 3		0.315 4	
2	0.414 5	0.410 2		0.425 3		0.417 5	
3	0.832 6	0.838 5		0.842 9		0.829 3	
4	0.181 8	0.177 4	0.010 7	0.187 8	0.005 3	0.217 9	0.006 2
5	2.93×10^{-5}	2.76×10^{-5}		2.77×10^{-5}		2.50×10^{-5}	
6	0.011 6	0.013 5		0.011 8		0.011 0	
7	0.879 8	0.858 7		0.887 7		0.896 8	
8	0.001 6	0.001 8		0.001 6		0.001 5	

训练 样本	真实值 $y_{\text{true}}(\boldsymbol{x})$	QP – DCSMM		K – DCSMM		M – DCSMM	
		$y_{\text{QP-DCSMM}}(\boldsymbol{x})$	E_{av}	$y_{\text{K-DCSMM}}(\boldsymbol{x})$	E_{av}	$y_{\text{M-DCSMM}}(\boldsymbol{x})$	E_{av}
9	0.586 2	0.639 4		0.599 0		0.599 4	
10	0.229 4	0.246 3		0.236 6		0.225 7	
11	0.773 4	0.783 2		0.784 5		0.770 5	
12	0.039 2	0.035 7		0.040 3		0.037 7	
13	0.145 3	0.145 5		0.150 3		0.143 3	
14	0.088 7	0.076 5		0.091 5		0.077 5	
15	0.080 4	0.079 1		0.082 9		0.079 7	
16	0.020 5	0.016 8	0.010 7	0.021 1	0.005 3	0.019 5	0.006 2
17	0.517 8	0.492 4		0.531 5		0.505 1	
18	0.559 1	0.516 9		0.572 4		0.546 6	
19	0.966 3	0.971 5		0.969 0		0.978 4	
20	0.017 3	0.018 4		0.017 5		0.016 5	
21	2.39×10^{-6}	1.40×10^{-6}		2.23×10^{-6}		1.79×10^{-6}	
22	0.037 9	0.032 8		0.039 0		0.033 5	
23	0.858 3	0.862 7		0.867 4		0.870 1	
24	0.023 0	0.026 6		0.023 6		0.021 2	

由表 7 – 11 可知,K – DCSMM 的平均绝对误差(0.005 3)小于 QP – DCSMM 和 M – DCSMM 的平均绝对误差(0.010 7 和 0.006 2);对于训练样本,分解协调代理模型法(QP – DCSMM、K – DCSMM 和 M – DCSMM)的拟合精度大于 98%,而 K – DCSMM 的拟合精度达到了 99.5%。

表 7 – 12 基于测试样本的 QP – DCSMM、K – DCSMM 和 M – DCSMM 预测精度

测试 样本	真实值 $y_{\text{true}}(\boldsymbol{x})$	QP – DCSMM		K – DCSMM		M – DCSMM	
		$y_{\text{QP-DCSMM}}(\boldsymbol{x})$	E_{av}	$y_{\text{K-DCSMM}}(\boldsymbol{x})$	E_{av}	$y_{\text{M-DCSMM}}(\boldsymbol{x})$	E_{av}
1	0.153 8	0.190 4		0.158 8		0.213 5	
2	0.243 9	0.215 1		0.252 6		0.225 8	
3	0.203 6	0.243 0		0.210 2		0.231 5	
4	0.529 3	0.553 8		0.542 5		0.502 4	
5	0.023 5	0.052 1	0.034 8	0.024 3	0.006 5	0.042 3	0.026 5
6	0.099 6	0.043 3		0.102 6		0.081 3	
7	0.550 9	0.553 9		0.564 5		0.504 4	
8	0.006 6	8.823×10^{-5}		0.006 6		2.117×10^{-4}	
9	0.214 4	0.120 9		0.221 3		0.245 9	
10	0.216 1	0.187 5		0.223 2		0.226 5	

由表 7 - 12 可知,对于测试样本,K - DCSMM 的平均绝对误差(0.006 5)小于 QP - DCSMM 和 M - DCSMM 的平均绝对误差(0.034 8 和 0.026 5);QP - DCSMM、K - DCSMM 和 M - DCSMM 在预测精度方面均能够满足需求。

由上述分析结果可以发现,QP - DCSMM、K - DCSMM 和 M - DCSMM 在建模特性方面具有相对的优势。

2. 分解协调混合代理模型法仿真性能

在 6.4.2 节建模特性研究的基础上,同样从数学和工程两个角度进一步阐述分解协调混合代理模型法仿真性能。

1)基于非线性复合函数的分解协调混合代理模型法仿真性能研究

依据表 7 - 9 中的随机输入变量分布数值特征,在相同的计算环境下运用 MC 模拟分别对式(7 - 18)、式(7 - 20)和式(7 - 21)进行不同次数的 MC 模拟(10^2、10^3、3×10^3、5×10^3 和 10^4),其仿真效率如表 7 - 13 和图 7 - 17 所示。

表 7 - 13　基于直接模拟、RSM 和 QP - DCSMM 的仿真效率

方　　法	不同仿真次数下的仿真时间/s				
	10^2	10^3	3×10^3	5×10^3	10^4
直接模拟	0.138	0.303	2.51	6.53	15.531
RSM	0.122	0.260	1.87	4.91	12.336
QP - DCSMM	0.016	0.028	0.11	0.37	1.85

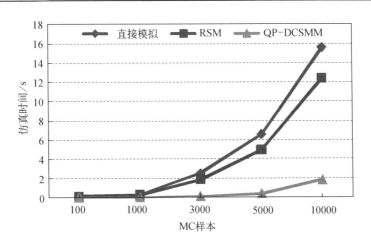

图 7 - 17　基于直接模拟、RSM 和 QP - DCSMM 的仿真时间曲线

由表 7 - 13 和图 7 - 17 可知,针对不同 MC 样本数量,QP - DCSMM 的仿真时间小于直接模拟和 RSM 的仿真时间,换言之,QP - DCSMM 的仿真效率优于直接模

拟和 RSM。此外,随着仿真次数的增加,相较于直接模拟和 RSM,QP - DCSMM 在仿真速度方面的优势更加明显。

2)基于高压涡轮叶盘的分解协调混合代理模型法仿真性能研究

同理,在同样的计算条件下,通过不同次数的 MC 模拟(10^2、10^3 和 $3×10^3$)分别对直接模拟、QP - DCSMM、K - DCSMM 和 M - DCSMM 的仿真效率进行分析研究,结果如表 7 - 14 和图 7 - 18 所示。

表 7 - 14　基于直接模拟、QP - DCSMM、K - DCSMM 和 M - DCSMM 的仿真效率

方　　法	不同仿真次数下的仿真时间/s		
	10^2	10^3	$3×10^3$
直接模拟	1 031 720	23 091 682	—
QP - DCSMM	1.142 8	3.054 6	8.672 4
K - DCSMM	1.978 7	4.245 5	12.953 2
M - DCSMM	1.724 3	3.780 9	11.876 5

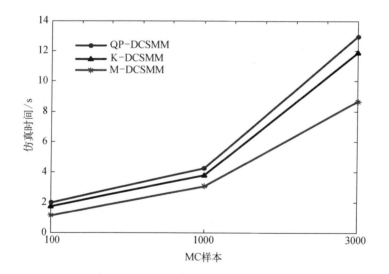

图 7 - 18　基于 QP - DCSMM、K - DCSMM 和 M - DCSMM 的仿真时间曲线

由表 7 - 14 和图 7 - 18 可知,基于分解协调代理模型法的高压涡轮叶盘多失效模式动态可靠性分析所需的时间远小于直接模拟的计算时间,且 QP - DCSMM 的仿真效率优于 K - DCSMM 和 M - DCSMM 的仿真效率。

基于上述结论,足以说明 QP - DCSMM、K - DCSMM 和 M - DCSMM 在仿真效率方面具有一定的优势。此外,综合建模特性和仿真性能的研究结果发现,分解协

调代理模型法能够为复杂结构动态综合可靠性分析提供有效参考。

7.5　本章小结

　　为合理实现复杂结构同一构件多种失效模式动态综合可靠性及灵敏度分析，有效处理多失效模式之间的相关性问题，本章先将混联抽样与传统 ERSM 结合介绍了 MERSM，通过高压涡轮叶盘变形、应力和应变动态综合概率分析论证了 MERSM 的可行性；再将分解协调策略应用于基于二次多项式的 ERSM 和基于 ERSM 的 Kriging 模型，介绍了 QP－DCSMM、K－DCSMM 和 M－DCSMM，结合高压涡轮叶盘多失效模式动态综合可靠性分析，阐明分解协调代理模型法的有效性；最后，通过多种方法对比分析，从建模特性和仿真性能两个方面，以及数学和工程两个角度说明了所研究方法的可行性。

　　由不同方法对比分析可知，在建模特性方面，K－DCSMM 的平均绝对误差（0.006 5）小于 QP－DCSMM 和 M－DCSMM 的平均绝对误差（0.034 8 和 0.026 5）。在仿真性能方面，MERSM 在不同模拟次数（10^2、10^3、10^4 和 10^5）下的仿真时间（1.42×10^{-5} h、2.58×10^{-5} h、3.97×10^{-5} h 和 6.56×10^{-5} h）小于直接模拟和 ERSM 的仿真时间（156.83 h、1 238.64 h；4.76×10^{-5}、7.94×10^{-5}、1.39×10^{-4} h 和 2.14×10^{-4} h），其仿真精度（99.97%）高于 ERSM 的仿真精度（98.75%）；K－DCSMM 的仿真时间远小于直接模拟的仿真时间，同时也是三种代理模型法中仿真效率最高的一种方法。

第 8 章
基于先进代理模型法的复杂结构优化设计方法

8.1 引言

结构优化设计可有效指导结构尺寸参数的合理设计和运行参数的合理控制。因此,为了实现复杂结构参数设计,保障复杂结构在交叉工况下的安全运行,有必要对其开展基于可靠性的优化设计。

对于复杂结构优化设计,不仅涉及大量循环迭代问题,还涉及动态时变特性问题。此外,对于多构件或多失效模式的复杂结构优化设计,还涉及嵌套循环迭代问题。采用现有的方法进行复杂结构的优化设计,需要执行大规模循环迭代计算,往往会面临迭代不收敛或者陷入局部最优的问题,导致优化结果并非全局最优结果,与实际需求存在偏差,不能有效指导复杂结构分析设计[173-175]。

近年来,代理模型法在结构优化设计中得以应用,同时该类方法的适用性和有效性也得以验证[176, 177]。然而,对于具有动态时变特性的复杂结构优化设计,传统的代理模型法仍然面临执行大量迭代和建立大量数学模型的问题。基于极值思想的代理模型法为复杂结构动态优化设计提供了新的求解途径[98, 101, 103, 178],但是二次多项式本身具有局限性,导致其优化结果不能达到预期效果。此外,关于涉及多构件以及多失效模式的复杂结构动态协同和综合优化设计,目前鲜有公开的文献对其进行开展系统深入研究。

为了合理有效解决上述难题,本章主要从运行参数控制的角度对复杂结构开展基于可靠性的优化设计。首先,结合第 2 章介绍的 IWR - ERSM 以及动态概率分析结果,将其进一步应用于复杂结构单目标动态优化设计,通过航空发动机低压压气机叶盘应力优化设计分析案例,验证该方法在优化设计方面的有效性;然后,结合第 5 章介绍的 IDCKMS 以及动态可靠性分析与灵敏度分析结果,进而阐述该方法在多构件复杂结构动态协同优化设计中的应用,以航空发动机高压涡轮叶盘运行间隙的优化设计加以验证;最后,结合第 7 章介绍的 MERSM,初步开展复杂结构多失效模式的动态综合优化设计,对航空发动机高压涡轮叶盘变形、应力和应变多失效模式综合优化设计进行研究,验证该方法的可行性。

需要说明的是,本章所研究的可靠性优化设计定位在设计阶段的运行参数调控,不直接涉及复杂结构的拓扑优化;主要的目的是针对初步设计的产品,结合设定载荷和边界条件,基于要求的可靠性指标开展其运行环境相关参数的优化指导,以反馈优化后的运行参数是否满足预期的运行要求,若优化结果不在计划的范围内,则可通过进一步的尺寸形状优化对复杂结构进行可靠性设计分析,若优化结果在计划的范围内,则可为复杂结构运行参数调控提供一定的参考。

8.2　改进加权极值响应面法的复杂结构单目标动态优化设计

本节将第 2 章介绍的 IWR – ERSM 引入复杂结构单目标动态优化设计,以航空发动机低压压气机叶盘应力作为优化对象加以验证。

8.2.1　基于改进加权极值响应面法动态优化设计基本思想

基于 IWR – ERSM 的复杂结构动态优化设计分析流程如图 8 – 1 所示。由图可以看出,基于 IWR – ERSM 的复杂结构动态优化设计主要包括复杂结构 IWR – ERSM 建模和单目标动态优化设计两个部分。其中,复杂结构 IWR – ERSM 建模的详细流程可参见 2.4.1 节内容;本节仅对复杂结构单目标动态优化设计的相关步骤进行简要介绍。

对于单目标动态优化设计,先基于 IWR – ERSM 建立的复杂结构输出响应的功能函数或极限状态函数,构建以可靠性指标为约束条件、以复杂结构输出响应为优化目标的模型;再通过直接优化执行其单目标动态优化设计分析,结合设置的优化条件对优化结果进行评估,若不能满足要求,则需要将此次的结果作为新的设计变量,重新执行建模操作,直至满足要求,进而获取最终的优化设计结果。

8.2.2　基于改进加权极值响应面法动态优化设计分析原理

基于 IWR – ERSM 的复杂结构输出响应的极限状态函数参见式(2 – 36),将其作为优化目标函数。此外,复杂结构的可靠度为 P_r,最小许用可靠度为 $P_{r, min}$。考虑各相关设计变量的分布数值特征,构建基于 IWR – ERSM 的复杂结构单目标动态优化设计模型为

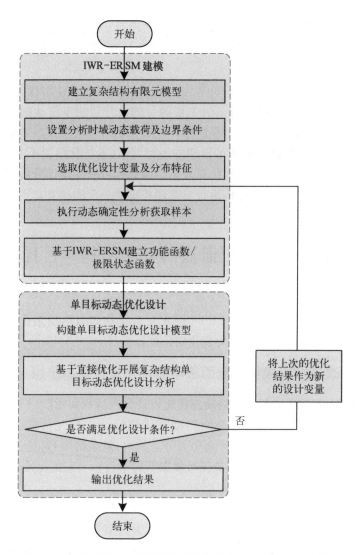

图 8‑1　基于 IWR‑ERSM 的复杂结构动态优化设计分析流程

$$\min h_{\text{IWR-ERSM}}(\boldsymbol{x}) = y_{\text{allow}} - y_{\text{IWR-ERSM}}(\boldsymbol{x})$$
$$\text{s.t. } P_{\text{r}} \geqslant P_{\text{r, min}}$$
$$y_{\text{IWR-ERSM}}(\boldsymbol{x}) = 0 \tag{8-1}$$
$$\boldsymbol{x} \in \left[x_{\text{low}}, x_{\text{up}} \right]$$

式中,x_{low}和x_{up}分别为随机输入变量取值的下限和上限。

结合式(8‑1),基于遍历的思想采用 MC 模拟对其进行直接优化分析设计,获取满足优化条件的结果。

8.2.3　算例分析

本节以航空发动机低压压气机叶盘作为研究对象,基于介绍的 IWR – ERSM 和直接优化方法对其应力进行优化设计。首先,依据低压压气机叶盘随机输入变量的分布数值特征表(表 2 – 3),获取相关建模样本信息,建立其应力功能函数和极限状态函数,参见式(2 – 41)和式(2 – 42),具体实施流程参见 2.4.4 节内容;然后,以低压压气机叶盘应力极限状态函数作为优化目标,并确定其约束条件,即功能函数值为 0,可靠度大于可靠度许用值,相关输入变量均值在一定的区间内波动,低压压气机叶盘单目标动态优化设计模型如式(8 – 2)所示:

$$\min h_{\text{IWR-ERSM}}(v_{\text{in}}, p_{\text{in}}, p_{\text{out}}, \rho, w) = y_{\text{allow}} - y_{\text{IWR-ERSM}}(v_{\text{in}}, p_{\text{in}}, p_{\text{out}}, \rho, w)$$

$$\text{s.t. } P_{\text{r}} \geqslant 0.99$$

$$y_{\text{IWR-ERSM}}(v_{\text{in}}, p_{\text{in}}, p_{\text{out}}, \rho, w) = 0$$

$$116.56 \leqslant v_{\text{in}} \leqslant 131.44$$

$$285\,760 \leqslant p_{\text{in}} \leqslant 322\,240$$

$$476\,580 \leqslant p_{\text{out}} \leqslant 537\,420$$

$$7\,332 \leqslant \rho \leqslant 8\,268$$

$$1\,097.92 \leqslant w \leqslant 1\,238.08 \tag{8-2}$$

基于式(2 – 41)和式(2 – 42),根据低压压气机叶盘应力优化设计模型式(8 – 2),通过直接优化对其进行多次迭代求解,且每次迭代均进行 10 000 次 MC 仿真模拟,最后一次迭代低压压气机叶盘应力分布直方图以及优化前低压压气机叶盘应力分布直方图如图 8 – 2 所示,优化前和优化后对应的低压压气机叶盘设计变

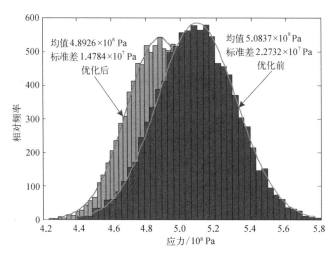

图 8 – 2　优化前和优化后低压压气机叶盘应力分布直方图

量均值和输出响应分布云图分别如表 8 - 1 和图 8 - 3 所示,优化前和优化后低压压气机叶盘目标值、计算精度、消耗时间和迭代次数如表 8 - 2 所示。

表 8 - 1　优化前和优化后低压压气机叶盘设计变量均值

设 计 变 量	原 始 值	优 化 值
$v/(\text{m/s})$	124	120
p_{in}/Pa	304 000	292 000
p_{out}/Pa	507 000	524 000
$\rho/(\text{kg/m}^3)$	7 800	7 560
$w/(\text{rad/s})$	1 168	1 120

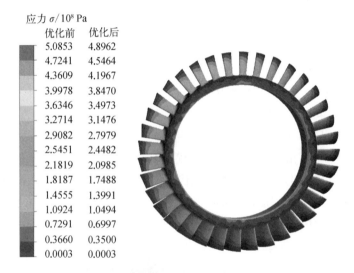

应力 $\sigma/10^8\,\text{Pa}$

	优化前	优化后
	5.0853	4.8962
	4.7241	4.5464
	4.3609	4.1967
	3.9978	3.8470
	3.6346	3.4973
	3.2714	3.1476
	2.9082	2.7979
	2.5451	2.4482
	2.1819	2.0985
	1.8187	1.7488
	1.4555	1.3991
	1.0924	1.0494
	0.7291	0.6997
	0.3660	0.3500
	0.0003	0.0003

图 8 - 3　优化前和优化后低压压气机叶盘应力分布云图

表 8 - 2　优化前和优化后低压压气机叶盘目标值、计算精度、消耗时间和迭代次数

优 化 前		优 化 后		应力减少量/ $10^8\,\text{Pa}$	迭代次数	消耗时间/ s
应力/$10^8\,\text{Pa}$	P_r	应力/$10^8\,\text{Pa}$	P_r			
5.083 7	0.998 5	4.892 6	0.998 9	0.191 1	14	2 812

由图 8 - 2 和表 8 - 2 可知,通过基于 IWR - ERSM 的单目标动态优化后,低压压气机叶盘应力服从正态分布,并且其可靠度大于 0.99,满足优化条件;相对于优化前,优化后的低压压气机叶盘应力减少量为 0.191 1×10^8 Pa,在一定程度上改善

了低压压气机叶盘应力的可控性。此外,基于 IWR - ERSM 的低压压气机叶盘应力动态优化设计流程仅需 14 次迭代,耗时 2 812 s,相对于基于有限元模型的 MC 模拟能够节约大量的计算时间,并且其优化效果优于直接模拟所得结果。

8.3　基于分解协调的改进 Kriging 方法的复杂结构动态协同优化设计

本节基于第 5 章介绍的 IDCKMS,将 IDCKMS 用于实现多构件复杂结构动态协同优化设计,结合航空发动机高压涡轮叶盘运行间隙的优化设计验证 IDCKMS 在动态协同优化设计分析中的可行性。

8.3.1　基于分解协调的改进 Kriging 方法动态协同优化设计基本思想

IDCKMS 的多构件复杂结构动态协同优化设计分析流程如图 8 - 4 所示。由图可以看出,IDCKMS 的多构件复杂结构动态协同优化设计分析主要包括复杂结构的 IDCKMS 子模型建模、子模型动态优化设计、IDCKMS 大模型建模和大模型动态优化设计四个流程。其中,IDCKMS 子模型建模和大模型建模的详细流程参见 5.2.1 节内容;与其他方法的主要区别为子模型动态优化设计和大模型动态优化设计。

对于子模型动态优化设计,依据 IDCKMS 建立的复杂结构各构件分解代理模型建立子模型优化设计模型,开展子模型动态优化设计分析;判断优化结果是否满足子模型优化设计条件,若不满足条件,则需要将上次优化结果作为新的设计变量,重复执行样本获取、分解代理模型建立等流程,直至满足要求,若满足条件,则转入执行 IDCKMS 大模型建模。

对于大模型动态优化设计,依据 IDCKMS 建立的复杂结构输出响应协调代理模型建立大模型优化设计模型,开展其动态优化设计分析;判断优化结果是否满足大模型优化设计条件,若不满足条件,则需要将上次优化结果作为新的设计变量,返回样本获取流程,依次执行后续相关流程,直至优化结果满足预定要求,若满足条件,则输出优化设计分析结果。

8.3.2　基于分解协调的改进 Kriging 方法动态协同优化设计分析原理

依据 5.2.2 节介绍的 IDCKMS 数学模型内容,结合所建立的复杂结构分解及协调代理模型,即式(5 - 2)、式(5 - 5)和式(5 - 7),分别将其作为动态协调分析设计的优化目标函数。在此基础上,将各优化目标函数相关的输入变量、功能函数及许用可靠度作为约束条件,建立基于 IDCKMS 的复杂结构多构件动态协同优化设计模型,即

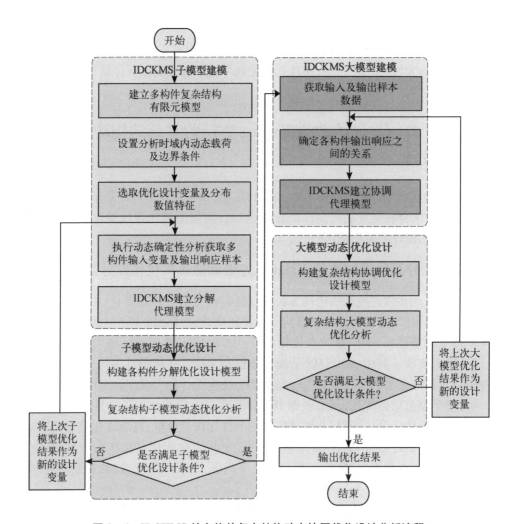

图 8-4 IDCKMS 的多构件复杂结构动态协同优化设计分析流程

$$\min h_{\mathrm{IDCKMS}}(\boldsymbol{x}) = y_{\mathrm{allow}} - y_{\mathrm{IDCKMS}}(\boldsymbol{x})$$

$$\mathrm{s.t.} \ P_{\mathrm{r}} \geqslant P_{\mathrm{r,\,min}}$$

$$y_{\mathrm{IDCKMS}}(\boldsymbol{x}) = 0$$

$$\boldsymbol{x} \in \left[x_{\mathrm{low}}, \ x_{\mathrm{up}} \right]$$

$$\min h_{\mathrm{IDCKMS}}^{(\bar{j})}(\boldsymbol{x}^{(\bar{j})}) = y_{\mathrm{allow}}^{(\bar{j})} - y_{\mathrm{IDCKMS}}^{(\bar{j})}(\boldsymbol{x}^{(\bar{j})})$$

$$\mathrm{s.t.} \ P_{\mathrm{r}}^{(\bar{j})} \geqslant P_{\mathrm{r,\,min}}^{(\bar{j})}$$

$$y_{\mathrm{IDCKMS}}^{(\bar{j})}(\boldsymbol{x}^{(\bar{j})}) = 0$$

$$\boldsymbol{x}^{(\bar{j})} \in \left[x_{\text{low}}^{(\bar{j})}, \ x_{\text{up}}^{(\bar{j})} \right]$$

$$\min h_{\text{IDCKMS}}^{(\bar{j}\bar{k})}(\boldsymbol{x}^{(\bar{j}\bar{k})}) = y_{\text{allow}}^{(\bar{j}\bar{k})} - y_{\text{IDCKMS}}^{(\bar{j}\bar{k})}(\boldsymbol{x}^{(\bar{j}\bar{k})})$$

$$\text{s.t. } P_{\text{r}}^{(\bar{j}\bar{k})} \geqslant P_{\text{r, min}}^{(\bar{j}\bar{k})} \tag{8-3}$$

$$y_{\text{IDCKMS}}^{(\bar{j}\bar{k})}(\boldsymbol{x}^{(\bar{j}\bar{k})}) = 0$$

$$\boldsymbol{x}^{(\bar{j}\bar{k})} \in \left[x_{\text{low}}^{(\bar{j}\bar{k})}, \ x_{\text{up}}^{(\bar{j}\bar{k})} \right]$$

式(8-3)为包含四个层次的复杂结构多构件动态协同优化设计模型,除了底层输入变量,实质上是包含三个嵌套的优化模型。在执行优化设计的过程中,首先基于子模型对各构件输出响应进行优化分析,在优化结果满足各子模型的优化设计条件后,基于大模型对复杂结构中输出响应进行优化分析,获取最终的优化设计结果。

8.3.3　算例分析

高压涡轮叶盘运行间隙对航空发动机整体可靠性及运行安全具有重要的影响,其运行间隙的减小对于降低油耗比、延长飞行时间、增加有效载荷等大有助益。例如,当运行间隙降低 1% 时,压气机和涡轮的效率可比原来提高 0.8% ~ 1.2%,而双转子涡扇发动机和涡轴发动机的油耗比可比原来分别降低 2% 和 1.5%[123]。当高压涡轮叶盘运行间隙设计过小时,可能发生碰磨,导致临界故障(叶片断裂、机壳损坏等)的发生。因此,为了平衡航空发动机的可靠性和效率,在可靠性和随机因素的约束下,本节对航空发动机高压涡轮叶盘运行间隙进行优化设计,以验证IDCKMS 的可行性。

以航空发动机高压涡轮叶片-轮盘-机匣作为研究对象,其有限元模型如图8-5所示。图中简化了高压涡轮叶盘结构中的细节部位,且由于轮盘为圆周结构,仅对其截面进行分析。

基于建立的有限元模型,开展高压涡轮叶盘运行间隙确定性分析,获取其叶片、轮盘、机匣径向变形以及运行间隙随时间变化曲线,如图8-6所示。

由图 8-6 可知,高压涡轮叶片、轮盘及机匣的径向变形在分析时域 [165 s, 200 s] 达到最大,且运行间隙在该时域内达到最小。因此,选取 $t = 185$ s 作为研究时刻点。

为了顺利进行高压涡轮叶盘运行间隙优化设计,选取相关设计变量,并假设各变量服从正态分布且相互独立,具体如表8-3所示。表中,t_* 为温度,α_* 为表面传热系数;对于轮盘,温度的下标代表各位置点的温度,表面传热系数的下标(d1、d2 和 d3)分别代表 B_1、B_2 和 B_3 位置的表面传热系数;对于叶片,温度和表面传热系数的下

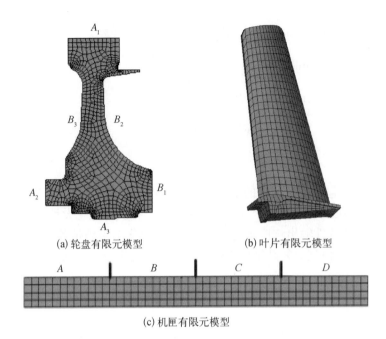

(a) 轮盘有限元模型   (b) 叶片有限元模型

(c) 机匣有限元模型

图 8 - 5   高压涡轮叶片-轮盘-机匣有限元模型

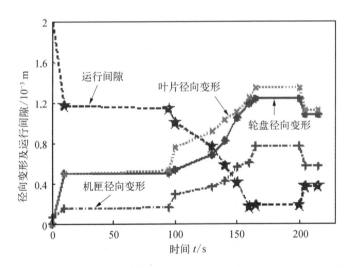

图 8 - 6   高压涡轮叶片、轮盘、机匣径向变形及运行间隙随时间变化曲线

标(1、2、3、4, b1、b2、b3、b4)分别表示叶尖、上部、下部和根部的温度及表面传热系数;对于机匣,温度和表面传热系数的下标(in 和 out, c1、c2、c3、c4)分别代表内部和外部,A、B、C、D 位置的温度和表面传热系数。此外,高压涡轮叶盘的燃气温度和转速变化规律参见图 4 - 5,不同温度下热膨胀系数如表 8 - 4 所示。

表 8 - 3　高压涡轮叶盘运行间隙相关设计变量数值特征

研究对象	设计变量	均　值	标准差	下　限	上　限
轮　盘	$t_{a1}/℃$	540	16	532	548
	$t_{a2}/℃$	210	6	207	213
	$t_{a3}/℃$	200	6	197	203
	$t_{b1}/℃$	245	7.4	241	249
	$t_{b2}/℃$	320	9.6	315	325
	$\alpha_{d1}/[W/(m^2 \cdot K)]$	1 530	45.8	1 504	1 550
	$\alpha_{d2}/[W/(m^2 \cdot K)]$	1 080	32.5	1 066	1 098
	$\alpha_{d3}/[W/(m^2 \cdot K)]$	864	25.9	852	877
	$w/(rad/s)$	1 168	35	1 150	1 186
	$\rho/(kg/m^3)$	8 210	246	8 087	8 333
叶　片	$t_1/℃$	1 030	31	1 015	1 046
	$t_2/℃$	980	30	965	995
	$t_3/℃$	820	25	808	832
	$t_4/℃$	540	16	532	548
	$\alpha_{b1}/[W/(m^2 \cdot K)]$	11 760	353	11 580	11 932
	$\alpha_{b2}/[W/(m^2 \cdot K)]$	8 250	248	8 130	8 377
	$\alpha_{b3}/[W/(m^2 \cdot K)]$	6 550	196	6 449	6 645
	$\alpha_{b4}/[W/(m^2 \cdot K)]$	3 130	94	3 083	3 177
	$w/(rad/s)$	1 168	24	1 051	1 180
	$\rho/(kg/m^3)$	8 210	246	8 087	8 333
机　匣	$t_{in}/℃$	1 050	32	1 034	1 066
	$t_{out}/℃$	330	10	315	325
	$\alpha_{c1}/[W/(m^2 \cdot K)]$	6 000	180	5 910	6 090
	$\alpha_{c2}/[W/(m^2 \cdot K)]$	5 400	160	5 320	5 480
	$\alpha_{c3}/[W/(m^2 \cdot K)]$	4 800	144	4 730	4 872
	$\alpha_{c4}/[W/(m^2 \cdot K)]$	4 200	126	4 137	4 263
	$\alpha_{out}/[W/(m^2 \cdot K)]$	2 600	78	2 560	2 640

表 8 - 4　不同温度下热膨胀系数

温度/℃	100	200	300	400	500	600	700	800	900
轮盘	1.16	1.23	1.26	1.32	1.36	1.41	1.47	1.51	1.57
叶片	1.16	1.23	1.24	1.33	1.35	1.44	1.51	1.57	1.65
机匣	1.28	1.35	1.43	1.5	1.55	1.61	1.7	1.75	1.8

依据高压涡轮叶盘分布数值特征,分别获取 20 组和 50 组训练样本,以及 200 组测试样本。其中,结合 20 组训练样本运用 IDCKMS 建立分解代理模型,结合 50 组训练样本运用 QP - DCSMM 建立分解代理模型,而直接模拟同样运用 50 组训练样本进行计算;三种方法采用同样的 200 组测试样本进行时间和精度计算分析。此外,所有的分析及计算在相同的计算环境下进行。基于直接模拟、QP - DCSMM 和 IDCKMS 的拟合特性及测试性能分析结果如表 8 - 5所示。

表 8 - 5　基于直接模拟、QP - DCSMM 和 IDCKMS 的拟合特性及测试性能分析结果

方　法	对　象	拟　合　特　性		测　试　性　能		
		样本数量	拟合时间/s	样本数量	拟合时间/s	精　　度
直接模拟	轮盘	50	—	200	2 014.1	1
	叶片	50	—	200	2 923.6	1
	机匣	50	—	200	1 895.7	1
IDCKMS	轮盘	20	211.9	200	1.92	0.990 2
	叶片	20	235.7	200	3.18	0.989 6
	机匣	20	190.8	200	1.76	0.991 3
QP - DCSMM	轮盘	50	480.3	200	4.36	0.972 6
	叶片	50	612.1	200	6.51	0.968 5
	机匣	50	334.2	200	3.926	0.976 3

由表 8 - 5 可知,在建立分解协调代理模型时,IDCKMS 的建模时间和所需样本数量小于 QP - DCSMM。在测试性能方面,IDCKMS 在计算时间和精度方面都有明显的优势,相对于 QP - DCSMM,IDCKMS 对于轮盘、叶片和机匣的计算时间分别节省了 2.44 s、3.33 s 和 2.176 s,计算精度提高了 1.42%。

在 IDCKMS 建模特性得以验证的基础上,通过 MC 模拟分别对所建立的高压涡轮叶盘分解代理模型进行 10 000 次仿真,其仿真历史和分布直方图如图 8 - 7所示。

由图 8 - 7 可知,高压涡轮轮盘、叶片、机匣径向变形均服从正态分布,其均值分别为 $1.235\ 4 \times 10^{-3}$ m、$1.342\ 3 \times 10^{-3}$ m 和 7.634×10^{-4} m,标准差分别为 3.03×10^{-5} m、8.65×10^{-6} m 和 2.525×10^{-5} m。

进而,将分解代理模型输出响应作为新的输入变量,建立高压涡轮叶盘运行间隙协调代理模型,同样进行 10 000 次 MC 仿真模拟,其仿真历史和分布直方图如

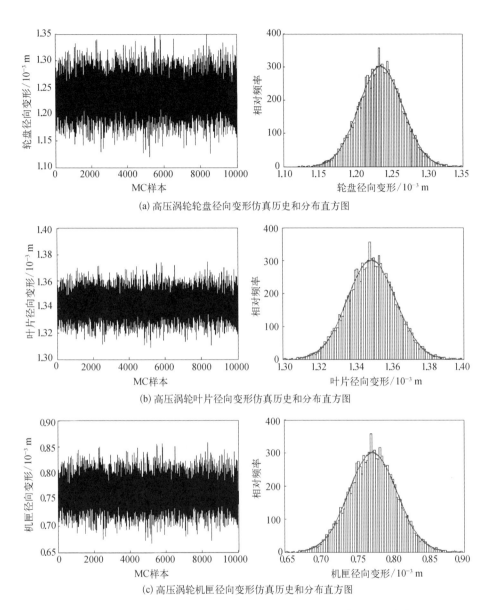

(a) 高压涡轮轮盘径向变形仿真历史和分布直方图

(b) 高压涡轮叶片径向变形仿真历史和分布直方图

(c) 高压涡轮机匣径向变形仿真历史和分布直方图

图 8-7　高压涡轮轮盘、叶片、机匣径向变形仿真历史和分布直方图

图 8-8 所示。由图可以看出,高压涡轮叶盘运行间隙服从均值为 $1.814\,3\times10^{-3}$ m、标准差为 1.37×10^{-3} m 的正态分布。

在上述研究的基础上,结合 IDCKMS 建立的高压涡轮叶盘分解及协调代理模型,构建高压涡轮叶盘运行间隙动态协调优化设计模型如式(8-5)所示。其中,为方便表述,输入随机变量的具体定义为

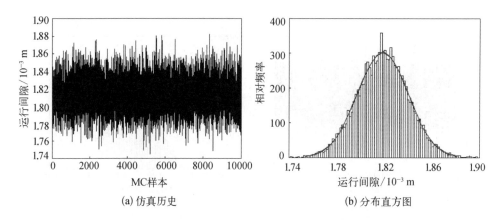

(a) 仿真历史   (b) 分布直方图

图 8-8 高压涡轮叶盘运行间隙仿真历史和分布直方图

$$\boldsymbol{x}^{(d)} = (t_{a1}, t_{a2}, t_{a3}, t_{b1}, t_{b2}, \alpha_{d1}, \alpha_{d2}, \alpha_{d3}, w, \rho)$$
$$\boldsymbol{x}^{(b)} = (t_1, t_2, t_3, t_4, \alpha_{b1}, \alpha_{b2}, \alpha_{b3}, \alpha_{b4}, w, \rho) \tag{8-4}$$
$$\boldsymbol{x}^{(c)} = (t_{in}, t_{out}, \alpha_{c1}, \alpha_{c2}, \alpha_{c3}, \alpha_{c4}, \alpha_{out})$$

$$\min h_{IDCKMS}(\boldsymbol{x}^{(d)}, \boldsymbol{x}^{(b)}, \boldsymbol{x}^{(c)}) = y_{allow} - y_{IDCKMS}(\boldsymbol{x}^{(d)}, \boldsymbol{x}^{(b)}, \boldsymbol{x}^{(c)})$$

$$\text{s.t. } P_r \geqslant P_{r, min}$$

$$y_{IDCKMS}(\boldsymbol{x}^{(d)}, \boldsymbol{x}^{(b)}, \boldsymbol{x}^{(c)}) = 0$$

$$\min h_{IDCKMS}^{(d)}(\boldsymbol{x}^{(d)}) = y_{allow}^{(d)} - y_{IDCKMS}^{(d)}(\boldsymbol{x}^{(d)})$$

$$\text{s.t. } P_r^{(\bar{j})} \geqslant P_{r, min}^{(\bar{j})}$$

$$y_{IDCKMS}^{(d)}(\boldsymbol{x}^{(d)}) = 0$$

$$\boldsymbol{x}^{(d)} \in [\boldsymbol{x}_{low}^{(d)}, \boldsymbol{x}_{up}^{(d)}]$$

$$\min h_{IDCKMS}^{(b)}(\boldsymbol{x}^{(b)}) = y_{allow}^{(b)} - y_{IDCKMS}^{(b)}(\boldsymbol{x}^{(b)}) \tag{8-5}$$

$$\text{s.t. } P_r^{(b)} \geqslant P_{r, min}^{(b)}$$

$$y_{IDCKMS}^{(b)}(\boldsymbol{x}^{(b)}) = 0$$

$$\boldsymbol{x}^{(b)} \in [\boldsymbol{x}_{low}^{(b)}, \boldsymbol{x}_{up}^{(b)}]$$

$$\min h_{IDCKMS}^{(c)}(\boldsymbol{x}^{(c)}) = y_{allow}^{(c)} - y_{IDCKMS}^{(c)}(\boldsymbol{x}^{(c)})$$

$$\text{s.t. } P_r^{(c)} \geqslant P_{r, min}^{(c)}$$

$$y_{IDCKMS}^{(c)}(\boldsymbol{x}^{(c)}) = 0$$

$$\boldsymbol{x}^{(c)} \in [\boldsymbol{x}_{low}^{(c)}, \boldsymbol{x}_{up}^{(c)}]$$

　　依据构建的优化设计模型,分别运用直接优化和多模型优化开展高压涡轮叶盘运行间隙动态优化设计分析,其中每次迭代均执行 10 000 次 MC 模拟,优化结果如表 8-6 所示,迭代历程如图 8-9 所示,优化前和优化后的高压涡轮轮盘、叶片和机匣径向变形如表 8-7 所示,优化前与优化后的高压涡轮叶盘运行间隙分布直方图如图 8-10 所示,优化前与优化后的高压涡轮轮盘、叶片和机匣径向变形分布云图如图 8-11 所示。

表 8-6　基于直接优化和多模型优化的涡轮叶盘运行间隙分析结果

| 方　　法 | 运行间隙/10^{-3} m | | | 可靠度 | 迭代次数 | 耗时/h |
	优化前	优化后	减少值			
直接优化	1.814 3	1.672 2	0.142 1	0.999 3	27	5.698
多模型优化	—	1.650 1	0.164 2	1	11	18.267

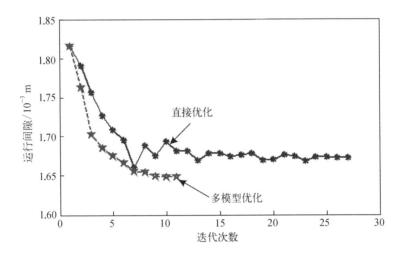

图 8-9　基于直接优化和多模型优化的迭代历程

表 8-7　优化前和优化后的高压涡轮轮盘、叶片和机匣径向变形

研　究　对　象	优化前/10^{-3} m	优化后/10^{-3} m	可　靠　度
轮　盘	1.235 4	1.212 2	0.991 2
叶　片	1.342 3	1.288 1	0.993 9
机　匣	0.763 4	8.527	0.999 9

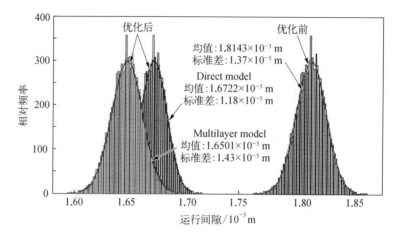

图 8‐10　优化前与优化后的高压涡轮叶盘运行间隙分布直方图

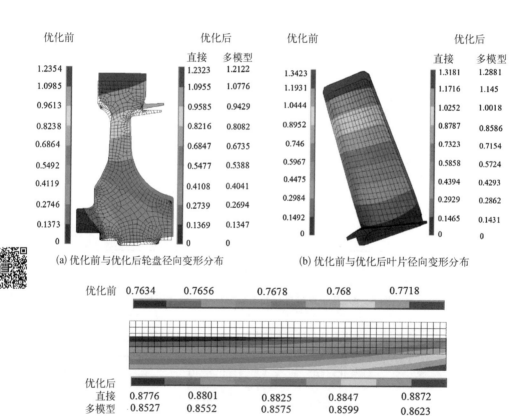

(a) 优化前与优化后轮盘径向变形分布　　(b) 优化前与优化后叶片径向变形分布

(c) 优化前与优化后机匣径向变形分布

图 8‐11　优化前与优化后的高压涡轮轮盘、叶片和机匣径向变形分布云图

由上述分析结果可知,与优化前运行间隙相比,优化后运行间隙减少了 $1.421×10^{-4}$ m 和 $1.642×10^{-4}$ m,约为运行间隙的 10%;在满足约束条件的前提下,多模型优化结果($1.650\ 1×10^{-3}$ m)小于直接优化结果($1.672\ 2×10^{-3}$ m);多模型优化所需的迭代次数小于直接优化所需的迭代次数,且其优化结果更符合工程需求。然而,多模型优化中涉及多个子模型优化,因此相对于直接优化其耗时更长。

8.4　多重极值响应面法的复杂结构动态综合优化设计

本节基于第 6 章介绍的 MERSM,初步阐述该方法在复杂结构多失效模式动态综合优化设计中的应用,通过航空发动机高压涡轮叶盘变形、应力和应变动态综合优化设计对其有效性进行验证。

8.4.1　基于多重极值响应面法动态综合优化设计基本思想

基于 MERSM 的复杂结构动态综合优化设计分析流程如图 8-12 所示。由图可以看出,基于 MERSM 的复杂结构多失效模式动态综合优化设计分析流程主要包括复杂结构 MERSM 建模、各失效模式动态优化设计和多失效模式动态综合优化设计。

对于各失效模式动态优化设计,基于 MERSM 建立的复杂结构多失效模式功能函数及极限状态函数,并结合综合可靠性及灵敏度分析结果,构建各失效模式动态优化设计模型,其中以各失效模式极限状态函数作为优化目标,以各失效模式可靠度、重要变量及功能函数作为约束条件,通过重要度优化完成优化分析。

对于多失效模式动态综合优化设计,通过协调各失效模式之间的关系,以发现各输入变量最优均值为目标,同样采用重要度优化对其进行优化分析,对比优化结果与最终大模型优化设计条件判别优化结果,若不满足优化设计条件,则需要重新进行建模执行优化流程,直至满足要求;若满足优化设计条件,则确定最终值,输出优化结果。

8.4.2　基于多重极值响应面法动态综合优化设计分析原理

依据 6.2.2 节的 MERSM 数学模型相关内容,结合所建立的复杂结构多失效模式功能函数和极限状态函数,分别将其作为动态综合分析设计的优化目标函数及约束条件。在此基础上,将各优化目标函数重要的输入变量及许用可靠度作为约束条件,建立基于 MERSM 的复杂结构多失效模式动态综合优化设计模型,即

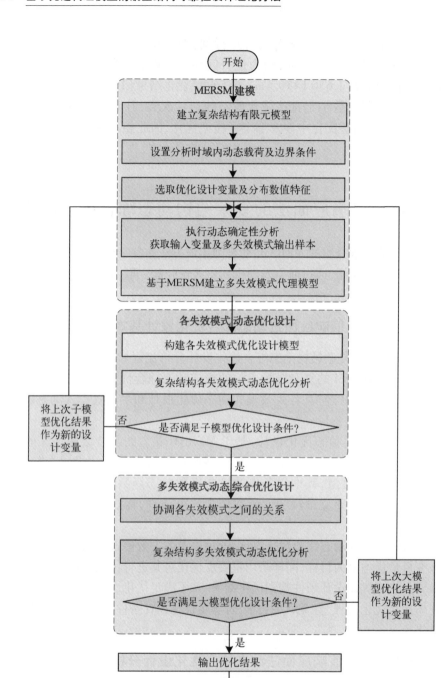

图 8-12　基于 MERSM 的复杂结构动态综合优化设计分析流程

$$\min h_{\text{MERSM}}(\boldsymbol{x}) = y_{\text{allow}} - y_{\text{MERSM}}(\boldsymbol{x})$$

$$\text{s.t. } P_{\text{r}} \geqslant P_{\text{r, min}}$$

$$y_{\text{MERSM}}(\boldsymbol{x}) = 0$$

$$\boldsymbol{x} \in \left[x_{\text{low}}, x_{\text{up}} \right]$$

$$\min h_{\text{IDCKMS}}^{(1)}(\boldsymbol{x}^{(1)}) = y_{\text{allow}}^{(1)} - y_{\text{IDCKMS}}^{(1)}(\boldsymbol{x}^{(1)})$$

$$\text{s.t. } P_{\text{r}}^{(1)} \geqslant P_{\text{r, min}}^{(1)}$$

$$y_{\text{IDCKMS}}^{(1)}(\boldsymbol{x}^{(1)}) = 0 \tag{8-6}$$

$$\boldsymbol{x}^{(1)} \in \left[x_{\text{low}}^{(1)}, x_{\text{up}}^{(1)} \right]$$

$$\vdots$$

$$\min h_{\text{IDCKMS}}^{(M)}(\boldsymbol{x}^{(M)}) = y_{\text{allow}}^{(M)} - y_{\text{IDCKMS}}^{(M)}(\boldsymbol{x}^{(M)})$$

$$\text{s.t. } P_{\text{r}}^{(M)} \geqslant P_{\text{r, min}}^{(M)}$$

$$y_{\text{IDCKMS}}^{(M)}(\boldsymbol{x}^{(M)}) = 0$$

$$\boldsymbol{x}^{(M)} \in \left[x_{\text{low}}^{(M)}, x_{\text{up}}^{(M)} \right]$$

结合式(8-6),运用重要度优化开展复杂结构多失效模式动态综合优化设计,即首先对各失效模式进行动态优化设计,在满足子模型优化设计条件后,对多失效模式进行动态综合优化设计,以获取优化分析结果。

8.4.3　算例分析

本节以航空发动机高压涡轮叶盘变形、应力和应变多失效模式动态综合优化设计为例,基于介绍的 MERSM 和重要度优化方法对其进行分析。依据 6.2.4 节建立的高压涡轮叶盘变形、应力和应变功能函数和极限状态函数,以及灵敏度分析结果确定相关重要输入变量,分别将其极限状态函数作为优化目标函数,将重要输入变量、功能函数和许用可靠度作为约束条件,其优化设计模型为

$$\min h_{\text{MERSM}}(t_{\text{gas}}, v, \rho, w) = y_{\text{allow}} - y_{\text{MERSM}}(t_{\text{gas}}, v, \rho, w)$$

$$\text{s.t. } P_{\text{r}} \geqslant P_{\text{r, min}}$$

$$y_{\text{MERSM}}(t_{\text{gas}}, v, \rho, w) = 0$$

$$\min h_{\text{IDCKMS}}^{(1)}(t_{\text{gas}}, v, \rho, w) = y_{\text{allow}}^{(1)} - y_{\text{IDCKMS}}^{(1)}(t_{\text{gas}}, v, \rho, w)$$

$$\text{s.t. } P_{\text{r}}^{(1)} \geqslant P_{\text{r, min}}^{(1)}$$

$$y_{\text{IDCKMS}}^{(1)}(t_{\text{gas}}, v, \rho, w) = 0$$

$$\min h_{\text{IDCKMS}}^{(2)}(t_{\text{gas}}, v, \rho, w) = y_{\text{allow}}^{(2)} - y_{\text{IDCKMS}}^{(2)}(t_{\text{gas}}, v, \rho, w)$$

$$\text{s.t. } P_{\text{r}}^{(2)} \geqslant P_{\text{r, min}}^{(2)}$$

$$y_{\text{IDCKMS}}^{(2)}(t_{\text{gas}}, v, \rho, w) = 0$$

$$\min h_{\text{IDCKMS}}^{(3)}(t_{\text{gas}}, v, \rho, w) = y_{\text{allow}}^{(3)} - y_{\text{IDCKMS}}^{(3)}(t_{\text{gas}}, v, \rho, w)$$

$$\text{s.t. } P_{\text{r}}^{(3)} \geqslant P_{\text{r, min}}^{(3)} \qquad\qquad (8-7)$$

$$y_{\text{IDCKMS}}^{(3)}(t_{\text{gas}}, v, \rho, w) = 0$$

$$t_{\text{gas, low}} \leqslant t_{\text{gas}} \leqslant t_{\text{gas, up}}$$

$$v_{\text{low}} \leqslant v \leqslant v_{\text{up}}$$

$$w_{\text{low}} \leqslant w \leqslant w_{\text{up}}$$

依据构建的优化设计模型式(8-7),运用直接模拟和重要度优化方法开展高压涡轮叶盘多失效模式动态综合优化设计分析,其中每次迭代均执行 10 000 次 MC 模拟,优化结果如表 8-8 所示,优化前和优化后的设计变量如表 8-9 所示,优化前与优化后的高压涡轮叶盘变形、应力和应变分布直方图如图 8-13 所示,优化前与优化后的高压涡轮叶盘变形、应力和应变分布云图如图 8-14 所示。

表 8-8 基于直接模拟和重要度优化的高压涡轮叶盘变形、应力和应变分析结果

方　法	变形/10^{-3} m			应力/10^9 Pa			应变/(10^{-3} m/m)			耗时/s
	优化前	优化后	减小值	优化前	优化后	减小值	优化前	优化后	减小值	
直接模拟	2.394	2.270	0.124	1.180	1.028	0.152	6.374	6.237	0.137	798 5
重要度优化	2.394	2.237	0.157	1.180	0.944	0.236	6.374	6.168	0.206	167 2

表 8-9 优化前和优化后高压涡轮叶盘变形、应力和应变相关设计变量

方　法	t_{gas}/K		v/(m/s)		w/(rad/s)	
	优化前	优化后	优化前	优化后	优化前	优化后
直接模拟	1 150	1 036.07	160	160.63	1 168	1 151.93
重要度优化	1 150	1 033.11	160	161.42	1 168	1 149.37

由高压涡轮叶盘变形、应力和应变多失效模式动态综合优化设计分析结果可以看出,直接模拟和重要度优化都可实现优化分析,相较于直接模拟优化,基于 MERSM 和重要度优化的效果相对较为理想,且重要度优化所需时间(1 672 s)小于直接模拟优化所需时间(7 985 s)。

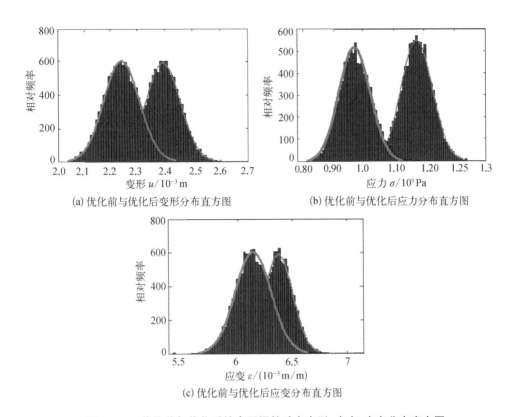

(a) 优化前与优化后变形分布直方图　　　　(b) 优化前与优化后应力分布直方图

(c) 优化前与优化后应变分布直方图

图 8‑13　优化前与优化后的高压涡轮叶盘变形、应力、应变分布直方图

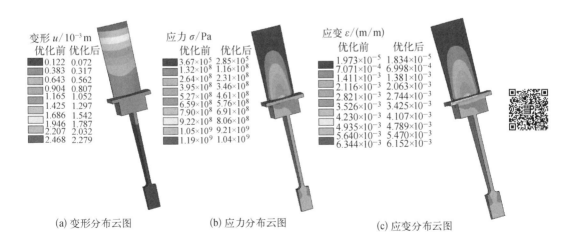

(a) 变形分布云图　　　　(b) 应力分布云图　　　　(c) 应变分布云图

图 8‑14　优化前与优化后高压涡轮叶盘变形、应力、应变分布云图

8.5   本章小结

为了有效指导复杂结构一体化优化设计,实现参数的合理优化及保障系统安全运行,本章阐述了基于先进代理模型法的动态优化设计。先将 IWR - ERSM 应用于复杂结构单目标动态优化设计分析,再将 IDCKMS 应用于多构件复杂结构动态协同优化设计分析,最后阐述了 MERSM 在复杂结构多失效模式动态综合优化设计分析中的应用。此外,本章还分别运用航空发动机低压压气机叶盘应力动态优化设计、高压涡轮叶盘运行间隙动态协同优化设计和高压涡轮叶盘多失效模式(变形、应力和应变)动态综合优化设计对上述方法的有效性进行了验证。

案例验证表明,基于 IWR - ERSM 的可靠性优化设计可在满足分析精度的前提下有效提升计算效率,其所消耗的时间为 2 182 s;基于 IDCKMS 的可靠性优化设计能够在提升可靠性的基础上,有效实现运行参数优化,若对优化效率无过多要求,多模型优化效果相较于直接优化效果更佳;基于 MERSM 的可靠性优化设计能够综合考虑全局可靠性的影响,实现复杂结构综合可靠性优化设计,且重要度优化所需时间(1 672 s)小于直接模拟优化所需时间(7 985 s)。

第9章
基于矢量代理模型的多构件多失效协同概率分析方法

9.1 复杂结构多构件多失效协同概率分析的同步建模理念

传统的可靠性设计方法,如代理模型法、发展的关系模型技术、分解协调策略等,广泛应用于机械结构的可靠性设计。这些方法可以在满足可接受精度的前提下,减轻计算负担,提高可靠性设计效率。然而,对于多目标复杂结构的可靠性设计,这些方法难以协同多目标分析过程,仍需在输出响应和输入参数之间建立多个功能函数。因此,迫切需要提出多目标结构同步建模的新理念。

为了解决这一问题,本章提出同步建模的理念,以协同实现具有多个目标复杂结构的可靠性设计。综合可靠性作为多个目标的复杂结构可靠性设计的度量指标,进一步定义为矢量对象在规定的时间和条件下保持预定功能的概率。矢量对象可以解释为对角线矩阵的每一行或每一列,这是由工程结构的多个分析目标组成的输出响应。

为了完成多目标结构的可靠性设计,将矩阵思想引入代理模型法,提出同步建模的理念,即 VSM 法。VSM 法的基本原理如下:将矩阵理论引入代理模型法中,分别将多变量参数、模型超参数/系数和多个分析目标作为矩阵,建立多分析目标的同步可靠性模型,用于工程结构的概率模拟。在本章的研究中,"同步可靠性模型"称为"矢量代理模型"。通过大量的数值模拟分析,阐明综合可靠性分析的原理。通过观察矢量代理模型的对角矩阵,减去包含多目标允许值的对角矩阵,得到结构的多目标极限状态矩阵,然后获得这些特征值。最后,利用概率统计理论得到工程结构的综合可靠性指标。图 9-1 为具有多个目标的复杂结构综合可靠性分析的基本思想。

从上述分析来看,多目标复杂结构的同步建模理念在以下三个方面具有明显的优势:

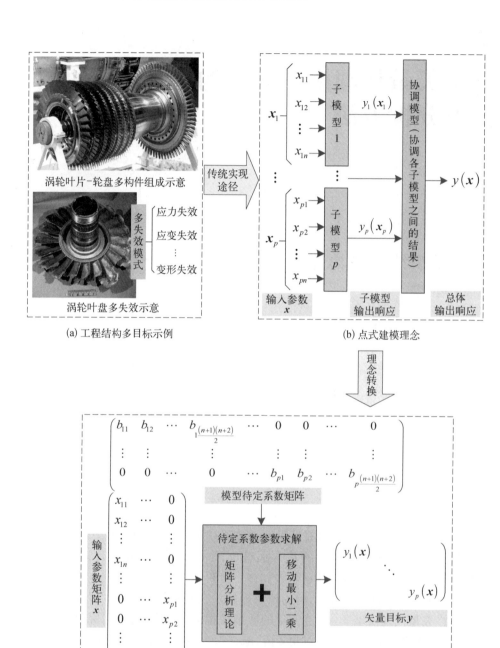

(a) 工程结构多目标示例 　　　　(b) 点式建模理念

(c) 维式建模理念

图 9-1　复杂结构多目标同步建模理念

（1）通过考虑多变量参数的耦合和多目标的相关性,将协同混合抽样技术应用于多目标响应的同步采样响应可以提高样本采集的效率和可用性;

（2）该理念避免了传统建模方法的单独建模,可以同步建立复杂结构多目标响应的整体协同模型,保证多目标建模的协同性,减少建模时间;

（3）多目标结构协同分析,实现从传统的点可靠性分析到维式可靠性分析的转变,解决多目标可靠性分析过程中存在的协同问题。

需要注意的是,协同混合采样技术可以通过一次计算同时获得多个输出响应,它是由 LHS 和联动抽样策略发展而来的,因此 LHS 技术可以保证抽样的有效性,而联动抽样策略可以协同生成多目标响应的样本。

9.2　基于矢量代理模型的复杂结构多构件多失效协同概率分析思想

根据同步建模的理念,将协同混合抽样技术、矩阵思想和代理模型策略相结合,提出 VSM 法,以协同完成多目标复杂结构的可靠性设计。

采用协同混合抽样技术生成多目标响应样本,采用矩阵思想和代理模型策略同步建立多目标结构模型。VSM 法可以合理处理多个参数之间的耦合、多目标响应之间的相关性,以及采样、建模和仿真中分析过程的协调问题。基于 VSM 法的多目标可靠性设计流程如图 9-2 所示。

由图 9-2 可知,采用 VSM 法对多目标结构进行综合可靠性设计的过程包括结构确定性分析、建模样本获取、VSM 建模和综合可靠性设计四个步骤。具体流程如下:

（1）建立具有多个目标的复杂结构的三维模型和有限元模型,并定义材料属性、载荷参数和边界条件。

（2）根据已建立的有限元模型进行结构确定性分析,并获得复杂结构多目标输出响应。

（3）定义相关输入参数的数值特征,包括分布类型、平均值和标准偏差,并生成足够的输入样本。

（4）采用协同混合抽样技术获取多目标响应样本,并确定输入和输出样本,包括训练样本和测试样本。

（5）用训练样本和未知系数矩阵建立输入参数矩阵,用最小二乘法求解待定系数。

（6）构建 VSM,并用测试样本验证所建立的模型。若分析结果未满足精度要求,则再次执行建模样本生成步骤;若分析结果满足精度要求,则对 VSM 进行确认。

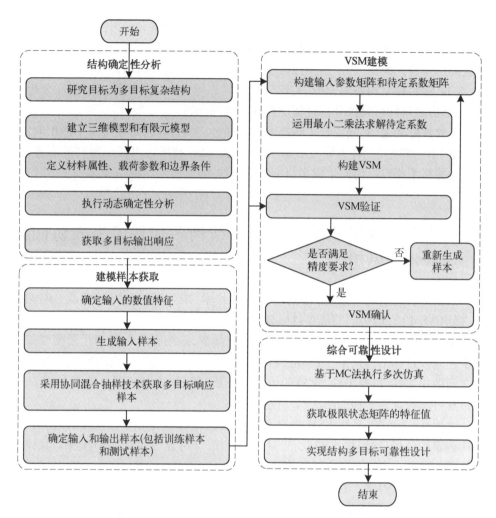

图 9-2　基于 VSM 法的多目标可靠性设计流程

（7）在 VSM 的基础上,利用 MC 法进行大量仿真,得到极限状态矩阵的特征值。

（8）利用概率统计理论进行多目标结构的综合可靠性设计。

9.3　矢量代理模型数学建模

VSM 法是将矩阵思想引入传统的代理模型策略中,以实现多目标结构的综合

可靠性设计。基于二次多项式,VSM 可表示为

$$y(x) = a + bx + x^{\mathrm{T}}cx \tag{9-1}$$

式中,a 为常数项矩阵;b 为线性项矩阵;c 为二次项矩阵;y 为多目标的输出矩阵;x 为输入矩阵。

假设复杂结构的综合可靠性设计涉及 m 个目标,则 a、b 和 c 的系数矩阵表示为

$$a = \mathrm{diag}(a_1 \quad a_2 \quad \cdots \quad a_i \quad \cdots \quad a_m)$$

$$b = \begin{pmatrix} b_1 & & & & & \\ & b_2 & & & & \\ & & \ddots & & & \\ & & & b_i & & \\ & & & & \ddots & \\ & & & & & b_m \end{pmatrix} \tag{9-2}$$

$$c = \begin{pmatrix} c_1 & & & & & \\ & c_2 & & & & \\ & & \ddots & & & \\ & & & c_i & & \\ & & & & \ddots & \\ & & & & & c_m \end{pmatrix}$$

y 和 x 可以通过式(9-3)来描述:

$$x = \begin{pmatrix} x_{11} & \cdots & x_{1n_1} & 0 & 0 & 0 & 0 & 0 & 0 & 0 & 0 & 0 & 0 & 0 \\ 0 & 0 & 0 & x_{21} & \cdots & x_{2n_2} & 0 & 0 & 0 & 0 & 0 & 0 & 0 & 0 \\ 0 & 0 & 0 & 0 & 0 & 0 & 0 & 0 & 0 & 0 & 0 & 0 & 0 & 0 \\ 0 & 0 & 0 & 0 & 0 & 0 & 0 & x_{i1} & \cdots & x_{in_i} & 0 & 0 & 0 & 0 \\ 0 & 0 & 0 & 0 & 0 & 0 & 0 & 0 & 0 & 0 & 0 & 0 & 0 & 0 \\ 0 & 0 & 0 & 0 & 0 & 0 & 0 & 0 & 0 & 0 & 0 & x_{m1} & \cdots & x_{mn_m} \end{pmatrix}^{\mathrm{T}}$$

$$y(x) = \mathrm{diag}[\, y_1(x) \quad y_2(x) \quad \cdots \quad y_i(x) \quad \cdots \quad y_m(x) \,] \tag{9-3}$$

式中,$i = 1, 2, \cdots, m$;a_i、b_i 和 c_i 分别为第 i 个目标的常数项、线性项向量和二次项矩阵;n_1, n_2, $\cdots$, n_m 为每个目标的输入参数数量;$y_i(x)$ 为第 i 个目标的输出

响应。

b_i 和 c_i 为

$$b_i = (b_{i1} \quad b_{i2} \quad \cdots \quad b_{ij} \quad \cdots \quad b_{in})$$

$$c_i = \begin{pmatrix} c_{i,11} & c_{i,12} & \cdots & c_{i,1k} & \cdots & c_{i,1j} & \cdots & c_{i,1n_i} \\ c_{i,21} & c_{i,22} & \cdots & c_{i,2k} & \cdots & c_{i,2j} & \cdots & c_{i,2n_i} \\ \vdots & \vdots & & \vdots & & \vdots & & \vdots \\ c_{i,k1} & c_{i,k2} & \cdots & c_{i,kk} & \cdots & c_{i,kj} & \cdots & c_{i,kn_i} \\ \vdots & \vdots & & \vdots & & \vdots & & \vdots \\ c_{i,j1} & c_{i,j2} & \cdots & c_{i,jk} & \cdots & c_{i,jj} & \cdots & c_{i,jn_i} \\ \vdots & \vdots & & \vdots & & \vdots & & \vdots \\ c_{i,n_i1} & c_{i,n_i2} & \cdots & c_{i,n_ik} & \cdots & c_{i,n_ij} & \cdots & c_{i,n_in_i} \end{pmatrix} \tag{9-4}$$

式中，j, $k = 1, 2, \cdots, n_i$；b_{ij} 为第 i 个目标的第 j 个线性项；$c_{i,kj}$ 为第 i 个目标的第 k 个和第 j 个输入参数的二次项；c_i 为对称矩阵。

对于 VSM，a、b 和 c 的矩阵重组为未知系数的矩阵 d，即

$$d = \begin{pmatrix} d_1 & & & & & \\ & d_2 & & & & \\ & & \ddots & & & \\ & & & d_i & & \\ & & & & \ddots & \\ & & & & & d_m \end{pmatrix} \tag{9-5}$$

式中，d_i 为第 i 个目标的未知系数向量，即

$$d_i = (a_i \quad b_{i1} \quad \cdots \quad b_{in_i} \quad c_{i,11} \quad \cdots \quad c_{i,1n_i} \quad \cdots \quad c_{i,n_i1} \quad \cdots \quad c_{i,n_in_i})^{\mathrm{T}} \tag{9-6}$$

根据最小二乘法，这些未知系数可以确定为

$$d = (X^{\mathrm{T}}X)^{-1}X^{\mathrm{T}}y(X)$$

$$\text{s.t. } X = \begin{pmatrix} 1 & x_{1,11} & \cdots & x_{1,1n_1} & x_{1,11}^2 & x_{1,11}x_{1,12} & \cdots & x_{1,1n_1}^2 \\ 1 & x_{2,11} & \cdots & x_{2,1n_1} & x_{2,11}^2 & x_{2,11}x_{2,12} & \cdots & x_{2,1n_1}^2 \\ \vdots & \vdots & & \vdots & \vdots & \vdots & & \vdots \\ 1 & x_{p_1,11} & \cdots & x_{p_1,1n_1} & x_{p_1,11}^2 & x_{p_1,11}x_{p_1,12} & \cdots & x_{p_1,1n_1}^2 \\ & & & & & & & & \ddots \end{pmatrix}$$

$$
\begin{pmatrix}
1 & x_{1,i1} & \cdots & x_{1,in_i} & x_{1,in_i}^2 & x_{1,i1}x_{1,i2} & \cdots & x_{1,in_i}^2 \\
1 & x_{2,i1} & \cdots & x_{2,in_i} & x_{2,i1}^2 & x_{2,i1}x_{2,i2} & \cdots & x_{2,in_i}^2 \\
\vdots & \vdots & & \vdots & \vdots & \vdots & & \vdots \\
1 & x_{p_i,i1} & \cdots & x_{p_i,in_i} & x_{p_i,i1}^2 & x_{p_i,i1}x_{p_i,i2} & \cdots & x_{p_i,in_i}^2 \\
& & & & & & & & \ddots \\
& 1 & x_{1,m1} & \cdots & x_{1,mn_m} & x_{1,m1}^2 & x_{1,m1}x_{1,m2} & \cdots & x_{1,mn_m}^2 \\
& 1 & x_{2,m1} & \cdots & x_{2,mn_m} & x_{2,m1}^2 & x_{2,m1}x_{2,m2} & \cdots & x_{2,mn_m}^2 \\
& \vdots & \vdots & & \vdots & \vdots & \vdots & & \vdots \\
& 1 & x_{p_m,m1} & \cdots & x_{p_m,mn_m} & x_{p_m,m1}^2 & x_{p_m,m1}x_{p_m,m2} & \cdots & x_{p_m,mn_m}^2
\end{pmatrix}
$$

$$(9-7)$$

式中，X 为样本的矩阵；p_1，p_2，$\cdots$，p_m 为每个目标的输入参数样本数。

通过上述分析，可以得到式(9-1)中的未知系数，并基于 VSM 法建立多目标结构功能函数。因此，多目标结构的极限状态函数 $h(x)$ 为

$$
h(x) = y_{\text{allow}} - y(x) = \text{diag}(y_{\text{allow},1} \quad y_{\text{allow},2} \quad \cdots \quad y_{\text{allow},m}) \tag{9-8}
$$
$$
- \text{diag}[y_1(x) \quad y_2(x) \quad \cdots \quad y_m(x)]
$$

式中，y_{allow} 为输出响应的允许值对角矩阵。

与传统的代理模型法(RSM、Kriging 模型、支持向量机和人工神经网络等)相比，本节提出的方法的不同之处为：① VSM 法可以一次导出多目标结构的整体模型；② 可以考虑多个输出响应之间的耦合关系，还可以实现多目标结构可靠性设计的协同分析。

9.4　矢量代理模型可靠性设计原理

本节主要研究基于 VSM 法的多目标结构可靠性设计理论。根据极限状态函数，采用 MC 法进行大量模拟，以获得极限状态矩阵。所有特征值均通过极限状态矩阵计算得到，然后利用统计分析原理进行多目标结构的综合可靠性估计。换言之，可以利用大数定律，基于极限状态矩阵的特征值，获得复杂结构多目标响应的可靠性指标。多目标结构的可靠性和失效水平(P_r 和 P_f)表达式如式(9-9)所示：

$$
\begin{cases}
P_r = 1 - P_f = \dfrac{N_{\lambda \geq 0}}{N} \\[2mm]
P_f = E[I_F(x)] = \dfrac{1}{N}\sum I_F(x) = \dfrac{N_{\lambda < 0}}{N}
\end{cases} \tag{9-9}
$$

式中，$E[\,\cdot\,]$ 为期望值；$I_F(\boldsymbol{x})$ 为指示函数，下标 F 为失效域，$I_F(\boldsymbol{x})=1$ 表示总失效，$I_F(\boldsymbol{x})=0$ 表示绝对安全；N 为模拟的总数，其中 $N_{\lambda<0}$ 为失效样本数，$N_{\lambda\geqslant0}$ 为安全样本数，λ 为极限状态矩阵的特征值。

9.5　基于矢量代理模型的可靠性设计分析案例

9.5.1　非线性复合函数逼近分析

非线性复合函数包含一个主函数（$F(\boldsymbol{x})$）、三个子函数（$f(x_1)$、$f(x_2)$ 和 $f(x_3)$）以及六个输入变量（$\boldsymbol{x}=(x_1,\ x_2,\ x_3,\ x_4,\ x_5,\ x_6)$），表达式如下：

$$\begin{cases} F(\boldsymbol{x})=F[f(x_1),f(x_2),f(x_3)] \\ \qquad =-0.5+\exp\left\{-\dfrac{[f(x_1)]^2}{10}\right\}+\left[\dfrac{f(x_2)}{5}\right]^4-[f(x_3)]^3\sin[f(x_2)]^2 \\ f(x_1)=2+0.01(x_2-x_1^2)^2+(1-x_1)^2+2(2-x_2)^2 \\ \qquad\quad +7\sin(0.5x_1)\sin(0.7x_1x_2) \\ f(x_2)=\left(x_4-\dfrac{5.1}{4\pi^2}x_3^2+\dfrac{5}{\pi}x_3-6\right)^2+10\left(1-\dfrac{1}{8\pi}\right)\cos x_3+10 \\ f(x_3)=\left(4-2.1x_5^2+\dfrac{1}{3}x_6^3\right)x_5^2+x_5x_6-(4-4x_6^2)x_5^2 \\ x_1=(x_1\quad x_2);\quad x_2=(x_3\quad x_4);\quad x_3=(x_5\quad x_6) \end{cases}$$

$$(9-10)$$

在式（9-10）中，假设所有的输入均服从正态分布，其中输入变量的分布特征如表 9-1 所示。

表 9-1　输入变量的分布特征

输 入 变 量	分 布 类 型	均　　值	标 准 差
x_1	正态分布	3	0.1
x_2	正态分布	4	0.1
x_3	正态分布	2.5	0.1
x_4	正态分布	5	0.1
x_5	正态分布	0.5	0.1
x_6	正态分布	-0.5	0.1

为了模型逼近,首先生成所有输入的 100 个样本。主函数和子函数中的输出变量根据获取的输入参数样本计算。在 100 个输入和输出样本池中,选择 40 个样本作为训练样本,用建议的 VSM 法逼近非线性复合函数,其余 60 个样本作为测试样本,以验证逼近性能和计算能力。非线性复合函数中主函数的近似形式为

$$
y[y_1(x_1),\ y_2(x_2),\ y_3(x_3)]
$$

$$
= 18.173 + (-0.038\ 9 \quad -5.604\ 8 \quad 28.305)\begin{pmatrix} y_1(x_1) \\ y_2(x_2) \\ y_3(x_3) \end{pmatrix}
$$

$$
+ \begin{bmatrix} y_1(x_1) & y_2(x_2) & y_3(x_3) \end{bmatrix}\begin{pmatrix} 1.004\ 8 \times 10^{-3} & & \\ & 55.686 & \\ & & 9.506\ 4 \end{pmatrix}\begin{pmatrix} y_1(x_1) \\ y_2(x_2) \\ y_3(x_3) \end{pmatrix}
$$

$$(9-11)$$

对于 $y_1(x_1)$、$y_2(x_2)$ 和 $y_3(x_3)$,可以使用矩阵分析思想计算子函数的值。三个子函数的 VSM 为

$$
\begin{pmatrix} y_1(x_1) \\ y_2(x_2) \\ y_3(x_3) \end{pmatrix} = \begin{pmatrix} 212.55 \\ 44.408 \\ -0.674\ 61 \end{pmatrix}
$$

$$
+ \begin{pmatrix} 110.56 & 36.72 & 0 & 0 & 0 & 0 \\ 0 & 0 & -22.678 & -7.104\ 8 & 0 & 0 \\ 0 & 0 & 0 & 0 & 2.395\ 8 & -0.139\ 29 \end{pmatrix}\begin{pmatrix} x_1 \\ x_2 \\ x_3 \\ x_4 \\ x_5 \\ x_6 \end{pmatrix}
$$

$$
+ \begin{pmatrix} x_1 \\ x_2 \\ x_3 \\ x_4 \\ x_5 \\ x_6 \end{pmatrix}^{\mathrm{T}}\begin{pmatrix} -19.276 & & & & & \\ & -4.521\ 3 & & & & \\ & & 4.215\ 5 & & & \\ & & & 1.139\ 5 & & \\ & & & & -3.146\ 3 & \\ & & & & & 0.238\ 3 \end{pmatrix}\begin{pmatrix} x_1 \\ x_2 \\ x_3 \\ x_4 \\ x_5 \\ x_6 \end{pmatrix}
$$

$$(9-12)$$

　　通过与非线性复合函数全模型和传统 RSM 模型相比,用 60 个测试样本对所建立的 VSM 进行测试。将传统 RSM 的分析结果作为参考来研究近似时间,并将全模型获得的输出响应真值作为参考来评估近似精度。通过平均绝对误差和 RMSE 评估近似精度,分析结果如表 9 - 2 和图 9 - 3 所示。

表 9 - 2　RSM 和 VSM 法的逼近时间

方　　法	逼近时间/s	提高效率/%
RSM	3.13	—
VSM	1.26	59.74

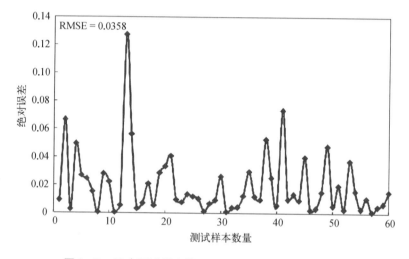

图 9 - 3　60 个测试样本的 VSM 法的绝对误差和 RMSE

　　由此可知,VSM 法的逼近时间(1.26 s)小于 RSM(3.13 s)。这是因为所提出的 VSM 法可以同时为这三个子函数 $f(x_1)$、$f(x_2)$、$f(x_3)$ 建立一个整体模型。此外,VSM 法的逼近效率比 RSM 提高了 59.74%。此外,VSM 法的 RMSE 为 0.035 8,且绝对误差变化范围较小。因此,VSM 法的预测能力相对稳定。

　　为了验证 VSM 法的计算能力,结合真实模型和 RSM 运行不同的模拟次数(10^2、10^3 和 10^4),以获得输出响应。在这种情况下,完整模型的计算时间作为讨论计算能力的参考。表 9 - 3 列出了真实模型、RSM 和 VSM 法在不同仿真次数下的计算能力。

　　如表 9 - 3 所示,三种方法的计算时间均随着模拟次数的增加而增加,VSM 法的计算效率明显优于真实模型和 RSM。因此,所提出的 VSM 法在逼近属性和计算能力方面均具有明显的优势。

表 9－3　RSM 和 VSM 法的仿真时间

仿真数量	计算时间/s			提高效率/%	
	真实模型	RSM	VSM	RSM	VSM
10^2	0.11	0.07	0.03	36.36	72.72
10^3	0.64	0.31	0.08	51.56	87.50
10^4	4.21	1.65	0.13	60.81	96.91

将提出的 VSM 法与 MC 模拟相结合,并与 RSM、人工神经网络(ANN)、Kriging 模型混合方法以及 HF－RF(haso fer-lind and rackwitz-fiesslen)、有限步长(finite-step length,FSL)($\lambda = 100$,$c = 1.4$)、稳定性变换法(stability transformation method,STM)($\xi = 0.1$ 和 $\boldsymbol{C} = \boldsymbol{I}$)、交叉 STM(corss STM,CSTM)($\lambda_0 = 100/ \parallel \nabla g(\boldsymbol{U}_{\mid U = \mu}) \parallel$,$a = 4$ 和 $\xi_{c0} = 0.375$)四种分析方法进行了比较。

图 9－4 给出了不同混合方法在不同训练样本数量下的可靠性指标,其中 MC 模拟结果(1.538 6)作为这些方法评判的依据。由图 9－4 所示的结果可以看出,ANN(具有隐藏层 8)的分析精度比其他方法差。RSM 和 Kriging 模型不使用基于最小二乘法估计的小于 20 的训练数据点进行校准。RSM 和 Kriging 模型得到了相同的结果,其比人工神经网络对 200 多个样本进行训练得到的结果更准确。VSM 在所有情况下都比其他模型更精确。

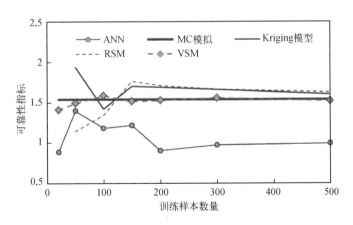

图 9－4　不同混合方法在不同训练样本数量下的可靠性指标

对于 RSM、ANN、Kriging 模型、VSM 四种混合方法和 HL－RF、FSL、STM、CSTM 四种分析方法的可靠性比较结果[如可靠性指数 β、故障概率 P_f、中央处理器(central processing unit,CPU)运行时间 T、可靠性指标与 MC 模拟的相对误差 E_{re}、相对提高的效率等],表 9－4 列出了式(9－10)中给出的极限状态函数的 CSTM。图 9－5 显示了功能函数模拟结果与通过 ANN、VSM 法、RSM 和 Kriging 模型获得的近似样本数据点的概率密度函数(probability density function, PDF)PDF。由表9-4和图9-5所示的结果可知,与分析方法相比,混合方法更有效。VSM 的 PDF 与 MC 模拟获得的数据点密切相关,其结果由表9-4所示的 VSM 精度证实。与本例中研究的分析方法相比,VSM 法具有更高的效率和准确性。RSM 的校准速度非常快,但与经过验证的 VSM 法相比,RSM 得到的结果不准确。与分析方法、Kriging 模型和人工神经网络相比,VSM 法进行可靠性分析的准确度(效率)分别提高了 10%(7200%)、5%(700%)和22%(7 000%)。结果表明,与其他方法相比,VSM 法具有更高的精度和效率,并且这种机器学习方法可以在精度和效率结果之间提供可接受的平衡。

表9-4　数学函数的可靠性分析结果

方　法	β	P_f	函数	时间/s	误差/%	提高效率/%
HF-RF	1.153 1	0.124 43	3 842	4.08	33.43	48.53
FSL	1.388 7	0.082 46	1 939	2.57	10.79	135.80
CSTM	1.337 6	0.090 51	2 078	2.66	15.03	127.82
STM	1.388 7	0.082 46	4617	4.68	10.79	29.49
MC 模拟	1.538 6	0.061 95	1×10^6	6.06	0.00	0.00
ANN	1.217 8	0.111 65	50	1.84	26.34	229.35
VSM	1.491 6	0.067 90	50	0.08	3.15	7 475.00
RSM	1.350 4	0.088 44	100	0.03	13.94	20 100.00
Kriging 模型	1.423 6	0.077 28	100	0.26	8.08	2 230.77

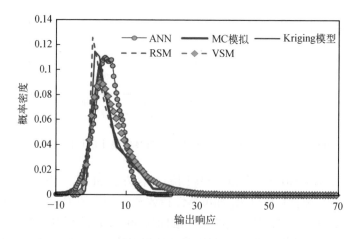

图9-5　数学函数可靠性分析的概率密度函数

9.5.2 二自由度动力系统分析

两自由度动力系统结构如图 9-6 所示,对于这种结构,其功能函数为

$$g = F_s - 3K_s \times \left\{ \frac{\pi S_0}{4\xi_s \omega_s} \left[\frac{\xi_a \xi_s}{\xi_p \xi_s (4\xi_a^2 + \theta^2) + \gamma \xi_a^2} \times \frac{(\xi_p \omega_p^3 + \xi_s \omega_s^3)\omega_p}{4\xi_a \omega_a^4} \right] \right\}^{1/2}$$

$$(9-13)$$

式中, $\gamma = M_s/M_p(M$ 为质量$)$; $\omega_a = (\omega_p + \omega_s)/2(\omega$ 为频率$)$; $\xi_a = (\xi_p + \xi_s)/2(\xi$ 为阻尼比$)$; $\theta = (\omega_p - \omega_s)/\omega_a$; S_0 为白噪声的强度。表 9-5 列出了随机变量的统计特性。

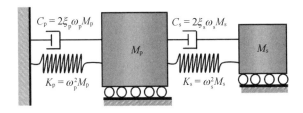

图 9-6 两自由度动力系统结构示意图
C 为阻尼;K 为弹性系数

表 9-5 随机变量的统计特性

变 量	均 值	标准差	变 量	均 值	标准差
M_p	1	0.1	ξ_p	0.05	0.02
M_s	0.01	0.001	ξ_s	0.02	0.01
K_p	1	0.2	F_s	100	10
K_s	0.01	0.002	S_0	15	1.5

针对二自由度动力系统分析问题,表 9-6 列出了不同方法的可靠性分析结果。由表 9-6 和图 9-7 所示的样本数据的 PDF 结果可以看出:① HF-RF 方法提供了周期为 $\beta = \{4.9807, 4.2170\}$ 的不稳定解,但 STM、FSL 和 CSTM 稳健地收敛于 $\beta = 2.0164$;② 混合方法比分析方法精确;③ RSM 和 VSM 法比其他方法收敛更快;④ 由于使用梯度优化方法训练模型的时间较长,ANN(隐含层应用 12 个节点)是所有混合方法中准确率和效率均较低的方法;⑤ 与其他具有 50 个调用函数的方法相比,VSM 法能更有效地提供准确的结果。采用反向传播(back propagation, BP)优化方法对神经网络模型进行训练,可以提高神经网络模型的效率,但这种方法的准确性取决于神经网络模型性能函数和结构的非线性。RSM 和 Kriging 在建模过程中具

有与二阶多项式基函数和用于校准模型最后平方估计相同的结构,因此这两种方法得到的结果相同,而使用随机项的 Kriging 模型可以提高 RMS 的精度,但在建模过程中效率很低。本章提出的 VSM 法是一种高效的快速标定方法,同时具有更高的精度。

表 9-6　不同方法的可靠性分析结果

方　法	β	P_f	召回函数	时间/s	误差/%	提高精度/%
HL-RF	4.217 0	0.000 05	不收敛		—	—
FSL	2.016 4	0.021 87	33 969	24.38	30.71	79.94
CSTM	2.016 4	0.021 88	7 248	6.07	30.71	622.73
STM	2.016 4	0.021 88	39 571	28.31	30.71	54.96
MC 模拟	2.635 6	0.004 20	4×10^5	43.87	0.00	0.00
ANN	2.135 8	0.016 35	200	2.01	23.40	2 082.59
VSM	2.689 8	0.003 57	50	0.04	2.02	109 575.00
RSM	2.765 4	0.002 84	200	0.09	4.69	48 644.44
Kriging 模型	2.536 6	0.005 60	150	0.61	3.90	7 091.80
VSM	2.625 8	0.004 32	150	0.11	0.37	39 781.82

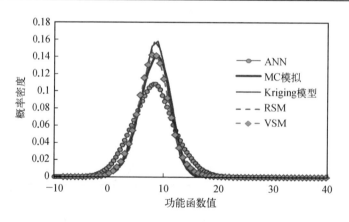

图 9-7　不同方法可靠性分析的概率密度函数

9.5.3　钢架受载的可靠性分析

钢架结构示意图如图 9-8 所示,其功能函数为

$$g = 0.05 - \Delta \tag{9-14}$$

式中,Δ 由有限元模型确定,涉及的变量包括面积惯性矩 I、横截面积 A、弹性模量 E、梁尺寸(L 和 H)以及载荷(W 和 P)等变量,其分布特征如表 9-7 所示。

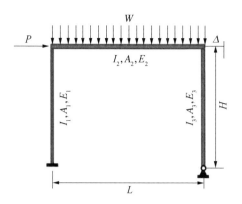

图 9 - 8　钢架结构示意图

表 9 - 7　随机变量数值分布特征

变　量	均　值	标准差	分布类型	变　量	均　值	标准差	分布类型
A_1/m^2	91×10^{-4}	9.1×10^{-4}	对数正态	$E_1/(\mathrm{kg/m}^2)$	2.38×10^{10}	1.9×10^{9}	正态
I_1/m^4	80.9×10^{-6}	8.09×10^{-6}	对数正态	$E_2/(\mathrm{kg/m}^2)$	2.17×10^{10}	1.74×10^{9}	正态
A_2/m^2	53.8×10^{-4}	5.38×10^{-4}	对数正态	L/m	6	0.48	正态
I_2/m^4	83.6×10^{-6}	8.36×10^{-6}	对数正态	H/m	4.5	0.36	正态
A_3/m^2	106×10^{-4}	10.6×10^{-4}	对数正态	$W/(\mathrm{kg/m})$	4 500	630	γ 分布
I_3/m^4	112.6×10^{-6}	11.26×10^{-6}	对数正态	P/kg	2 000	350	γ 分布

　　表 9 - 8 给出了钢架结构可靠性分析结果。由表可知,STM 和 HF - RF 方法产生了混沌解,但 FSL 和 CSTM 是鲁棒收敛的。与 FSL 和 CSTM 的分析方法相比,混合方法可以非常快地近似失效概率。与 CSTM 和 MC 模拟方法相比,混合方法可以有效减轻可靠性分析的计算负担。提高计算量的最佳混合方法和最差混合方法分别为 VSM 法和 ANN。VSM 法、RSM 和 Kriging 模型是比较精确的方法,而 VSM 法近似 P_f 的速度大约是 RSM 和 Kriging 模型的 2 倍。

表 9 - 8　钢架结构可靠性分析结果

方法	β	P_f	召回函数	时间/s	误差/%	提高精度/%
HF - RF	混沌解		不收敛		—	—
FSL	3.168 2	0.000 77	6 152	68.31	3.24	0.00
CSTM	3.168 4	0.000 77	5 833	66.73	3.25	2.37
STM	混沌解		不收敛		—	—
MC 模拟	3.065 5	0.001 09	1.5×10^{6}	4 672.18	0.00	—

续　表

方法	β	P_f	召回函数	时间/s	误差/%	提高精度/%
ANN	3.379 1	0.000 36	200	4.46	9.28	1 431.61
VSM	3.086 4	0.001 01	100	2.18	0.68	3 033.49
RSM	3.072 9	0.001 06	300	3.33	0.24	1 951.35
Kriging 模型	3.078 6	0.001 04	300	3.76	0.43	1 716.76

9.5.4　网架穹顶的动力学建模分析

空间桁架穹顶结构如图 9-9 所示，其相关功能函数为

$$g = 0.035 - \Delta_z^1 \qquad (9-15)$$

序号	x/m	y/m	z/m
1	0.000	0.000	0.000
2	−4.004	0.000	0.709
3	−1.237	−3.808	0.709
4	3.240	−2.354	0.709
5	3.240	2.354	0.709
6	−1.237	3.808	0.709
7	−8.009	0.000	3.183
8	−5.729	−4.162	2.395
9	−2.475	−7.617	2.883
10	2.188	−6.735	2.395
11	6.479	−4.708	3.183
12	7.082	0.000	2.395
13	6.479	4.708	3.183
14	2.188	6.735	2.395
15	−2.475	7.617	3.183
16	−5.729	4.162	2.395
17	−10.434	0.000	6.448
18	−9.246	−3.808	5.658
19	−6.479	−7.617	5.658
20	−3.224	−9.923	6.448
21	0.765	−9.971	5.658
22	5.242	−8.516	5.658
23	8.441	−6.133	6.448
24	9.719	−2.354	5.658
25	9.719	2.354	5.658
26	8.441	6.133	6.448
27	5.242	8.516	5.658
28	0.765	9.971	5.658
29	−3.224	9.923	6.448
30	−6.479	7.617	5.658
31	−9.246	3.808	5.658

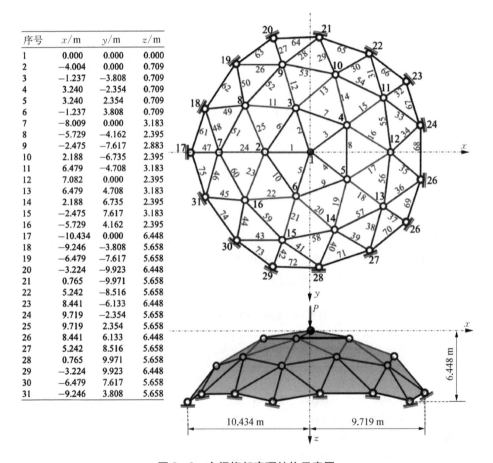

图 9-9　空间桁架穹顶结构示意图

分析模型中使用了 75 个桁架单元、31 个节点和 15 个简支。使用表 9-9 中的随机变量计算的功能函数,其中节点 $1(\Delta_z^1)$ 在 z 方向的最大位移为 0.035 m。

表 9-9　随机变量数值分布特征

变量	$A_1 \sim A_5/$ m²	$A_6 \sim A_{10}/$ m²	$A_{11} \sim A_{25}/$ m²	$A_{26} \sim A_{50}/$ m²	$A_{51} \sim A_{60}/$ m²	$A_{61} \sim A_{75}/$ m²	$E/$ GPa	$P/$ kN
均值	0.002 5	0.002	0.001	0.001 2	0.002 2	0.001 5	70	80
变异	0.15	0.12	0.08	0.08	0.1	0.1	0.05	0.15
分布类型	正态	正态	正态	正态	正态	正态	正态	γ 分布
定义	截面	截面	截面	截面	截面	截面	杨氏模量	载荷

空间桁架穹顶结构的可靠性分析结果如表 9-10 和图 9-10 所示。使用 4×10^5 个样本的 MC 模拟的可靠性指标为 2.176 1,总时间为 124.14 min。使用 RSM 的模型校准过程、模拟数据总时间为 171.16 min,近似 4×10^5 个样本。Kriging 模型和 RSM 需要大内存,以计算校准模型和近似样本的失效概率,这些样本应回归一个维数为 3 081 的逆多项式矩阵,以近似 Kriging 模型和 RSM 的未知系数。RSM 和 Kriging 模型的高维可靠性问题是在校准过程中为模拟数据点建立模型以及在预测失效概率过程中近似样本。神经网络模型采用 BP 梯度法训练,隐节点为 18 个,迭代次数为 2 000 次。ANN 使用 BP 策略来确定权重,且 ANN 模型的精度与 RMS 模型类似,因此其训练速度比 RSM 更快。与提出的 VSM 方法相比,ANN 模型的精度较低。与 MC 模拟和 RSM、Kriging 模型等基于最小二乘估计的回归过程建模方法相比,该方法的求解效率更高。对于训练模型的计算时间和数据模拟点,ANN 和 VSM 法都是有效的方法,但对于网架穹顶动力学分析问题,VSM 法比 ANN 更精确。当可靠性指标为 2.273 7 时,CSTM、STM 和 FSL 的可靠性分析结果与 MC 模拟的分析结果相对误差为 4.29%,而 HF-RF 结果不收敛。这些分析方法对调用函数的计算量小于所提出的方法,与分析可靠性方法相比,VSM 法极大地提高了可靠性分析的计算量。

由此可以得出结论,在 150、300 和 500 三个数据点的训练水平上,VSM 法的样本数据的 PDF 与 MC 模拟的样本数据点密切相关。因此,该方法在提升计算效率的前提下,能够得到更为精确的可靠性分析结果。VSM 法和 ANN 的可靠性指标比原来分别提高了不到 1% 和 4%。因此,通过比较训练模型的计算时间、确定 P_f 的近似数据和训练模型的模拟输入可知,所提出的 VSM 法是一种可接受的混合方法,也是一种具有高精度预测的快速校准方法。对于高维可靠性问题,VSM 法和 ANN 都是通过比 RSM 更少的样本数据点进行训练,但其预测结果比 ANN 更准确。

表 9−10 空间桁架穹顶结构可靠性分析结果

方 法	β	P_f	函 数	时间/min	误差/%	提高效率/%
HF − RF	混沌解		不收敛		—	—
FSL	2.273 7	0.011 49	8 155	45.75	4.29	274.08
CSTM	2.273 7	0.011 49	6 355	31.69	4.29	440.16
STM	2.273 7	0.011 49	7 512	39.09	4.29	337.89
MC 模拟	2.176 1	0.014 77	4×10^5	124.14	0.00	37.88
ANN	2.089 4	0.018 34	500	4.11	4.15	4 064.85
VSM	2.195 7	0.014 06	150	1.60	0.89	10 575.57
RSM	2.091 8	0.018 23	3 200	171.16	4.03	0.00
VSM	2.164 7	0.015 21	300	2.38	0.53	7 077.12
VSM	2.185 9	0.014 41	500	3.93	0.45	4 259.36

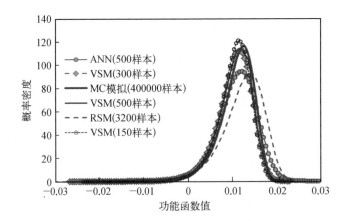

图 9−10 可靠性分析结果的概率密度曲线

9.5.5 高压涡轮叶盘多目标协同可靠性设计

高压涡轮叶盘作为航空发动机的重要部件,承受着复杂的气动载荷、热载荷和结构载荷等多种物理载荷,在工作过程中可能同时发生变形失效、应力失效和应变失效等多种失效。为了完成高压涡轮叶盘多失效模式的综合可靠性设计,本节首先进行考虑流体-热-结构相互作用的高压涡轮叶盘变形、应力和应变的确定性分析。高压涡轮叶盘是一种典型的循环对称结构,因此选择 1/48 高压涡轮叶盘作为仿真对象。此外,本节还建立了覆盖三个叶片的三维流场模型,以模拟叶片间气流的影响。

为实现高压涡轮叶盘多失效模式的确定性分析,对建立的高压涡轮叶盘三维模型和流场进行网格划分,高压涡轮叶盘材料为 GH4133,密度为 8 560 kg/m³,弹性模量为 1.61×10^{11} Pa,泊松比为 0.322 4,涉及多个物理场的交互载荷,包括气动载荷(入口速度为 124 m/s,入口压力为 588 000 Pa)、热载荷(气体温度为 1 200 K)和转速结构载荷。此外,采用有限元法和有限体积法实现高压涡轮叶盘变形、应力和应变的多目标响应,确定性分析结果如图 9-11 所示,图中 u_b、σ_b 和 ε_b 分别为高压涡轮叶盘的变形、应力和应变。

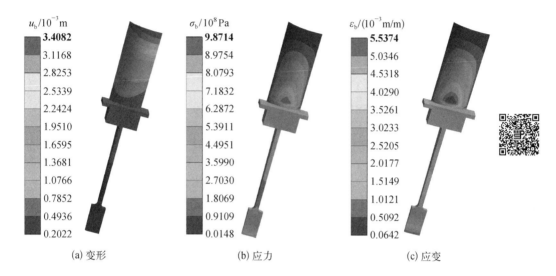

(a) 变形　　　　　(b) 应力　　　　　(c) 应变

图 9-11　高压涡轮叶盘变形、应力和应变分布云图

由图 9-11 可知,高压涡轮叶盘变形的最大值出现在叶片顶端(叶顶),涡轮应力和应变的最大值出现在叶片根部(叶根)。因此,将叶顶和叶根作为分析区域,进一步研究多失效模式高压涡轮叶盘的综合可靠性设计。

涡轮整体叶盘的多目标响应本质上受多个因素的影响,在工程实践中具有很大的不确定性。在本节研究中,根据以往的经验和工程要求,选择进口流速 v、出口压力 p、燃气温度 T_{gas}、材料密度 ρ 和转速 w 作为随机输入参数,并假设这些变量相互独立。表 9-11 列出了随机输入参数的分布类型和数值特征。

表 9-11　随机变量分布特征

输入变量	分布类型	均　值	标准差
$v/(\text{m/s})$	正态分布	124	16
p/Pa	正态分布	588 000	58 800
T_{gas}/K	正态分布	1 200	120
$\rho/(\text{kg/m}^3)$	正态分布	8 560	428
$w/(\text{rad/s})$	正态分布	1 168	68

　　采用抽样技术将 300 个输入参数样本和多个目标的相关响应样本生成一个样本池。在 300 个样本中,其中 100 个样本作为训练样本,用于建立涡轮整体叶盘变形、应力和应变的 VSM,其余 200 个样本作为测试样本,验证所建立模型的有效性。因此,针对 100 个训练样本,基于开发的 VSM 法,推导涡轮整体叶盘变形、应力和应变的功能函数,即

$$
\boldsymbol{y}(\boldsymbol{x}) = \mathrm{diag}[\, u_{\mathrm{b}}(v,\,p,\,T_{\mathrm{gas}},\,\rho,\,w) \quad \sigma_{\mathrm{b}}(v,\,p,\,T_{\mathrm{gas}},\,\rho,\,w) \\
\varepsilon_{\mathrm{b}}(v,\,p,\,T_{\mathrm{gas}},\,\rho,\,w)\,] \tag{9-16}
$$

相关系数矩阵如下:

$$
\begin{cases}
\boldsymbol{a} = \mathrm{diag}(-1.581\,5 \times 10^{-3} \quad -2.535\,8 \times 10^{9} \quad -2.429\,1 \times 10^{-2}) \\[4pt]
\boldsymbol{b} = \begin{pmatrix} \boldsymbol{b}_1 & & \\ & \boldsymbol{b}_2 & \\ & & \boldsymbol{b}_3 \end{pmatrix}; \quad \boldsymbol{c} = \begin{pmatrix} \boldsymbol{c}_1 & & \\ & \boldsymbol{c}_2 & \\ & & \boldsymbol{c}_3 \end{pmatrix} \\[14pt]
\boldsymbol{x} = (v \quad p \quad T_{\mathrm{gas}} \quad \rho \quad w)^{\mathrm{T}}
\end{cases} \tag{9-17}
$$

$\boldsymbol{b}$ 和 $\boldsymbol{c}$ 的元素为

$$
\begin{cases}
\boldsymbol{b}_1 = (1.581\,9 \times 10^{-7} \quad -3.416\,8 \times 10^{-10} \quad -4.376\,8 \times 10^{-8} \\
\qquad 3.049\,5 \times 10^{-7} \quad 5.284\,6 \times 10^{-7}) \\[4pt]
\boldsymbol{b}_2 = (-4.305\,4 \times 10^{6} \quad -2.537\,8 \times 10^{3} \quad -4.019\,7 \times 10^{5} \\
\qquad 1.068\,7 \times 10^{5} \quad 6.540\,1 \times 10^{6}) \\[4pt]
\boldsymbol{b}_3 = (-4.947\,5 \times 10^{-6} \quad -3.626\,5 \times 10^{-9} \quad -4.007\,6 \times 10^{-7} \\
\qquad 1.442\,7 \times 10^{-6} \quad 3.500\,5 \times 10^{-5}) \\[4pt]
\boldsymbol{c}_1 = \mathrm{diag}(-6.129\,5 \times 10^{-9} \quad 3.377\,0 \times 10^{-16} \quad 2.235\,1 \times 10^{-11} \\
\qquad -1.525\,5 \times 10^{-12} \quad 1.501\,4 \times 10^{-9}) \\[4pt]
\boldsymbol{c}_2 = \mathrm{diag}(1.800\,5 \times 10^{4} \quad 2.211\,4 \times 10^{-3} \quad 1.626\,7 \times 10^{2} \\
\qquad -4.349\,8 \times 10^{6} \quad -2.587\,7 \times 10^{3}) \\[4pt]
\boldsymbol{c}_3 = \mathrm{diag}(1.786\,9 \times 10^{-8} \quad 3.018\,6 \times 10^{-15} \quad 1.690\,8 \times 10^{-10} \\
\qquad -6.087\,8 \times 10^{-11} \quad -1.252\,4 \times 10^{-8})
\end{cases} \tag{9-18}
$$

极限状态函数为

$$
\boldsymbol{h}(v,\,p,\,T_{\mathrm{gas}},\,\rho,\,w) = \mathrm{diag}(u_{\mathrm{allow,\,b}} \quad \sigma_{\mathrm{allow,\,b}} \quad \varepsilon_{\mathrm{allow,\,b}}) \\
- \mathrm{diag}[\, u_{\mathrm{b}}(v,\,p,\,T_{\mathrm{gas}},\,\rho,\,w) \quad \sigma_{\mathrm{b}}(v,\,p,\,T_{\mathrm{gas}},\,\rho,\,w) \\
\varepsilon_{\mathrm{b}}(v,\,p,\,T_{\mathrm{gas}},\,\rho,\,w)\,] \tag{9-19}
$$

式中，$u_{allow, b}$、$\sigma_{allow, b}$ 和 $\varepsilon_{allow, b}$ 分别为涡轮整体叶盘变形、应力和应变的许用值。

首先结合建立的模型，采用 MC 法进行不同 MC 模拟（包括 10^2、10^3、10^4、10^5 和 10^6 次模拟），以获得极限状态函数的相关矩阵；然后计算与极限状态函数相关矩阵对应的特征值；其次利用大量统计分析法对涡轮整体叶盘的多个失效模式进行可靠性分析，当涡轮整体叶盘的变形、应力和应变允许值分别为 $4.369\ 8 \times 10^{-3}$ m、$1.038\ 9 \times 10^9$ Pa 和 $6.429\ 8 \times 10^{-3}$ m/m 时，可以确保涡轮整体叶盘变形、应力和应变的尺寸可靠性分析结果的收敛性。不同模拟次数下高压涡轮整体叶盘多失效模式的综合可靠性分析结果如表 9-12 所示。

表 9-12　不同模拟次数下高压涡轮叶盘可靠性结果

MC 样本	10^2	10^3	10^4	10^5	10^6
可靠性	0.98	0.993	0.996 8	0.997 4	0.997 4

随着模拟次数的增加，可靠性水平收敛于 0.997 4。为了保证分析结果的有效性，减轻综合可靠性分析的计算负担，使用 10^5 次模拟中的 0.997 4 作为高压涡轮叶盘综合可靠性分析的参考值。高压涡轮叶盘变形、应力和应变的分布直方图如图 9-12 所示。

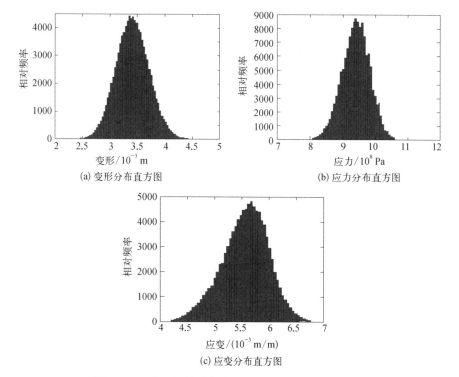

(a) 变形分布直方图　　　　(b) 应力分布直方图

(c) 应变分布直方图

图 9-12　高压涡轮叶盘变形、应力和应变分布直方图

如图 9-12 所示,高压涡轮叶盘的变形、应力和应变遵循正态分布,其平均值和标准差分别为 $3.410\ 1\times10^{-3}$ m 和 3.199×10^{-4} m、$9.399\ 6\times10^{8}$ Pa 和 $3.300\ 3\times10^{7}$ Pa,以及 $5.508\ 3\times10^{-3}$ m/m 和 $3.071\ 7\times10^{-4}$ m/m。

为了验证 VSM 法的有效性,使用训练样本和测试样本,通过与 RSM 比较,验证 VSM 法的建模特征(包括建模效率和精度)。其中,建模效率由基于 200 个测试样本的训练样本的建模时间定义。此外,RSM 的消耗时间被视为探索 VSM 法建模效率的参考。将直接仿真得到的真实值作为评价 VSM 法建模精度的参考。100 个训练样本的 RSM 和 VSM 法的建模效率如表 9-13 所示,200 个测试样本的 VSM 法的建模精度如图 9-13 所示。

表 9-13　100 个训练样本的 RSM 和 VSM 法的建模效率

方　　法	建模时间/s	提高效率/%
RSM	3.36	—
VSM	1.93	42.56

由表 9-13 可知,VSM 法的建模时间小于传统的 RSM,VSM 法的建模效率比 RSM 提高了 42.56%。这是因为所提出的 VSM 法可以实现高压涡轮叶盘多失效模式的整体建模。

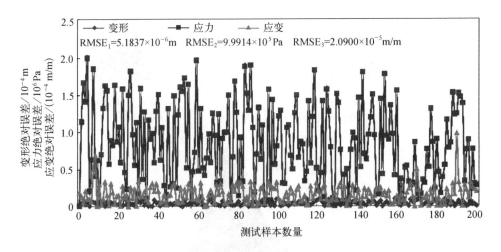

图 9-13　200 个测试样本的 VSM 法建模精度

由图 9-13 可知,VSM 法具有良好的建模精度,因为高压涡轮叶盘变形、应力和应变的绝对误差曲线波动范围较小,这表明 VSM 法具有良好的鲁棒性,VSM 法的 RMSE$_s$ 小于高压涡轮叶盘多失效模式的真实值。因此,本节所提出的 VSM 法具有更高的建模效率和建模精度。

　　为了说明 VSM 法在工程实践中的可行性,从仿真性能方面(包括仿真效率和仿真精度)进一步采用直接模拟和 RSM 对不同模拟次数(10^2、10^3、10^4 和 10^5)下的涡轮整体叶盘多失效模式进行综合可靠性评估。本节以直接模拟的分析结果作为参考,以评估 VSM 法和 RSM 的仿真时间和仿真精度。表 9-14 和表 9-15 列出了不同模拟次数下直接模拟、RSM 和 VSM 法的仿真性能结果。

表 9-14　不同模拟次数下直接模拟、RSM 和 VSM 法的模拟效率

方　　法	不同模拟次数下的仿真时间/s			
	10^2	10^3	10^4	10^5
直接模拟	4 923	48 752	485 347	4 765 285
RSM	0.45	0.72	1.36	2.05
VSM	0.18	0.26	0.39	0.52

　　由表 9-14 可知,随着模拟次数的增大,仿真时间增加,直接模拟的时间呈指数增长。在仿真效率方面,RSM 和 VSM 法明显优于直接模拟,该优势随着仿真次数的增加更加明显。此外,VSM 法的仿真时间小于 RSM,因此 VSM 法具有更高的仿真效率。

表 9-15　不同模拟次数下直接模拟、RSM 和 VSM 法的模拟精度

仿真数量	可　靠　度			仿真精度/%	
	直接模拟	RSM	VSM	RSM	VSM
10^2	0.99	1	0.98	98.99	98.99
10^3	0.992	0.995	0.993	99.70	99.79
10^4	0.997 1	0.995 8	0.996 8	99.87	99.97
10^5	0.997 5	0.996 0	0.997 4	99.85	99.99

　　由表 9-15 可知,在不同模拟次数下,VSM 法的可靠性更接近于直接模拟。在仿真精度方面,VSM 法比 RSM 更高,VSM 法比 RSM 的平均模拟精度提高了 0.31%。因此,本节所提出的 VSM 法在仿真性能方面具有明显的优势。

9.6 本章小结

复杂结构多构件多失效协同概率分析的目的是研究复杂结构多层多目标的同步建模理念 VSM 法。在此基础上,本章进一步探究了基于多种代理模型的混合矢量代理模型法原理。此外,本章还通过案例论证了所研究方法的适用性。

第 10 章
总结与展望

10.1 总结

本书顺应新工科的发展,围绕复杂结构一体化概率分析及优化设计工程背景,结合智能设计、人工智能等新兴技术,着重介绍了多学科多目标动态可靠性分析的先进代理模型技术与方法,在此基础上还介绍了基于可靠性的优化设计方法,即复杂结构单目标动态概率分析方法(加权代理模型法、混合代理模型法、移动代理模型法)、复杂结构多目标(多构件同一失效模式和同一构件多失效模式)动态协同和综合概率分析方法(分解协调代理模型法、智能建模的嵌套目标概率分析法和多重代理模型法)、复杂结构动态一体化优化设计的先进代理模型法和矢量代理模型法,并以航空发动机核心机旋转机械为例,对这些先进方法进行了验证。本书介绍的方法不仅能很好地解决具有动态时变特性和高度非线性的问题,还可以很好地处理多目标输出响应之间的相关性和大规模迭代循环嵌套的问题,为复杂结构动态概率设计提供参考。

此外,在学术思想方面,将代理模型法与近年来蓬勃发展的新兴技术相融合,如人工智能、大数据、物联网等,介绍了结构可靠性设计的先进代理模型新技术,这对推动航空航天结构或其他复杂机械的可靠性智能设计,迎合国家"新工科"建设的国家布局,填补结构可靠性智能设计学科专业空白,实现新型交叉学科专业的复合型人才培养等方面具有重要的意义。本书还介绍了复杂结构可靠性和可靠性分析方法的工程实现过程,给出了典型的工程实例,对航空发动机典型部件或结构系统的可靠性进行了分析。因此,本书的研究成果不仅具有重要的学术意义,还具有现实应用前景。本书的主要内容如下。

(1)复杂结构动态概率分析的加权代理模型法。

为了解决 RSM 不能有效处理高度非线性的问题,以及不能合理解决具有动态时变特性和多源不确定性的问题,本书介绍了复杂结构动态可靠性及灵敏度分析的 WR‒ERSM 和 IWR‒ERSM,通过航空发动机高压涡轮叶盘应力动态可靠性分析及低压压气机叶盘应力动态概率分析,验证了所提方法的有效性。在此基础上,通过多种方法的对比,进一步说明了 WR‐ERSM 和 IWR‐ERSM 在精度和效率方面的优势,验证了所研究方法在复杂结构可靠性及灵敏度分析方面的可行性。通过对比分析发现,在建模特性方面,WR‐ERSM 的建模效率(7.05 h)比 ERSM 的建模效率(22.39 h)提升了 3 倍以上,WR‐ERSM 模型的 r^2 大于 ERSM 模型的 r^2(0.974 2< 0.998 4→1),WR‐ERSM 模型的 r_{max} 小于 ERSM 模型的 r_{max}(0.083 4> 0.053 5→0);IWR‐ERSM 的平均绝对误差(0.378 4×10^5 Pa)小于 ERSM 和 WR‐ERSM 的平均绝对误差(1.087 1×10^5 Pa 和 0.752 6×10^5 Pa),且 IWR‐ERSM 具有较好的鲁棒性。在仿真性能方面,WR‐ERSM 的仿真精度相较于 ERSM 和 ESTM 提升了 0.33% 和 0.08%;IWR‐ERSM 的仿真时间远小于直接模拟的仿真时间,且 IWR‐ERSM 的仿真效率高于 ERSM 的仿真效率,IWR‐ERSM 的分析精度与 ERSM 和 WR‐ERSM 相比分别提高了 2.06% 和 0.85%。

(2)复杂结构动态概率分析的混合代理模型法。

针对传统 Kriging 模型不能精确寻求高度非线性的超参数问题,以及不能高效处理复杂结构动态概率分析问题,本书介绍了混合代理模型法(包括 IK‐ERSM 和 ENLM),结合航空发动机低压压气机叶盘径向变形和高压涡轮叶盘低周疲劳寿命动态概率分析,对所介绍方法的可行性进行了验证。进而,依据多种现有方法分析结果对比,从建模特性和仿真性能两个角度对 IK‐ERSM 和 ENLM 的可行性进行了分析,为复杂结构动态概率分析提供有效参照。由分析结果可以看出,在建模特性方面,IK‐ERSM 建模精度相较于 ERSM 和 K‐ERSM 分别提高了 2.253 5% 和 1.671 3%,IK‐ERSM 建模效率相较于 ERSM 提升了 50.41%;ENLM 模型的预测值与真实值基本一致,其预测误差在工程可接受范围之内。在仿真性能方面,IK‐ERSM 仿真效率相较于 ERSM 和 K‐ERSM 分别平均提高了 87.33% 和 53.58%,IK‐ERSM 分析精度相较于 ERSM 和 K‐ERSM 分别平均提高了 1.56% 和 0.51%;ENLM 仿真所需时间小于直接模拟和 ERSM 仿真所需时间,且随着仿真规模的扩大,其优势更加明显,ENLM 的仿真精度相对于 ERSM 提高了 1.39%。

(3)复杂结构动态概率分析的移动代理模型法。

为了克服传统最小二乘法不能有效利用已知样本信息,以及标准遗传算法寻优过程中过早熟的难题,高效精确实现复杂结构单目标动态可靠性及灵敏度分析,本书介绍了移动代理模型法,即 MESMS 和 MKMEF,通过航空发动机高压涡轮叶盘径向变形动态概率分析,对移动代理模型法的有效性进行了验证。此外,从数学和工程两个方面,通过不同方法对比分析说明了 MESMS 和 MKMEF 对于复杂结构动态可靠性评估及灵敏度分析的适用性。由对比结果可以看出,在建模特性方面,MESMS 的建模效率相对于 ERSM 和 WR‐ERSM 分别提高了 57.69% 和 23.07%,其建模精度相对于 ERSM 和 WR‐ERSM 分别提高了 87.99% 和 7.6%;MKMEF 的建模时间相对于 ERSM 与 IK - ERSM 分别减少了 1.717 s 和 1.099 s,MKMEF 的预测精度相对于 ERSM、K - ERSM 和 IK - ERSM 分别提高了 4.836 9%、2.18% 和 0.8341%。在仿真性能方面,MESMS 仿真效率相较于 ERSM 和 WR - ERSM 分别提高了 65.65% 和 26.23%,MESMS 仿真精度相较于 ERSM 和 WR - ERSM 分别提高了 0.34% 和 0.20%;MKMEF 不同模拟次数下的仿真时间(0.564 s、0.719 s 和 1.025 s)与 ERSM、K - ERSM 和 IK - ERSM 相同,且其仿真效率相较于 ERSM 提高了数十倍,MKMEF 仿真精度(99.99%)相较于 ERSM、K - ERSM 和 IK - ERSM 分别提高了 3.70%、0.64% 和 0.59%。

(4) 复杂结构动态协同概率分析的分解协调代理模型法。

为了合理协调复杂结构多构件同一失效模式之间的关系,有效实现复杂结构动态协同概率分析,本书结合分解协调策略先后介绍了 IDCKMS 和 E2K - DCF 两种分解协调代理模型法,并以航空发动机高压涡轮叶盘(由叶片和轮盘装配而成)的径向变形为例,通过其动态协同可靠性及灵敏度分析验证了所提方法的有效性。在此基础上,同样从建模特性和仿真性能两个方面,与现有多种分析方法进行对比分析,验证了 IDCKMS 和 E2K - DCF 在精度和效率方面的优势。由不同方法的对比分析可知,在建模特性方面,IDCKMS 建模精度相对于 QP - DCSMM 和 K - DCSMM 分别提高了 1.755% 和 0.583%,其建模效率相较于 QP - DCSMM 和 K - DCSMM 分别提高了 80.23% 和 53.23%;E2K - DCF 预测精度相对于 DCERSM 和 IDCKMS 分别提高了 69.36% 和 18.07%。在仿真性能方面,IDCKMS 仿真精度相较于 QP - DCSMM 和 K - DCSMM 分别提高了 1.86% 和 0.60%,其仿真效率相较于 QP - DCSMM 和 K - DCSMM 分别提高了 93.80% 和 88.91%;E2K - DCF 仿真效率相较于 DCERSM 和 IDCKMS 分别提高了 89.51% 和 80%,其仿真精度相较于 DCERSM 和 IDCKMS 分别提高了 0.18% 和 0.08%。

(5) 基于智能建模的复杂结构嵌套目标概率分析方法。

针对涉及多个嵌套目标的复杂结构概率分析问题,先基于 Kriging 模型引入 MPA,提出了 MPAKM;再将极值法、MPSO 算法、移动最小二乘法与 Kriging 相结合,提出了 BIMEM 方法。此外,本书还通过航空发动机高压涡轮叶盘低周疲劳寿命可靠性灵敏度分析,论证了 BIMEM 方法不但具有很高的建模精度和效率,而且在仿真效率方面具有明显的优势,同时具有最高的精度(97.63%)。

(6) 复杂结构动态综合概率分析的多重代理模型法。

针对复杂结构多失效模式动态综合概率分析,基于混联抽样及分解协调策略先后介绍了 MERSM、QP - DCSMM、K - DCSMM 和 M - DCSMM,以处理多种失效模式之间的相关性问题,进而结合航空发动机高压涡轮叶盘变形、应力和应变多失效模式动态综合可靠性分析与灵敏度分析,验证了多重代理模型法在复杂结构动态综合概率分析中的适用性,最后,从仿真性能的角度说明了 MERSM 的可行性,以及从数学和工程的角度验证了 QP‑DCSMM、K‑DCSMM 和 M‑DCSMM 的有效性。由不同方法对比分析可知,在建模特性方面,K‑DCSMM 建模精度相对于 QP‑DCSMM 和 M‑DCSMM 分别提高了 81.32% 和 75.47%。在仿真性能方面,MERSM 仿真效率相较于直接模拟提高了成千上万倍,相较于 ERSM 提升了几倍至几十倍,其仿真精度相对于 ERSM 提高了 1.22%;K‑DCSMM 的仿真时间远小于直接模拟的仿真时间,并且它在三种代理模型法中仿真效率最高。

(7)基于先进代理模型法的复杂结构优化设计。

为了有效指导复杂结构安全运行,保障其运行参数的合理性,本书初步介绍了先进代理模型法(包括 IWR‑ERSM、IDCKMS 和 MERSM)在复杂结构动态优化设计(单目标动态优化设计、动态协同优化设计和动态综合优化设计)中的应用,并分别通过航空发动机低压压气机叶盘应力动态优化设计,高压涡轮叶盘运行间隙动态协同优化设计,以及高压涡轮叶盘变形、应力和应变动态综合优化设计分析案例,说明了 IWR‑ERSM、IDCKMS 和 MERSM 的适用性和可行性。案例验证结果表明,基于 IWR‑ERSM 的可靠性优化设计可在满足分析精度的前提下,有效提高计算效率,其所消耗的时间为 2 182 s;IDCKMS 的可靠性优化设计能够在提升可靠性的基础上,有效实现运行参数优化,若对优化效率无过多要求,则多模型优化效果相较于直接优化效果更佳;基于 MERSM 的可靠性优化设计,能够综合考虑全局可靠性的影响,实现复杂结构综合可靠性优化设计,且其重要度优化效率相较于直接模拟优化提升了 78.82%。

(8)基于矢量代理模型的多构件多失效协同概率分析方法。

针对传统代理模型难以实现复杂结构多目标协同可靠性分析以及设计变量之间的相关性,本书介绍了一种同步建模的理念,以协同实现具有多个目标复杂结构的可靠性设计。将矩阵思想引入代理模型,提出了同步建模的理念,即 VSM 法。VSM 法的基本原理为将矩阵理论引入代理模型法中,分别将多变量参数、模型超参数/系数和多个分析目标作为矩阵,建立多分析目标的同步可靠性模型,用于工程结构的概率模拟。基于 VSM 的多目标复杂结构的同步建模理念在以下三个方面具有明显的优势:① 考虑多变量参数的耦合和多目标的相关性,将协同混合抽样技术应用于多目标响应的同步采样响应,提高样本采集的效率和可用性;② 该理念避免了传统建模方法的单独建模,可以同步建立复杂结构多目标响应的整体协同模型,保证多目标建模的协同性,减少建模时间;③ 多目标结构的协同分析,实现了从传统的点可靠性分析到维式可靠性分析的转变,解决了多目标可靠性分析过程中存在的协同问题。通过案例分析可知,VSM 法的建模时间和精度,以及概率仿真效率和精度都大大改善。

10.2　展望

本书从不同的角度和相对全面的方位介绍了复杂结构动态概率设计方法,但是追踪现有的文献和工作,仍需要进一步开展的工作主要包括以下几方面。

(1)基于先进代理模型法的工程应用研究。

本书介绍了适用于复杂结构单目标和多目标动态概率设计的先进代理模型法,并将所提的方法通过航空发动机核心机典型转子结构的动态概率分析及优化设计进行了有效性验证,从理论上来说,所介绍的方法能够同时适用于复杂结构和机构,但是尚未将所介绍的先进代理模型法应用于实际工程结构可靠性设计。因此,将所介绍的先进代理模型法真正实现工程应用是后续工作的重点。

(2)基于先进代理模型法的航空发动机疲劳寿命可靠性灵敏度分析。

本书介绍的先进代理模型法仅从刚度和强度两个方面开展了航空发动机动态可靠性设计,尚未涉及考虑低周疲劳、高周疲劳和超高周疲劳等载荷的航空发动机疲劳寿命可靠性灵敏度分析。因此,考虑低周疲劳、高周疲劳和超高周疲劳等载荷的航空发动机疲劳寿命概率分析是后续研究工作的要点。

(3)基于先进代理模型法的航空发动机健康监控和视情维修。

本书介绍的先进代理模型法不仅适用于航空发动机转子结构的概率分析和优化设计,而且适用于航空发动机转子结构实时性能监测,进而结合实际的运行数据(大数据)可实现航空发动机健康监控,发现故障或潜在故障,为视情维修决策提供有效支持。因此,先进代理模型法在航空发动机健康监控和视情维修方面的应用将是后续研究工作的方向。

(4)基于移动代理模型的复杂结构多目标动态协同及动态综合概率设计。

本书仅将移动最小二乘法分别与 ERSM 和 Kriging 模型进行了结合,介绍了MESMS 和 MKMEF,以实现复杂结构单目标动态概率分析,没有进一步介绍所研究方法在复杂结构动态优化设计分析中的应用。此外,还可将移动最小二乘法与混联抽样、分解协调策略有效融合,为复杂结构多目标动态协同及动态综合概率设计提供可行的求解思路。

(5)基于改进支持向量机和神经网络模型的复杂结构动态概率设计。

代理模型包括 RSM、Kriging 模型、支持向量机和神经网络模型四类,且这四类方法已在结构可靠性与灵敏度分析以及优化设计中得以应用,本书仅以 RSM 和Kriging 模型为基础,介绍了多种改进方法,以实现复杂结构动态概率分析及优化设计,但是尚未基于传统的支持向量机和神经网络模型提出相应的改进方法,应用于复杂结构动态概率设计,因此该领域也是研究的重点。

参考文献

［1］Freudenthal A M. The safety of structures［J］. The American Society of Civil Engineers Transactions, 1947, 11(2): 125 - 129.

［2］吕震宙,宋述芳,李璐祎,等.结构可靠性设计基础［M］.西安: 西北工业大学出版社,2019.

［3］李世军.非概率可靠性理论及相关算法研究［D］.武汉: 华中科技大学,2013.

［4］郭书祥,吕震宙.结构的非概率可靠性方法和概率可靠性方法的比较［J］.应用力学学报,2003,20(3): 107 - 110.

［5］费成巍.复杂机械动态装配可靠性设计理论与方法研究［D］.北京: 北京航空航天大学,2014.

［6］高海峰.叶盘结构概率分析的分布式协同仿真方法研究［D］.北京: 北京航空航天大学,2016.

［7］Metropolis N, Ulam S. The Monte Carlo method［J］. Journal of the American Statistical Association, 1949, 44(247): 335 - 341.

［8］吕震宙,宋述芳,李洪双,等.结构机构可靠性及可靠性灵敏度分析［M］.北京: 科学出版社,2009.

［9］Burhenne S, Jacob D, Henze G P. Sampling based on Sobol' sequences for Monte Carlo techniques applied to building simulations［C］. The 12th Conference of International Building Performance Simulation Association, Sydney, 2011: 1816 - 1823.

［10］Shinozuka M, Wen Y K. Monte Carlo solution of nonlinear vibrations［J］. American Institute of Aeronautics and Astronautics Journal, 1972, 10(1): 37 - 40.

［11］Nakamura T, Fujii K. Probabilistic transient thermal analysis of an atmospheric reentry vehicle structure［J］. Aerospace Science and Technology, 2006, 10: 346 - 354.

［12］Yang X J, Yan Y L, Xu Z Q, et al. FEM simulation on the structural reliability of beam pumping unit based on the methods of Monte-Carlo［J］. Applied

Mechanics and Materials, 2010, 34 – 35: 820 – 824.

[13] Naess A, Leira B J, Batsevychc O. System reliability analysis by enhanced Monte Carlo simulation[J]. Structural Safety, 2009, 31(5): 349 – 355.

[14] Lu Z, Zhou J, Li X. Monte Carlo simulation-based time limited dispatch analysis with the constraint of dispatch reliability for electronic engine control systems[J]. Aerospace Science and Technology, 2018, 72: 397 – 408.

[15] Heydt G T, Graf T J. Distribution system reliability evaluation using enhanced samples in a Monte Carlo approach[J]. Institute of Electrical and Electronics Engineers Transactions on Power Systems, 2010, 25(4): 2006 – 2008.

[16] Azizsoltani H, Sadeghi E. Adaptive sequential strategy for risk estimation of engineering systems using Gaussian process regression active learning [J]. Engineering Applications of Artificial Intelligence, 2018, 74: 146 – 165.

[17] Melchers R E, Ahammed M. A fast approximate method for parameter sensitivity estimation in Monte Carlo structural reliability[J]. Computers and Structures, 2004, 82(1): 55 – 61.

[18] Wetzel C, Proppe C. Stochastic modeling in multibody dynamics: Aerodynamic loads on ground vehicles[J]. Journal of Computational and Nonlinear Dynamics, 2010, 5(3): 031009.

[19] Leira B J, Næssb A, Brandrud Næss O E. Reliability analysis of corroding pipelines by enhanced Monte Carlo simulation [J]. International Journal of Pressure Vessels and Piping, 2016, 144: 11 – 17.

[20] Martinez-Velasco J A, Guerra G. Reliability analysis of distribution systems with photovoltaic generation using a power flow simulator and a parallel Monte Carlo approach[J]. Energies, 2016, 9: 537.

[21] Zhai X, Fei C W, Choy Y S, et al. A stochastic model updating strategy-based improved response surface model and advanced Monte Carlo simulation [J]. Mechanical Systems and Signal Processing, 2017, 82: 323 – 338.

[22] 袁修开.结构可靠性与可靠性灵敏度分析的数字模拟方法研究[D].西安:西北工业大学,2007.

[23] Jahani E, Shayanfar M A, Barkhordari M A. A new adaptive importance sampling Monte Carlo method for structural reliability[J]. Korean Society of Civil Engineers Journal of Civil Engineering, 2013, 17(1): 210 – 215.

[24] 张峰,吕震宙.串联结构模糊可靠性灵敏度分析的自适应重要抽样法[J].西北工业大学学报,2009,27(2): 162 – 167.

[25] Hua B W, Bie Z H, Au S K, et al. Extracting rare failure events in composite

system reliability evaluation via subset simulation[J]. Institute of Electrical and Electronics Engineers Transactions on Power Systems, 2015, 30(2): 753 - 762.

[26] Wang Z Q, Broccardo M, Song J H. Hamiltonian Monte Carlo methods for subset simulation in reliability analysis[J]. Structural Safety, 2019, 76: 51 - 67.

[27] Hsu W, Ching J Y. Evaluating small failure probabilities of multiple limit states by parallel subset simulation [J]. Probabilistic Engineering Mechanics, 2010, 25(3): 291 - 304.

[28] 何红妮, 吕震宙.线抽样可靠性灵敏度的方差分析[J].中国机械工程, 2008,19(10): 1152 - 1156.

[29] 吕召燕,吕震宙,张磊刚,等.基于条件期望的改进线抽样方法及其应用[J]. 工程力学,2014,31(4): 31 - 39.

[30] 薛国峰.结构可靠性和概率失效分析数值模拟方法[D].哈尔滨: 哈尔滨工业大学,2010.

[31] 李强,冯元生.解结构可靠性问题的改进分层抽样法[J].航空学报, 1995,16(5): 513 - 520.

[32] Alban A, Darj H A, Imamura A, et al. Efficient Monte Carlo methods for estimating failure probabilities [J]. Reliability Engineering and System Safety, 2017, 165: 376 - 394.

[33] Tarantola S, Becker W, Zeitz D. A comparison of two sampling methods for global sensitivity analysis [J]. Computer Physics Communications, 2012, 183 (5): 1061 - 1072.

[34] Zhang J, Chowdhury S, Zhang J Q, et al. Adaptive hybrid surrogate modeling for complex systems [J]. American Institute of Aeronautics and Astronautics Journal, 2013, 51(3): 643 - 656.

[35] Hou T F, Nuyens D, Roels S, et al. Quasi-Monte Carlo based uncertainty analysis: Sampling efficiency and error estimation in engineering applications[J]. Reliability Engineering and System Safety, 2019, 191: 106549.

[36] 张明.结构可靠度分析-方法与程序[M].北京: 科学出版社,2009.

[37] 赵新攀,唐樟春,夏艳君,等.结构可靠性高效求解的两种近似解析方法研究[J].机械设计与研究,2018,34(3): 22 - 25.

[38] An X W, Gosling P D, Zhou X Y. Analytical structural reliability analysis of a suspended cable[J]. Structural Safety, 2016, 58: 20 - 30.

[39] Sankararaman S, Daigle M J, Goebel K. Uncertainty quantification in remaining useful life prediction using first-order reliability methods[J]. Institute of Electrical and Electronics Engineers Transactions on Reliability, 2014, 63(2): 603 - 619.

[40] Du X P, Hu Z. First order reliability method with truncated random variables[J]. Journal of Mechanical Design, 2012, 134(9): 091005.

[41] Li G, Li B, Hu H. A novel first-order reliability method based on performance measure approach for highly nonlinear problems[J]. Structural and Multidisciplinary Optimization, 2018, 57(4): 1593 – 1610.

[42] Liu Y, Meng L L, Liu K, et al. Chatter reliability of milling system based on first-order second-moment method[J]. International Journal of Advanced Manufacturing Technology, 2016, 81(1 – 4): 801 – 809.

[43] 陈志英,周平,郑家祥.基于均值一次二阶矩方法的稳健性优化设计[J].推进技术,2018,39(6): 1210 – 1216.

[44] Engelstad S P, Reddy J N. Probabilistic nonlinear finite-element analysis of composite structures[J]. American Institute of Aeronautics and Astronautics Journal, 1993, 31(2): 362 – 369.

[45] Keshtegar B. Conjugate finite-step length method for efficient and robust structural reliability analysis [J]. Structural Engineering and Mechanics, 2018, 65: 415 – 422.

[46] Adarsh S, Reddy M J. Reliability analysis of composite channels using first order approximation and Monte Carlo simulations [J]. Stochastic Environmental Research and Risk Assessment, 2013, 27(2): 477 – 487.

[47] Hu Z L, Du X P. Efficient reliability-based design with second order approximations[J]. Engineering Optimization, 2019, 51: 101 – 119.

[48] Huang X Z, Li Y X, Zhang Y M, et al. A new direct second-order reliability analysis method[J]. Applied Mathematical Modelling, 2018, 55: 68 – 80.

[49] Lim J, Lee B, Lee I. Post optimization for accurate and efficient reliability-based design optimization using second-order reliability method based on importance sampling and its stochastic sensitivity analysis [J]. International Journal for Numerical Methods in Engineering, 2016, 107(2): 93 – 108.

[50] Lee I, Yoo D, Noh Y. A novel second-order reliability method (SORM) using non-central or generalized chi-squared distributions [C]. American Society of Mechanical Engineers International Design Engineering Technical Conferences/Computers Information in Engineering Conference, Chicago, 2012: 1 – 10.

[51] Yoo D, Lee I, Cho H. Probabilistic sensitivity analysis for novel second-order reliability method (SORM) using generalized chi-squared distribution [J]. Structural and Multidisciplinary Optimization, 2014, 50(5): 787 – 797.

[52] Zhang J F, Du X P. A second-order reliability method with first-order efficiency

　　　　[J]. Journal of Mechanical Design, 2010, 132(10): 101006.

[53] Meng Z, Zhou H L, Hu H, et al. Enhanced sequential approximate programming using second order reliability method for accurate and efficient structural reliability-based design optimization [J]. Applied Mathematical Modelling, 2019, 62: 562−579.

[54] Lu Z H, Hu D Z, Zhao Y G. Second-order fourth-moment method for structural reliability[J]. Journal of Engineering Mechanics, 2017, 143(4): 06016010.

[55] Rosenblueth E. Two-point estimation estimates in probabilitiey [J]. Applied Mathematical Modeling, 1981, 5(5): 329−335.

[56] Kwon T S, Lee B C, Lee W J. An approximation technique for design sensitivity analysis of the critical load in non-linear structures[J]. International Journal for Numerical Methods in Engineering, 1999, 45(12): 1727−1736.

[57] Shi Y, Lu Z Z, Cheng K, et al. Temporal and spatial multi-parameter dynamic reliability and global reliability sensitivity analysis based on the extreme value moments [J]. Structural and Multidisciplinary Optimization, 2017, 56 (1): 117−129.

[58] Zhou J H, Nowak A S. Integration formulas to evaluate functions of random variables[J]. Structural Safety, 1988, 5(4): 267−284.

[59] Ahmadabadi M, Poisel R. Probabilistic analysis of rock slopes involving correlated non-normal variables using point estimate methods[J]. Rock Mechanics and Rock Engineering, 2016, 49(3): 909−925.

[60] Qin B Y, Fang C, Ma K, et al. Probabilistic energy flow calculation through the nataf transformation and point estimation [J]. Applied Science-Basel, 2019, 9(16): 3291.

[61] Dang C, Xu J. Novel algorithm for reconstruction of a distribution by fitting its first-four statistical moments [J]. Applied Mathematical Modelling, 2019, 71: 505−524.

[62] Zhang T X, He D. An improved high-order statistical moment method for structural reliability analysis with insufficient data [J]. Proceedings of the Institution of Mechanical Engineers, Part C. Journal of Mechanical Engineering Science, 2018, 232(6): 1050−1056.

[63] Box G E P, Draper N R. Emprical Model-buliding and Response Surface[M]. New York: John Wiley & Sons Publisher, 1987.

[64] 闫明,孙志礼,杨强.基于响应面方法的可靠性灵敏度分析方法[J].机械工程学报,2007,43(10): 67−71.

［65］ Allaix D L, Carbone V I. An improvement of the response surface method［J］. Structural Safety, 2011, 32: 165 - 172.

［66］ Cheng J, Li Q. Application of the response surface methods to solve inverse reliability problems with implicit response functions ［J］. Computational Mechanics, 2009, 43(4): 451 - 459.

［67］ Zhang C Y, Lu C, Fei C W, et al. Multiobject reliability analysis of turbine blisk with multidiscipline under multiphysical field interaction ［J］. Advances in Materials Science and Engineering, 2015(5): 519 - 520.

［68］ Tandjiria V, Teh C I, Low B K. Reliability analysis of laterally loaded piles using response surface methods［J］. Structural Safety, 2000, 22(4): 335 - 355.

［69］ Momin F N, Millwater H R, Osborn R W, et al. A non-intrusive method to add finite element-based random variables to a probabilistic design code［J］. Finite Elements in Analysis and Design, 2010, 46(3): 280 - 287.

［70］ Kaymaz I, McMahon C A. A probabilistic design system for reliability-based design optimization ［J］. Structural and Multidisciplinary Optimization, 2004, 28(6): 416 - 426.

［71］ Bai Y C, Han X, Jiang C, et al. A response-surface-based structural reliability analysis method by using non-probability convex model［J］. Applied Mathematical Modelling, 2014, 38(15 - 16): 3834 - 3847.

［72］ Krige D G. A statistical approach to some basic mine valuation problems on the witwatersrand［J］. Journal of the South African Institute of Mining and Metallurgy, 1994, 94(3): 95 - 111.

［73］ Li H X, Liu T, Wang M J, et al. Design optimization of stent and its dilatation balloon using Kriging surrogate model ［J］. Biomedical Engineering Online, 2017, 16: 13.

［74］ Liem R P, Mader C A, Martins J R R A. Surrogate models and mixtures of experts in aerodynamic performance prediction for mission analysis［J］. Aerospace Science and Technology, 2015, 43: 126 - 151.

［75］ Zhao L, Choi K K, Lee I. Metamodeling method using dynamic Kriging for design optimization ［J］. American Institute of Aeronautics and Astronautics Journal, 2011, 49(9): 2034 - 2046.

［76］ Dubourg V, Sudret B, Bourinet J M. Reliability-based design optimization using Kriging surrogate and subset simulation ［J］. Structural Multidisciply Optimization, 2011, 44 (5): 673 - 690.

［77］ Gaspar B, Teixeira A P, Soares C G. Assessment of the efficiency of Kriging surrogate models for structural reliability analysis[J]. Probabilistic Engineering Mechanics, 2014, 37: 24 - 34.

[78] Chen Z Z, Qiu H B, Gao L, et al. A local adaptive sampling method for reliability-based design optimization using Kriging model [J]. Structural and Multidisciplinary Optimization, 2014, 49(3): 401 - 416.

[79] Lu Z Y, Lu Z Z, Wang P. A new learning function for Kriging and its applications to solve reliability problems in engineering[J]. Computers and Mathematics with Applications, 2015, 70(5): 1182 - 1197.

[80] Lei J Y, Lu Z Z, Hu Y S, et al. A concise transformation combined with adaptive Kriging model for efficiently estimating regional sensitivity on failure probability [J]. Institute of Electrical and Electronics Engineers Access, 2019, 7: 135457 - 135471.

[81] Sun Z L, Wang J, Li R, et al. LIF: A new Kriging based learning function and its application to structural reliability analysis[J]. Reliability Engineering and System Safety, 2017, 157: 152 - 165.

[82] Chai X D, Sun Z L, Wang J, et al. A new Kriging-based learning function for reliability analysis and its application to fatigue crack reliability[J]. Institute of Electrical and Electronics Engineers Access, 2019, 7: 122811 - 122819.

[83] Rocco C M, Moreno J A. Fast Monte Carlo reliability evaluation using support vector machine[J]. Reliability Engineering and System Safety, 2002, 76: 237 - 243.

[84] Guo Z W, Bai G C. Application of least squares support vector machine for regression to reliability analysis [J]. Chinese Journal of Aeronautics, 2009, 22 (2): 160 - 166.

[85] Richard B, Cremona C, Adelaide L. A response surface method based on support vector machines trained with an adaptive experimental design [J]. Structural Safety, 2012, 39: 14 - 21.

[86] Alibrandi U, Alani A M, Ricciardi G. A new sampling strategy for SVM-based response surface for structural reliability analysis[J]. Probabilistic Engineering Mechanics, 2015, 41: 1 - 12.

[87] Xi P P, Zhao Y P, Wang P X, et al. Least squares support vector machine for class imbalance learning and their applications to fault detection of aircraft engine[J]. Aerospace Science and Technology, 2019, 84: 56 - 74.

[88] Ren Y, Bai G C. New neural network response surface methods for reliability analysis[J]. Chinese Journal of Aeronautics, 2011, 24(1): 25 - 31.

[89] Ghorbani A, Ghasemi M R. Reliability analysis of frame structures using radial basis function neural networks[J]. Proceedings of the Institution of Mechanical Engineers, Part C. Journal of Mechanical Engineering Science, 2011, 225(1): 163 – 170.

[90] Lehky D, Novak D. Solving inverse structural reliability problem using artificial neural networks and small-sample simulation [J]. Advances in Structural Engineering, 2012, 15(11): 1911 – 1920.

[91] Chang Q C, Xue C J. Reliability analysis and experimental verification of landing-gear steering mechanism considering environmental temperature[J]. Journal of Aircraft, 2018, 55(3): 1154 – 1164.

[92] Li J, Li J, Liu Y. Computing and analyzing the sensitivity of radial-basis function neural network[J]. Applied Mechanics and Materials, 2013, 321 – 324: 1957 – 1961.

[93] Zhang C Y, Bai G C. Extremum response surface method of reliability analysis on two-link flexible robot manipulator [J]. Journal of Central South University, 2012, 19: 101 – 107.

[94] Fei C W, Bai G C, Tian C. Extremum response surface method for casing radial deformation probabilistic analysis[J]. Journal of Aerospace Information Systems, 2013, 10: 58 – 63.

[95] Bai B, Bai G C. Dynamic probabilistic analysis of stress and deformation for bladed disk assemblies of aeroengine[J]. Journal of Central South University, 2014, 10: 3722 – 3735.

[96] 白斌,白广忱,李超,等.基于 FE-ERSM 航空发动机叶盘结构可靠性研究[J]. 振动、测试与诊断,2014,34(5): 823 – 831.

[97] Fei C W, Tang W Z, Bai G C. Nonlinear dynamic probabilistic design of turbine disk-radial deformation using extremum response surface method-based support vector machine of regression[J]. Proceedings of the Institution of Mechanical Engineers, Part G. Journal of Aerospace Engineering, 2015, 229(2): 290 – 300.

[98] Fei C W, Bai G C, Tang W Z, et al. Optimum control for nonlinear dynamic radial deformation of turbine casing with time-varying LSSVM[J]. Advances in Materials Science and Engineering, 2015, 2015: 680406.

[99] Song L K, Bai G C, Fei C W, et al. Reliability-based fatigue life prediction for complex structure with time-varying surrogate modeling[J]. Advances in Materials Science and Engineering, 2018, 2018: 3469465.

[100] Song L K, Fei C W, Bai G C, et al. Dynamic neural network method-based

improved PSO and BR algorithms for transient probabilistic analysis of flexible mechanism[J]. Advanced Engineering Informatics, 2017, 33: 144 – 153.

[101] Fei C W, Choy Y S, Hu D Y, et al. Dynamic probabilistic design approach of high-pressure turbine blade-tip radial running clearance [J]. Nonlinear Dynamics, 2016, 86(1): 205 – 223.

[102] Fei C W, Choy Y S, Hu D Y, et al. Transient probabilistic analysis for turbine blade-tip radial clearance with multiple components and multi-physics fields based on DCERSM[J]. Aerospace Science and Technology, 2016, 50: 62 – 70.

[103] Fei C W, Tang W Z, Bai G C. Novel method and model for dynamic reliability optimal design of turbine blade deformation [J]. Aerospace Science and Technology, 2014, 39(6): 588 – 595.

[104] Fei C W, Bai G C. Nonlinear dynamic probabilistic analysis for turbine casing radial deformation based on extremum response surface method-based support vector machine[J]. Journal of Computational and Nonlinear Dynamics, 2013, 8(4): 041004.

[105] 张春宜, 路成, 费成巍, 等. 基于双重极值响应面法的叶盘联动可靠性分析 [J]. 推进技术, 2016, 37(6): 1158 – 1164.

[106] Zhang C Y, Song L K, Fei C W, et al. Advanced multiple response surface method of sensitivity analysis for turbine blisk reliability with multi-physics coupling[J]. Chinese Journal of Aeronautics, 2016, 29(4): 962 – 971.

[107] 张义民. 机械动态与渐变可靠性理论与技术评述[J]. 机械工程学报, 2013, 49(20): 101 – 114.

[108] 宋鲁凯. 基于智能响应面法的机械可靠性优化设计研究[D]. 哈尔滨: 哈尔滨理工大学, 2016.

[109] 白斌, 白广忱, 童晓晨, 等. 航空发动机叶盘结构应力和变形的概率分析[J]. 航空发动机, 2014, 40(2): 38 – 46.

[110] Huang H Z. Structural reliability analysis using fuzzy sets theory [J]. Eksploatacja i Niezawodnosc-Maintenance and Reliability, 2012, 4: 284 – 294.

[111] Li L Y, Lu Z Z. Importance analysis for model with mixed uncertainties[J]. Fuzzy Sets and Systems, 2017, 310: 90 – 107.

[112] Zhu S P, Liu Q, Zhou J, et al. Fatigue reliability assessment of turbine discs under multi-source uncertainties [J]. Fatigue and Fracture of Engineering Materials and Structures, 2018, 41: 1291 – 1305.

[113] Wang Z L, Li Y F, Huang H Z, et al. Reliability analysis of structure for fuzzy

safety state[J]. Intelligent Automation and Soft Computing, 2012, 18: 215 –
224.

[114] Zhang M, Lu S. A reliability model of blade to avoid resonance
considering multiple fuzziness[J]. Proceedings of the Institution of Mechanical
Engineers, Part O. Journal of Risk and Reliability, 2014, 228: 641 – 652.

[115] Afsan B M U, Basu C K. Fuzzy topological entropy of fuzzy continuous functions
on fuzzy topological spaces[J]. Applied Mathematics Letters, 2011, 24: 2030 –
2033.

[116] Sun J, Luo Y. Reliability-optimization design based on fuzzy entropy for cylinder
head bolts[J]. Journal of Applied Sciences, 2013, 13: 5198 – 5203.

[117] Aslett L J M, Nagapetyan T, Vollmer S J. Multilevel Monte Carlo for reliability
theory[J]. Reliability Engineering and System Safety, 2017, 165: 188 – 196.

[118] 李贤平.概率论基础[M].北京：高等教育出版社,2010.

[119] 盛骤,谢式千,潘承毅.概率论与数理统计[M].4 版.北京：高等教育出版
社,2008.

[120] Nielsen A. The Monte Carlo computation error of transition probabilities[J].
Statistics and Probability Letters, 2016, 118: 163 – 170.

[121] Fei C W, Bai G C, Chao T. Extremum response surface method for casing radial
deformation probabilistic analysis [J]. Journal of Aerospace Information
Systems, 2013, 10(1): 47 – 52.

[122] Guo S X, Lu Z Z. Procedure for computing the possibility and fuzzy probability
of failure of structures[J]. Applied Mathematics and Mechanics, 2003, 24:
338 – 343.

[123] Lattime S B, Steinetz B M. Turbine engine clearance control systems: Current
practices and future directions [J]. Journal of Propulsion and Power,
2004, 20: 302 – 311.

[124] Lattime S B, Steinetz B M, Robbie M G. Test rig for evaluating active turbine
blade tip clearance control concepts [J]. Journal of Propulsion and Power,
2005, 21: 552 – 563.

[125] 岳珠峰,李立州,王婧超,等.航空发动机涡轮叶片多学科优化设计[M].北
京：科学出版社,2007.

[126] Liu J, Nan Z, Yi P. Validation and application of three-dimensional
discontinuous deformation analysis with tetrahedron finite element meshed block
[J]. Acta Mechanica Sinica, 2012, 28: 1602 – 1616.

[127] Fei C W, Bai G C. Extremum selection method of random variables for nonlinear

dynamic reliability analysis of turbine blade deformation[J]. Propulsion and Power Research, 2012, 1: 58-63.

[128] Olsson A, Sandberg G, Dahlblom O. On Latin hypercube sampling for structural reliability analysis[J]. Structural Safety, 2003, 25(1): 47-68.

[129] Shields M D, Zhang J X. The generalization of Latin hypercube sampling[J]. Reliability Engineering and System Safety, 2016, 148: 96-108.

[130] 李坚.代理模型近似技术研究及其在结构可靠度分析中的应用[D].上海: 上海交通大学,2013.

[131] 孙志礼,李瑞闫,玉涛,等.一种用于结构可靠性分析的 Kriging 学习函数[J]. 哈尔滨工业大学学报,2017,49(7): 146-151.

[132] Ghorbanian K, Soltani M R, Ashjaee M, et al. Liquid-liquid coaxial swirl injector performance prediction using general regression neural network[J]. Particle and Particle Systems Characterization, 2009, 25(5-6): 454-464.

[133] Xue X H, Yang X G. Predicting blast-induced ground vibration using general regression neural network[J]. Journal of Vibration and Control, 2014, 20 (10): 1512-1519.

[134] Matheron G. The intrinsic random functions and their applications[J]. Advances in Applied Probability, 1973, 5(3): 439-468.

[135] Sacks J, Welch W J, Mitchell T J, et al. Design and analysis of computer experiments[J]. Statistical Science, 1989, 4: 409-423.

[136] Li M, Li G, Azarm S. A Kriging metamodel assisted multi-objective genetic algorithm for design optimization[J]. Journal of Mechanical Design, 2008, 130: 031401.

[137] Echard B, Gayton N, Lemaire M, et al. A combined importance sampling and kriging reliability method for small failure probabilities with time-demanding numerical models[J]. Reliability Engineering and System Safety, 2013, 111: 232-240.

[138] Kajero O T, Thorpe R B, Chen T, et al. Kriging meta-model assisted calibration of computational fluid dynamics models[J]. American Institute of Chemical Engineers. AIChE Journal, 2016, 62 (12): 4308-4320.

[139] 陈明.MATLAB 神经网络原理与实例精解[M].北京: 清华大学出版社,2013.

[140] 冯志鹏,宋希庚,薛冬新,等.基于广义回归神经网络的时间序列预测研究 [J].振动、测试与诊断,2003,23(2): 105-109.

[141] Coello C A C, Pullido G T. Multiobjective structural optimization using a microgenetic algorithm[J]. Structural and Multidisciplinary Optimization,

2005, 30(5): 388 - 403.

[142] Levitin G. Genetic algorithms in reliability engineering [J]. Reliability Engineering and System Safety, 2006, 91(9): 975 - 976.

[143] Lu C, Teng D, Keshtegar B, et al. Extremum hybrid intelligent-inspired models for accurate predicting mechanical performances of turbine blisk[J]. Mechanical Systems and Signal processing, 2023, 190: 110136.

[144] Kaymaz I, Marti K. Reliability-based design optimization for elastoplastic mechanical structures[J]. Computers and Structures, 2007, 85(10): 615 - 625.

[145] Gao H F, Wang A, Bai G C, et al. Substructure-based distributed collaborative probabilistic analysis method for low-cycle fatigue damage assessment of turbine blade-disk[J]. Aerospace Science and Technology, 2018, 79: 636 - 646.

[146] Liu C L, Lu Z Z, Xu Y L, et al. Reliability analysis for low cycle fatigue life of the aeronautical engine turbine disc structure under random environment[J]. Materials Science and Engineering, A. Structural Materials: Properties, Microstructure and Processing, 2005, 395(1 - 2): 218 - 225.

[147] Gao H, Fei C, Bai G, et al. Reliability-based low-cycle fatigue damage analysis for turbine blade with thermo-structural interaction[J]. Aerospace Science and Technology, 2016, 49: 289 - 300.

[148] Pagnini L, Repetto M P. The role of parameter uncertainties in the damage prediction of the alongwind-induced fatigue[J]. Journal of Wind Engineering and Industrial Aerodynamics, 2012, 104 - 106: 227 - 238.

[149] Guan X L, Melchers R E. Effect of response surface parameter variation on structural reliability estimaties[J]. Engineering Structures, 2001, 23(4): 429 - 444.

[150] Lancaster P, Salkauskas K. Surfaces generated by moving least squares methods [J]. Mathematics of Computation, 1981, 37: 141 - 155.

[151] 刘俊.移动最小二乘散点曲线曲面拟合与插值的研究[D].杭州:浙江大学,2011.

[152] 韦益夫,Kawamura Y,王德禹.改进最小二乘法及其在结构可靠性分析中的应用[J].上海交通大学学报,2018,52(4):455 - 460.

[153] Cochran J K, Horng S M, Fowler J W. A multi-population genetic algorithm to solve multi-objective scheduling problems for parallel machines[J]. Computers and Operations Research, 2003, 30(7): 1087 - 1102.

[154] Levin D. The approximation power of moving least-squares[J]. Mathematics of

Computation, 1998, 64(224): 1517 - 1531.

[155] Kang S C, Koh H M, Choo J F. An efficient response surface method using moving least squares approximation for structural reliability analysis[J]. Probabilistic Engineering Mechanics, 2010, 25(4): 365 - 371.

[156] Lu C, Li H, Han L, et al. Bi-iterative moving enhanced model for probability based transient LCF life prediction of turbine blisk[J]. Aerospace Science and Technology, 2023, 132: 107998.

[157] Taflanidis A A, Cheung S H. Stochastic sampling using moving least squares response approximations [J]. Probabilistic Engineering Mechanics, 2012, 28(4): 216 - 224.

[158] Goswami S, Ghosh S. Reliability analysis of structural by iterative improved response surface method[J]. Structural Safety, 2016, 60: 56 - 66.

[159] Li X L. Error estimates for the moving least-square approximation and the element-free Galerkin method in n-dimensional spaces[J]. Applied Numerical Mathematics, 2016, 99: 77 - 97.

[160] Mirzaei D. Analysis of moving least squares approximation revisited[J]. Journal of Computational and Applied Mathematics, 2015, 282: 237 - 250.

[161] Bichon B J, Eldred M S, Swiler L P, et al. Efficient global reliability analysis for nonlinear implicit performance functions [J]. American Institute of Aeronautics and Astronautics Journal, 2008, 46(10): 2459 - 2468.

[162] Dubourg V, Sudret B, Deheeger F. Metamodel-based importance sampling for structural reliability analysis [J]. Probabilistic Engineering Mechanics, 2013, 33: 47 - 57.

[163] Kim J H, Lee S H, Paik I, et al. Reliability assessment of reinforced concrete columns based on the P-M interaction diagram using AFOSM [J]. Structural Safety, 2015, 55: 70 - 79.

[164] Song S F, Wang L. Modified GMDH-NN algorithm and its application for global sensitivity analysis[J]. Journal of Computational Physics, 2017, 348: 534 - 548.

[165] Adomian G. A review of the decomposition method in applied mathematics[J]. Journal of Mathematical Analysis Application, 1988, 135: 501 - 544.

[166] Bray A W, Abdurakhmanov I B, Kadyrov A S, et al. Solving close-coupling equations in momentum space without singularities for charged targets [J]. Computer Physics Communications, 2015, 196: 276 - 279.

[167] Ballio F, Guadagnini A. Convergence assessment of numerical Monte Carlo

simulations in groundwater hydrology[J]. Water Resources Research, 2004, 40(4): W04603.

[168] Li C Z, Mahadevan S. An efficient modularized sample-based method to estimate the first-order Sobol' index [J]. Reliability Engineering & System Safety, 2016, 153: 110 - 121.

[169] Dai H Z, Wang W. Application of low-discrepancy sampling method in structural reliability analysis[J]. Structural Safety, 2009, 31: 55 - 64.

[170] Martin J D, Simpson T W. Use of Kriging models to approximate deterministic computer models [J]. American Institute of Aeronautics and Astronautics Journal, 2005, 43: 853 - 863.

[171] Sakalkar V, Hajela P. Multilevel decomposition based nondeterministic design optimization for structural systems [J]. Advances in Engineering Software, 2011, 42 (1 - 2): 1 - 11.

[172] Bai G C, Fei C W. Distributed collaborative response surface method for mechanical dynamic assembly reliability design [J]. Chinese Journal of Mechanical Engineering, 2013, 26(6): 1160 - 1168.

[173] Kaymaz I, Mcmahon C, Men X Y. Reliability based structural optimization using response surface method and Monte Carlo simulation[C]. The 8th International Machine Design and Production Conference, Ankara, 1998: 459 - 468.

[174] 陈树勋.工程结构系统的分析、综合和优化设计[M].北京：中国科学文化出版社,2008.

[175] Fang Z H, Hu L, Qin L H, et al. Estimation of ultrasonic signal onset for flow measurement [J]. Flow Measurement and Instrumentation, 2017, 55: 1 - 12.

[176] Eom Y S, Yoo K S, Park J Y. Reliability-based topology optimization using a standard response surface method for three-dimensional structures[J]. Structural and Multidisciplinary Optimization, 2011, 43(2): 287 - 295.

[177] 马明旭,王成恩,张嘉易,等.复杂产品多学科设计优化技术[J].机械工程学报,2008,44(6): 15 - 26.

[178] Fei C W, Bai G C. Distributed collaborative probabilistic design for turbine blade-tip radial running clearance using support vector machine of regression [J]. Mechanical Systems and Signal Processing, 2014, 49(1 - 2): 196 - 208.